企业健康安全环境系统管理

张凤山 邱少林 杨立强 ◎ 主编

应急管理出版社

·北 京·

图书在版编目（CIP）数据

企业健康安全环境系统管理 / 张凤山，邱少林，杨立强
主编. —— 北京：应急管理出版社，2023
ISBN 978 - 7 - 5020 - 9665 - 6

Ⅰ. ①企… Ⅱ. ①张… ②邱… ③杨… Ⅲ. ①企业环
境管理—安全管理—系统管理 Ⅳ. ①X322

中国版本图书馆CIP数据核字（2022）第215397号

企业健康安全环境系统管理

主　　编	张凤山　邱少林　杨立强
责任编辑	成联君
编　　辑	贾　音
责任校对	孔青青
封面设计	天丰晶通

出版发行　应急管理出版社（北京市朝阳区芍药居35号　100029）
电　　话　010 - 84657898（总编室）　010 - 84657880（读者服务部）
网　　址　www.cciph.com.cn
印　　刷　海森印刷（天津）有限公司
经　　销　全国新华书店

开　　本　710mm×1000mm¹/₁₆　印张　19³/₄　字数　354千字
版　　次　2023年11月第1版　2023年11月第1次印刷
社内编号　20221514　　　　　定价　88.00元

前　言

　　企业健康（Health）、安全（Safety）和环境（Environmental）系统管理，简称HSE管理，是一种科学的、系统的一体化管理方法，同时又是一种实践性很强的现代企业管理方法。它起源于20世纪90年代的西方石油化工企业，后被国际石油工业普遍认同和采用，成为世界石油天然气行业通行的国际管理规则。企业健康、安全、环境管理体系的核心是风险管理，突出以人为本、预防为主、全员参与、持续改进的科学管理思想，即通过建立系统性的预防管理机制，开展危害因素辨识和风险评价，对风险进行有效控制，最大限度地减少企业生产事故、员工疾病以及环境污染的发生，并把事故的损失降至最低。21世纪以来，随着经济社会的快速发展，企业健康、安全、环境体系管理，已被国内外越来越多的行业和企业接受并重视，成为现代企业管理的一项重要内容。

　　中国石油天然气集团有限公司（简称中国石油）率先将企业健康、安全、环境管理体系引入中国。1997年6月，《石油天然气工业健康、安全与环境管理体系》（SY/T 6276—1997）颁布实施。此后，中国石油在广泛试点的基础上，结合国情和企业实际，发布了《中国石油天然气集团公司健康、安全与环境管理手册》。经过多年的实践、总结和不断发展，中国石油逐步形成了一套满足国家要求、符合国际惯例、具有中国企业管理特色的HSE管理体系。

　　伴随着中国石油石化企业对健康安全环境管理体系的探索、创新、实施和持续完善，这种系统化的管理理念和管理模式逐渐在国内开枝散叶，并被国内其他行业领域所接受和应用，很多国内企业通过建立一体化的管理体系，将企业员工健康、安全、环境管理有机统一，使管理更加科学化、标准化、法制化，管理的作用和成效日益凸显。

企业健康、安全和环境系统管理，通盘考虑企业不同管理体系之间的关系和相互作用，对其中的组织结构、资源、程序和过程进行统筹协调，为企业提供了一种不断改进健康、安全、环境表现和实现既定目标的内部管理工具，为企业实现高质量、可持续发展提供了保障。但是，任何一种企业管理模式都不是一成不变的，企业健康、安全和环境系统管理也是如此。虽然它是一种先进、科学、成熟的管理方法，但也是不断发展和变化的，尤其是不同行业和企业的体系建设，需要结合自身特点，充分发挥已有的传统管理基础优势，按照企业健康、安全和环境体系标准，对各要素进行规范和补充，继而设计建立有自身特点的企业健康、安全和环境系统管理体系。该体系通过自我完善和自我改进机制，不断提高企业员工的健康、安全和环境的意识、理念和技能，不断提高企业管理绩效，最终营造出一种安全、健康、清洁、文明的先进企业文化。

本书全面梳理了企业健康安全环境管理的基本理论、相关概念、发展历程、法律要求，挖掘了包括中国石油在内的国内外企业在健康安全环境管理工作中的典型经验和做法，着重介绍了普遍适用的管理方法、技术和工具，归纳总结了企业健康安全环保工作中普遍性的规律和认识，力图为国内各行业企业开展健康安全环境管理工作、构建中国特色的企业健康安全环境管理体系提供一份工作指南。

本书内容深入浅出，具有一定的理论性，紧密结合企业实际，侧重管理实战，具有较强的可操作性。本书既可以作为国内企业安全环境管理专业人员的案头工具书，也可以作为企业进行健康安全环境管理培训的学习资料，同时可以作为高等院校相关专业的辅助教材。

本书共有五章，第一章为健康安全环境管理概述，主要内容是企业健康安全环境管理的基本概念、发展历程、典型理论、规律认识等；第二、三、四章是本书的核心内容，主要介绍企业健康安全环境管理的技术与载体，包括企业实施健康安全环境管理的途径、方法和手段；第五章是企业健康安全环境管理相关的法律法规解读。此外，我们还在书后提供了国内外企业的健康安全环境管理的典型案例。

本书在编写过程中，参考和引用了国内外有关论著，书后附有主要参考文献目录，在此对原著者致以衷心的感谢！

企业健康安全环境管理专业性强、涉及面广，加之编者的理论水平和经验有限，书中难免出现疏漏，敬请广大读者批评指正。

编 者

2022 年 8 月

目 录

第一章
健康安全环境管理概述

　　本章主要介绍了职业健康管理、安全生产管理和环境保护管理的发展历史进程及各发展阶段特点，展示了健康安全环境管理意识与理念的变化，说明了健康安全环境管理与经济社会发展的联系，介绍了发展过程中的典型事件、有关组织或人物所起到的作用；还对健康安全环境管理有关的基本概念、基础知识、基本理论进行简介；依据国家治理理念、政策的变化，以及公众健康安全环境意识的提高，对健康安全环境管理方向进行分析。

第一节　职业健康管理概述

18世纪60年代工业革命以来，以英法德为主的欧洲国家，以及美国、俄罗斯、日本等国家先后走上了工业化的道路。这种全新的生产变革，给传统社会带来了巨大的冲击，同时也彻底改变了世界历史的进程。工业化生产方式极大提升了这些国家的生产效率，满足了人们对物质的需求，同时随着工业化科技水平的提升，人们的衣食住行和社会管理也发生了深刻变化，人类社会历史翻开了崭新的一页。

一、职业健康发展简史

工业化快速扩张的同时，也给从事工业生产的广大劳动者带来了伤害。资本家为了提高劳动生产率，生产大量工业化产品，迫使劳动者从事各类高度危险性的工作，很多人在工业革命的浪潮中，受到伤害和职业病困扰，甚至导致了死亡。在工业革命逐渐走向成熟的同时也渐渐引发了人们对工业化社会繁荣与生产安全管理的思考。

为了防止在工业化浪潮中继续出现如"雾都孤儿""强迫生产""环境污染"等社会现象，近200年来，通过在工业化过程中开展社会管控、制度建设、方法创新等工作，逐步建构起了较为成熟的工业化治理体系。其重点治理体系的完成主要由以下五个重大事件推动。

（一）劳动者健康保护的开启

1802年英国制定《学徒工道德与健康法》，规定雇主有保护学徒健康的义务。同时该法正式开启了对劳动者健康保护和为其特设权利的历史。

（二）无过错责任原则的创立

在劳动法创立和成熟之前，劳动关系一直被视为一般的民事关系，适用民法。但在实际中，因为雇主的经济实力和社会地位关系，加之在社会生产中，对因工业生产造成的工伤认定和工伤诉讼并不完善，致使劳动者在工伤诉讼中几无胜算。为解决这类问题，1872年德国颁行的《国家责任法》和1880年英国颁行的《雇主责任法》，均废除了适用过错责任原则，改为采用无过错责任原则。1883年，德国又创立工伤保险制度，由政府、雇主等分担保险费用，以应对劳动伤害的救济和补偿。19世纪末，无过错责任原则的创立，极大改善了劳动者的社会地位。

（三）职业病写入工伤赔偿法

由于职业伤害具有高度隐蔽性和复杂性，人们对其认识经历了一个较为漫长的过程。进入20世纪后，工业社会逐步采取措施对职业病进行了明确的规定，如1906年英国对《工人赔偿法》进行修改，正式将6种职业病纳入工伤赔偿范围。进入21世纪，随着经济社会的不断发展，以及社会流行病学等学科领域科学研究的深化，各个国家的法定职业病名单也得到普遍承认。2000年，国际劳工组织将其所有职业病分类项列为开放项，2010年又首次将精神疾病纳入其中，人类社会对劳动者健康的保护被提高到了一个崭新的高度。

（四）国家治理体系的形成

20世纪以来，尤其是第二次世界大战之后，和平与发展成为时代的主题。伴随计算机技术的发展，一大批新技术应运而生，一大批理论研究成果迅速涌现，一些新材料、新工艺的出现使社会生产过程日益复杂，劳动者在社会生产中受到的伤害已经成为关系国民经济安全和社会稳定的核心问题。为此，1970年美国率先颁行《职业安全卫生法》，成为人类第一部完整的"安全生产卫生法"，该法继承了前述工业化国家在此领域的创新和实践，为现代安全生产治理体系的建设奠定了基础。《职业安全卫生法》对雇佣关系下的雇主和劳动者的安全健康权利义务进行了明确规定；授权成立联邦职业安全卫生局负责实施法律；全面强制实行工伤保险制度；通过组建联邦职业安全卫生研究所对各类可能的劳动伤害进行科学攻关研究，并提出技术性规范和标准，供联邦职业安全卫生局采用。

（五）国际公约的实施

1981年，联合国国际劳工组织根据世界范围的实践经验，在国际劳工组织大会颁布了具有国际法效力的《职业安全和卫生及工作环境公约》（国际劳工组织公约第155号），使劳动者的权益和雇主的权利、政府的职责世界化了。中国人大常委会于2006年10月31日批准了《职业安全和卫生及工作环境公约》，这有利于保护劳动者的人身安全和健康，促进安全生产和职业卫生方面的立法和执法工作。

二、职业健康基本概念

20世纪40年代以来，职业健康的理念和基本概念，逐渐有了明确清晰的目标与定位，强调工厂和工矿企业的劳动者有必要接受劳动卫生部门的关护。随着企业中劳动卫生部门的成立，劳动卫生学也逐渐形成体系，开始为广大的社会劳动工作者服务。当这项服务在劳动者中不断扩大时，劳动卫生学也随着人们对健康的关注，逐渐从劳动卫生学的范畴扩展为职业健康。目前在国际学术领域中所称的工业卫生、职业卫生学等，与职业健康的概念并无差异。

（一）职业健康

职业健康（Occupational health）的本义是指劳动者在雇主雇佣期内，因从事相关劳务工作活动，所产生的自发性或偶发性健康疾病。职业健康概念的提出是为了保护劳动者免受职业工作的困扰，帮助劳动者改善身心，以此加强对劳动者所从事行业、领域的意识培训、身心疏导而产生的一门实践学科。

随着职业健康概念的延伸，国际劳工组织（International Labour Organization, ILO）和世界卫生组织（World Health Organization, WHO）也对发展职业健康的工作提出了三项新的目标：一是要维持和促进所有职工的健康和工作能力；二是要不断改善环境，使劳动者身心得到安全和健康；三是要发展新的劳动工作组织和工作文化，促进形成积极的、平稳运行的社会环境，并提高企业生产力。

（二）职业安全

职业安全是指为免除从业人员在生产活动中发生相关生命危险、人身伤害、生命损失，而实行的职业安全预防措施。这种安全措施的目的主要以保护劳工基本安全，维护劳动者工作权益、生命权利等为重点，实现对各类安全隐患及工作事故的预防。通常，职业安全与职业健康紧密相连。职业安全作为综合预防及综合管理的一种措施，可以对社会职业的危害进行持续监控，以保障劳动者的生命健康；同时职业安全作为雇佣关系中约束雇主和保护劳动者的桥梁，能对从事危险性工作尤其高危行业的从业人员进行更多保障。

（三）职业危害

职业危害又可称为职业性病损，即因劳动者在一定环境中从事或者接触具有潜在危害性质和危害因素的行业，而对自身或群体的生命安全行为造成长期性的损害，最终导致悲剧结果发生。近些年，随着社会工业化步伐的加快，职业危害事故及事件已经成为扼杀健康人群的隐蔽杀手，而常见的职业病病种，也受到了整个社会的关注与思考，同时在医学界也引起了深入的研究。

为充分预防、管理、控制和消除职业病和职业危害给劳工和广大劳动者带来的长期性危害，也为了充分保障劳动者的充分权益和生命安全、生存安全、发展安全，让大家都能有一个良好的身体，我国通过颁布制定《中华人民共和国职业病防治法》和《作业场所职业健康监督管理暂行规定》等相关法律，对从事生产劳动和生产活动的职工进行了法律保障。

三、健康中国行动

人民健康是民族昌盛和国家富强的重要标志，预防是最经济最有效的健康策略。2016年，党中央、国务院发布《"健康中国2030"规划纲要》，提出了健康中国建设的目标和任务。党的十九大作出实施健康中国战略的重大决策部署，强调坚持预防为主，倡导健康文明生活方式，预防控制重大疾病。为加快推动从以治病为中心转变为以人民健康为中心，动员全社会落实预防为主方针，实施健康中国行动，提高全民健康水平，国务院提出《关于实施健康中国行动的意见》（国发〔2019〕13号），主要内容如下。

（一）行动背景

新中国成立后特别是改革开放以来，我国卫生健康事业获得了长足发展，居民主要健康指标总体优于中高收入国家平均水平。随着工业化、城镇化、人口老龄化进程加快，我国居民生产生活方式和疾病谱不断发生变化。心脑血管疾病、癌症、慢性呼吸系统疾病、糖尿病等慢性非传染性疾病导致的死亡人数占总死亡人数的88%，导致的疾病负担占疾病总负担的70%以上。居民健康知识知晓率偏低，吸烟、过量饮酒、缺乏锻炼、不合理膳食等不健康生活方式比较普遍，由此引起的疾病问题日益突出。肝炎、结核病、艾滋病等重大传染病防控形势仍然严峻，精神卫生、职业健康、地方病等方面问题不容忽视。

为坚持预防为主，把预防摆在更加突出的位置，积极有效应对当前突出的健康问题，必须关口前移，采取有效干预措施，细化落实《"健康中国2030"

规划纲要》对普及健康生活、优化健康服务、建设健康环境等部署，聚焦当前和今后一段时期内影响人民健康的重大疾病和突出问题，实施疾病预防和健康促进的中长期行动，健全全社会落实预防为主的制度体系，持之以恒加以推进，努力使群众不生病、少生病，提高生活质量。

（二）指导思想

以习近平新时代中国特色社会主义思想为指导，坚持以人民为中心的发展思想，坚持改革创新，贯彻新时代卫生与健康工作方针，强化政府、社会、个人责任，加快推动卫生健康工作理念、服务方式从以治病为中心转变为以人民健康为中心，建立健全健康教育体系，普及健康知识，引导群众建立正确健康观，加强早期干预，形成有利于健康的生活方式、生态环境和社会环境，延长健康寿命，为全方位全周期保障人民健康、建设健康中国奠定坚实基础。

（三）基本原则

1.普及知识、提升素养

把提升健康素养作为增进全民健康的前提，根据不同人群特点有针对性地加强健康教育与促进，让健康知识、行为和技能成为全民普遍具备的素质和能力，实现健康素养人人有。

2.自主自律、健康生活

倡导每个人是自己健康第一责任人的理念，激发居民热爱健康、追求健康的热情，养成符合自身和家庭特点的健康生活方式，合理膳食、科学运动、戒烟限酒、心理平衡，实现健康生活少生病。

3.早期干预、完善服务

对主要健康问题及影响因素尽早采取有效干预措施，完善防治策略，推动健康服务供给侧结构性改革，提供系统连续的预防、治疗、康复、健康等促进一体化服务，加强医疗保障政策与健康服务的衔接，实现早诊早治早康复。

4.全民参与、共建共享

强化跨部门协作，鼓励和引导单位、社区（村）、家庭和个人行动起来，形成政府积极主导、社会广泛动员、人人尽责尽力的良好局面，实现健康中国行动齐参与。

（四）主要任务

1.实施健康知识普及行动

维护健康需要掌握健康知识。面向家庭和个人普及预防疾病、早期发现、紧急救援、及时就医、合理用药等维护健康的知识与技能。建立并完善健康科普专家库和资源库，构建健康科普知识发布和传播机制。强化医疗卫生机构和医务人员开展健康促进与教育的激励约束。鼓励各级电台电视台和其他媒体开办优质健康科普节目。

2.实施合理膳食行动

合理膳食是健康的基础。针对一般人群、特定人群和家庭，聚焦食堂、餐厅等场所，加强营养和膳食指导。鼓励全社会参与减盐、减油、减糖，研究完善盐、油、糖包装标准。修订预包装食品营养标签通则，推进食品营养标准体系建设。实施贫困地区重点人群营养干预。

3.实施全民健身行动

生命在于运动，运动需要科学。为不同人群提供针对性的运动健身方案或运动指导服务；努力打造百姓身边健身组织和"15分钟健身圈"。推进公共体育设施免费或低收费开放；推动形成体医结合的疾病管理和健康服务模式。

4.实施控烟行动

吸烟严重危害人民健康。推动个人和家庭充分了解吸烟和二手烟暴露的严重危害；鼓励领导干部、医务人员和教师发挥控烟引领作用；把各级党政机关建设成无烟机关；研究利用税收、价格调节等综合手段，提高控烟成效；完善卷烟包装烟草危害警示内容和形式。

5.实施心理健康促进行动

心理健康是健康的重要组成部分。通过心理健康教育、咨询、治疗、危机干预等方式，引导公众科学缓解压力，正确认识和应对常见精神障碍及心理行为问题；健全社会心理服务网络，加强心理健康人才培养；建立精神卫生综合管理机制，完善精神障碍社区康复服务。

6.实施健康环境促进行动

良好的环境是健康的保障。向公众、家庭、单位（企业）普及环境与健康相关的防护和应对知识；推进大气、水、土壤污染防治；推进健康城市、健康村镇建设；建立环境与健康的调查、监测和风险评估制度；采取有效措施预防控制环境污染相关疾病、道路交通伤害、消费品质量安全事故等。

7.实施妇幼健康促进行动

孕产期和婴幼儿时期是生命的起点。针对婚前、孕前、孕期、儿童等阶段特点，积极引导家庭科学孕育和养育健康新生命，健全出生缺陷防治体系；加强儿童早期发展服务，完善婴幼儿照护服务和残疾儿童康复救助制度；促进生殖健康，推进农村妇女宫颈癌和乳腺癌检查。

8. 实施中小学健康促进行动

中小学生处于成长发育的关键阶段。动员家庭、学校和社会共同维护中小学生的身心健康；引导学生从小养成健康生活习惯，锻炼健康体魄，预防近视、肥胖等疾病。中小学校按规定开齐开足体育与健康课程，把学生体质健康状况纳入对学校的绩效考核，结合学生年龄特点，以多种方式对学生健康知识进行考试考查，将体育纳入高中学业水平测试。

9. 实施职业健康保护行动

劳动者依法享有职业健康保护的权利。针对不同职业人群，倡导健康工作方式，落实用人单位主体责任和政府监管责任，预防和控制职业病危害；完善职业病防治法规标准体系，鼓励用人单位开展职工健康管理；加强尘肺病等职业病救治保障。

10. 实施老年健康促进行动

老年人健康快乐是社会文明进步的重要标志。面向老年人普及膳食营养、体育锻炼、定期体检、健康管理、心理健康以及合理用药等知识；健全老年健康服务体系，完善居家和社区养老政策，推进医养结合，探索长期护理保险制度，打造老年宜居环境，实现健康老龄化。

11. 实施心脑血管疾病防治行动

心脑血管疾病是导致我国居民死亡的首要原因。引导居民学习掌握心肺复苏等自救互救知识技能。对高危人群和患者开展生活方式指导；全面落实35岁以上人群首诊测血压制度，加强高血压、高血糖、血脂异常的规范管理；提高院前急救、静脉溶栓、动脉取栓等应急处置能力。

12. 实施癌症防治行动

癌症严重影响人民健康。倡导积极预防癌症，推进早筛查、早诊断、早治疗，降低癌症发病率和死亡率，提高患者生存质量；有序扩大癌症筛查范围；推广应用常见癌症诊疗规范；提升中西部地区及基层癌症诊疗能力；加强癌症防治科技攻关，加快临床急需药物审评审批。

13. 实施慢性呼吸系统疾病防治行动

慢性呼吸系统疾病严重影响患者生活质量。引导重点人群早期发现疾病，控制危险因素，预防疾病发生发展；探索高危人群首诊测量肺功能、40岁及以上人群体检检测肺功能；加强慢阻肺患者健康管理，提高基层医疗卫生机构肺功能检查能力。

14. 实施糖尿病防治行动

我国是糖尿病患病率增长最快的国家之一。提示居民关注血糖水平，引导糖尿病前期人群科学降低发病风险；指导糖尿病患者加强健康管理，延迟或预防糖尿病的发生发展；加强对糖尿病患者和高危人群的健康管理，促进基层糖尿病及并发症筛查标准化和诊疗规范化。

15.实施传染病及地方病防控行动

传染病和地方病是重大公共卫生问题。引导居民提高自我防范意识，讲究个人卫生，预防疾病；充分认识疫苗对预防疾病的重要作用，倡导高危人群在流感流行季节前接种流感疫苗；加强艾滋病、病毒性肝炎、结核病等重大传染病防控，努力控制和降低传染病流行水平；强化寄生虫病、饮水型燃煤型氟砷中毒、大骨节病、氟骨症等地方病防治，控制和消除重点地方病。

四、健康企业建设

为贯彻落实《"健康中国2030"规划纲要》和《关于实施健康中国行动的意见》的要求，促进健康"细胞"建设广泛开展，全国爱卫办、国家卫生健康委等七部门联合制定了《健康企业建设规范（试行）》。《规范》强调，健康企业是健康"细胞"的重要组成之一，通过不断完善企业管理制度，有效改善企业环境，提升健康管理和服务水平，打造企业健康文化，满足企业员工健康需求。实现企业建设与员工健康协调发展。健康企业建设坚持党委政府领导、部门统筹协调、企业主体负责、专业机构指导、全员共建共享的指导方针，按照属地化管理、自愿参与的原则，面向全国各级各类企业开展。

（一）建立健全管理制度

（1）企业成立健康企业建设工作领导小组。制定健康企业工作计划，明确部门职责并设专兼职人员负责健康企业建设工作。鼓励企业设立健康企业建设专项工作经费，专款专用。

（2）结合企业性质、作业内容、劳动者健康需求和健康影响因素等，建立完善与劳动者健康相关的各项规章制度，保障各项法律法规、标准规范的贯彻执行。

（3）规范企业劳动用工管理，依法与劳动者签订劳动合同，明确劳动条件、劳动保护和职业病危害防护措施等内容，按时足额缴纳工伤保险保费。鼓励企业为员工投保大病保险。

（4）完善政府、工会、企业共同参与的协商协调机制，构建和谐劳动关系。采取多种措施，发动员工积极参与健康企业建设。

（二）建设健康环境

（1）完善企业基础设施，按照有关标准和要求，为劳动者提供布局合理、设施完善、整洁卫生、绿色环保、舒适优美和人性化的工作生产环境，无卫生死角。

（2）办公及作业环境、设备设施应当符合工效学要求和健康需求。

（3）工作场所采光、照明、通风、保温、隔热、隔声、污染物控制等方面符相关标准和要求。

（4）全面开展控烟工作，打造无烟环境，推动全面禁烟，设置显著标识，企业内无烟草广告。

（5）开展病媒生物防制，鼠、蚊、蝇、蟑螂等病媒生物得到有效控制，符合卫生标准的要求。

（6）废气、废水、固体废物的排放、贮存、运输、处理，符合相关标准和要求。

（7）加强水质卫生管理，确保生活饮用水安全。

（8）企业内部设置的食堂应当符合《食品安全法》要求，达到食品安全管理等级B级以上。

（9）厕所设置布局合理、管理规范、干净整洁。

（10）落实建设项目职业病防护设施"三同时"制度，做好职业病危害预评价、职业病防护设施设计及竣工验收、职业病危害控制效果评价。

（三）提供健康服务

（1）鼓励依据有关标准设立医务室、紧急救援站等，配备急救箱等设备。企业要为员工提供免费测量血压、体重、腰围等健康指标的场所和设施。

（2）建立企业全员健康管理服务体系，建立健康检查制度，制定员工年度健康检查计划，建立员工健康档案。设立健康指导人员或委托属地医疗卫生机构开展员工健康评估。

（3）根据健康评估结果，实施人群分类健康管理和指导，降低职业病、肥胖、高血压、糖尿病、高脂血症等慢性病患病风险。

（4）制订防控传染病、食源性疾病等健康危害事件的应急预案，采取切实可行措施，防止疾病传播流行。

（5）鼓励设立心理健康辅导室，制订并实施员工心理援助计划，提供心理评估、心理咨询、教育培训等服务。

（6）组织开展适合不同工作场所或工作方式特点的健身活动，完善员工健身场地及设施，开展工间操、眼保健操等工作期间劳逸结合的健康运动。

（7）加强对怀孕和哺乳期女职工的关爱和照顾，积极开展婚前、孕前和孕期保健，避免孕前、孕期、哺乳期妇女接触有毒有害物质和放射物质。

（8）应当根据女职工的需要按规定建立女职工卫生室、孕妇休息室、哺乳室、母婴室等设施，将妇科和乳腺检查项目纳入女职工健康检查。

（四）强化职业健康

（1）企业主要负责人和职业卫生管理人员应当遵守职业病防治法律、法规，依法组织本单位的职业病防治工作。

（2）建立健全职业卫生管理制度、操作规程、职业卫生档案和工作场所职业病危害因素监测及评价制度，实施工作场所职业病危害因素日常监测和定期检测、评价。

（3）对存在或者产生职业病危害的工作场所设置警示标识和中文警示说明；对产生严重职业病危害的工作岗位，应当设置职业病危害告知卡。

（4）建立健全职业病危害事故应急救援预案，对可能导致急性职业损伤的有毒、有害工作场所，应当设置报警装置，配置现场急救用品、冲洗设备、应急撤离通道和必要的泄险区。

（5）建立完善职业健康监护制度，对从事接触职业病危害作业的劳动者进行上岗前、在岗期间和离岗时的职业健康检查。

（6）规范建立职业健康监护档案并定期评估，配合做好职业病诊断与鉴定工作，妥善安置有职业禁忌、职业相关健康损害和患有职业病的员工，保护其合法权益。

（7）依法依规安排职业病病人进行治疗、康复和定期检查，对从事接触职业病危害的作业的劳动者，给予适当岗位津贴。

（8）优先采用有利于防治职业病和保护劳动者健康的新技术、新工艺、新设备、新材料，逐步替代职业病危害严重的技术、工艺、设备、材料。

（9）企业主要负责人、职业卫生管理人员接受职业卫生培训，对劳动者进行上岗前的职业卫生培训和在岗期间的定期职业卫生培训，普及职业卫生知识，增强职业病防范意识和能力。

（五）营造健康文化

（1）通过多种传播方式，广泛开展健康知识普及，倡导企业员工主动践行合理膳食、适量运动、戒烟限酒等健康生活方式。

（2）积极传播健康先进理念和文化，鼓励员工率先树立健康形象，鼓励评选"健康达人"，并给予奖励。

（3）定期组织开展传染病、慢性病、职业病防治及心理健康等内容的健康教育活动，提高员工健康素养。

（4）定期对食堂管理人员和从业人员开展营养、平衡膳食和食品安全的相关培训。

（5）关爱员工身心健康，构建和谐、平等、信任、宽容的人文环境；采取积极有效措施预防和制止工作场所暴力、歧视和性骚扰等。

（6）切实履行社会责任，积极参与无偿献血等社会公益活动。

第二节　安全生产管理概述

自18世纪开始，传统的手工作坊逐渐被大工业机器生产替代，特别是以蒸汽机为主的工业革命开始后，劳动工人在环境非常恶劣的工厂中从事着大机器生产，每天劳动时间超过十个小时，繁重的劳动和机器故障导致的大量人员伤亡事件，给整个社会带来了巨大危害。为了确保生产过程中工人的安全与健康，人们采用了很多种手段改善作业环境，学术界也开始研究劳动安全问题，安全生产管理的内容和范畴有了很大发展。

一、安全生产发展简史

20世纪初期，随着电力革命为主的现代化工业真正兴起，更大的安全突发事故和各类工厂事件引发了空前关注。尤其一些工矿企业重大生产事故相继发生，导致企业中大量员工伤亡，并造成企业的巨大财产损失，这逼迫企业开始重新认识和关注员工安全管理。一些企业逐步设置专门的部门从事安全管理工作，对人员开展一定的初级安全教育。

（一）国外发展概况

20世纪30年代后，欧美发达国家开始设立政府机构，开展安全生产管理工作。政府机构通过发布劳动安全卫生法律法规，使企业逐步建立起相对完善的安全、教育、管理、技术治理体系，企业初具现代安全生产管理雏形。

20世纪50年代后，随着战后全球经济的快速增长、科技水平的极大提升，传统的安全管理方式也随之改变。越来越多经济学家、管理学家、安全工程专家和国家政府逐步开展了对安全生产管理的工作指导及指标体系建设。尤其西方先进工业化国家，率先加强企业内部安全生产管理机制建设，更加注重在安全生产方面投入大量的资金进行科学研究，产生了大量安全生产管理原理、事故致因理论和事故预防原理等风险管理理论，以系统安全理论为核心的现代安全管理方法、模式、思想、理论基本形成。

至21世纪初，随着现代制造业、航空航天技术、生物仿真技术、信息化技术的飞速发展，人们对安全问题的认识也发生了很大变化，安全生产成本、环境成本等成为产品成本的重要组成部分，职业安全卫生问题成为非官方贸易壁垒的利器。在此背景下，"持续改进""以人为本"的安全生产管理理念逐渐受到企业的认可和接受，以职业健康安全管理体系为代表的企业安全生产风险管理思想开始形成，现代安全生产管理的内容更加丰富，现代安全生产管理理论、方法、模式及相应的标准、规范更加成熟。

（二）国内发展概况

我国对安全生产管理工作的管理规范从20世纪初期已经开始，而形成系统化的现代安全生产管理理论概念、研究理论、方法工具、模式是在20世纪50年代。60年代以后，国内借鉴和吸收了一些新的研究理论，通过对安全事故的成因分析、预防监督、思想指导，实现了对国有企业的综合管理和安全生产管控。20世纪80年代以后，随着改革开放的步伐，企业管理者引入西方现代管理理念，结合本土企业管理经验，推动企业安全生产管理规范朝着标准化、体系化、规范化方向发展。

至21世纪初，我国已经与世界主要工业化国家同步研究并推行了职业健康安全管理体系。我国部分学者提出了系统化的企业安全生产风险管理理论雏形，认为企业安全生产管理是风险管理，管理的内容包括危险源辨识、风险评价、危险预警与监测、事故预防与风险控制、应急管理等，该理论将现代风险管理完全融入安全生产管理之中。

二、安全生产基本概念

安全生产是指在社会生产活动以及经营系统中，对各类物品的安全生产与管理，以及对人员自身的安全防护和安全意识管理。安全生产概念的出现，其目的是为避免企业在生产活动中造成人员伤亡，给个人、企业、社会造成重大损失。现代系统安全工程中的观点指出，安全生产是通过采取一系列措施使生产过程在符合规定的物质条件和工作秩序下进行，有效消除或控制危险和有害因素，无人身伤亡和财产损失等生产事故发生，从而保障人员安全与健康、设备和设施免受损坏、环境免遭破坏，使生产经营活动得以顺利进行的一种状态。

一般意义上讲，安全生产是指在社会生产活动中，通过人、机、物料、环境、方法的和谐运作，使生产过程中潜在的各种事故危险和有害因素始终处于有效控制状态，切实保护劳动者的生命安全和身体健康。也就是说，为了使劳动过程在符合安全要求的物质条件和工作秩序下进行，防止人身伤亡财产损失等生产事故，消除或控制危险和有害因素，保障劳动者的安全健康和设备设施免受损坏、环境的免受破坏的一切行为。

安全生产是安全与生产的统一，其宗旨是安全促进生产，生产必须安全。搞好安全工作，改善劳动条件，可以调动职工的生产积极性；减少职工伤亡，可以减少劳动力的损失；减少财产损失，可以增加企业效益，无疑会促进生产的发展；而生产必须安全，则是因为安全是生产的前提条件，没有安全就无法生产。

安全生产是企业为实现生产安全所进行的计划、组织、协调、控制、监督和激励管理活动，在安全生产管理工作中，人、物、环境和管理是安全生产的四个重要因素。为此安全生产管理工作重点就是通过各种制度措施及时发现在生产过程中存在的以及潜在的各种不安全因素，有效管控人的行为和物的状态，改善劳动条件，防范可能发生的安全生产事故，从而保障生产安全。

安全生产的内容主要包括安全生产责任制、安全生产规章制度、安全操作规程、安全生产教育培训、安全"三同时"、安全设施管理、风险分级防控、隐患排查治理、消防安全管理、交通安全管理、安全监督检查、危险化学品管理、重大危险源管理、特种设备管理、安全生产投入管理、承包商管理、作业许可管理、企业安全文化建设等。

三、安全管理原理与原则

原理就是在对客观事物大量观察、实践的基础上，经过归纳、概括而得出具有普遍意义的基本规律，它既能指导实践，又必须经受实践的检验。安全原理是从安全管理的共性出发，对管理安全工作进行科学的分析、综合、抽象与概括后所得出的规律。安全管理原则，即在安全管理原理的基础上，指导安全管理活动的通用规则。原理和原则的本质与内涵是一致的，原理更基本更具普遍意义，原则更具体更有行动指导性。

（一）安全系统原理及原则

系统原理是指在管理体系中，人们从事相关活动时，通过运用相应的系统理论、观点和方法，对管理活动进行全面的系统分析，达到管理的优化目标，即用系统论的观点、理论和方法来认识和处理管理中出现的问题。系统原理讲究全面、整体、统一地对安全生产过程中发生的各类问题、相关对象进行综合研究。安全贯穿于生产活动的方方面面，安全生产管理是全方位、全天候且涉及全体人员的管理。

（1）动态相关性原则。构成管理系统的各要素是运动和发展的，它们相互联系又相互制约。显然，如果管理系统的各要素都处于静止状态，就不会发生事故，所以各级人员与管理机制都应主动感知和适应这种动态变化。

（2）整分合原则。高效的现代安全生产管理必须在整体规划下明确分工，在分工基础上有效综合，这就是整分合原则。运用该原则，要求企业管理者在制定整体目标和进行宏观决策时，必须将安全生产纳入其中，在考虑资金、人员和设备时，都必须将安全生产作为一项重要内容考虑。

（3）反馈原则。反馈是控制过程中对控制机构的反作用。成功、高效的管理，离不开灵活、准确、快速的反馈。企业生产的内部条件和外部环境在不断变化，所以必须及时捕获、反馈各种安全生产信息，以便及时采取行动。

（4）封闭原则。在任何一个管理系统内部，管理手段、管理过程等都必须构成一个连续封闭的回路，才能形成有效的管理活动，这就是封闭原则。封闭原则告诉我们，在企业安全生产中，各管理机构之间、各种管理制度和方法之间，必须具有紧密的联系，形成相互制约的回路，才能有效。

（二）人本原理及相关原则

人本原理是指在管理中必须把人的因素放在首位，体现以人为本的指导思想。以人为本有两层含义：一是一切管理活动都是以人为本展开的，人既是管理的主体，又是管理的客体，每个人都处在一定的管理层面上，离开人就无所谓管理；二是管理活动中，作为管理对象的要素和管理系统各环节，都需要人来掌管、运作、推动和实施。

（1）动力原则。推动管理活动的基本力量是人，管理必须有能够激发人工作能力的动力，这就是动力原则。对于管理系统，有三种动力，即物质动力、精神动力和信息动力。

（2）能级原则。现代管理认为，单位和个人都具有一定的能量，并且可以按照能量的大小顺序排列，形成管理的能级，就像原子中电子的能级一样。在管理系统中，建立一套合理能级，根据单位和个人能量的大小安排其工作，发挥不同能级的能量，保证结构的稳定性和管理的有效性，这就是能级原则。

（3）激励原则。管理中的激励就是利用某种外部诱因的刺激，调动人的积极性和创造性。以科学的手段激发人的内在潜力，使其充分发挥积极性、主动性和创造性，这就是激励原则。人的工作动力来源于内在动力、外部压力和工作吸引力，例如车间主任和员工建立良好的人际关系，并为他们营造个人进取机会，大大激励了他们的工作热情。

（4）行为原则。需要与动机是人的行为的基础，人类的行为规律是需要决定动机，动机产生行为，行为指向目标，目标完成需要得到满足，于是又产生新的需要、动机、行为，以实现新的目标。安全生产工作重点是防治人的不安全行为。

（三）预防原理及相关原则

安全生产管理工作应该做到预防为主，通过有效的管理和技术手段，减少和防止人的不安全行为和物的不安全状态，从而使事故发生的概率降到最低，这就是预防原理。在可能发生人身伤害、设备或设施损坏以及环境破坏的场合，事先采取措施，防止事故发生。

（1）偶然损失原则。事故后果以及后果的严重程度，都是随机的、难以预测的。反复发生的同类事故，并不一定产生完全相同的后果，这就是事故损失的偶然性。偶然损失原则告诉我们，无论事故损失的大小，都必须做好预防工作。如爆炸事故，爆炸时伤亡人数、伤亡部位、被破坏的设备种类、爆炸程度以及事后是否有火灾发生都是偶然的，无法预测的。

（2）因果关系原则。事故发生是许多因素互为因果连续发生的最终结果，只要诱发事故的因素存在，发生事故是必然的，只是时间或晚或早而已，这就是因果关系原则。

（3）"3E"原则。造成人的不安全行为和物的不安全状态的原因可归结为4个方面：技术原因、教育原因、身体和态度原因以及管理原因。针对这4方面的原因，可以采取3种防止对策，即工程技术（Engineering）对策、教育（Education）对策和法制（Enforcement）对策，即所谓"3E"原则。

（4）本质安全化原则。本质安全化原则是指从一开始和从本质上实现安全化，从根本上消除事故发生的可能性，从而达到预防事故发生的目的。本质安全化原则不仅可以应用于设备设施，还可以应用于建设项目。

（四）强制原理及相关原则

采取强制管理的手段控制人的意愿和行为，使个人的活动、行为等受到安全生产管理要求的约束，从而实现有效的安全生产管理，这就是强制原理。所谓强制就是绝对服从,不必经被管理者同意便可采取控制行动。

(1)安全第一原则。安全第一就是要求在进行生产和其他工作时把安全工作放在一切工作的首要位置。当生产和其他工作与安全发生矛盾时,要以安全为主,生产和其他工作要服从于安全,这就是安全第一原则。

(2)监督原则。监督原则是指在安全工作中,为了使安全生产法律法规得到落实,必须明确安全生产监督职责,对企业生产中的守法和执法情况进行监督。

四、安全管理典型理论

(一)事故因果连锁理论

1931年,美国海因里希在《工业事故预防》(Industrial Accident Prevention)一书中,阐述了根据当时的工业安全实践总结出来的工业安全理论,事故因果连锁理论是其中重要组成部分。海因里希第一次提出了事故因果连锁理论,阐述了导致伤亡事故的各种因素间及与伤害间的关系,认为伤亡事故的发生不是一个孤立的事件,尽管伤害可能在某瞬间突然发生,但却是一系列原因事件相继发生的结果。

1.伤害事故连锁构成

海因里希的工业安全理论主要阐述了工业事故发生的因果连锁论,与他关于在生产安全问题中人与物的关系、事故发生频率与伤害严重度之间的关系、不安全行为的原因等工业安全中最基本的问题一起,曾被称为"工业安全公理"(Axioms of Industrial Safety),受到世界上许多国家安全工作学者的赞同。

海因里希把工业伤害事故的发生发展过程描述为具有一定因果关系的事件连锁:

(1)人员伤亡的发生是事故的结果。

(2)事故的发生原因是人的不安全行为或物的不安全状态。

(3)人的不安全行为或物的不安全状态是由于人的缺点造成的。

(4)人的缺点是由于不良环境诱发或者是由先天的遗传因素造成的。

海因里希曾经调查了美国的75000起工业伤害事故,发现98%的事故是可以预防的,只有2%的事故超出人的能力能够达到的范围,是不可预防的。在可预防的工业事故中,以人的不安全行为为主要原因的事故占88%,以物的不安全状态为主要原因的事故占10%。海因里希认为事故的主要原因是由于人的不安全行为或者物的不安全状态造成的，但是二者为孤立原因，没有一起事故是由于人的不安全行为及物的不安全状态共同引起的。因此，研究结论是几乎所有的工业伤害事故都是由于人的不安全行为造成的。

2. 事故连锁过程影响因素

海因里希将事故连锁过程影响因素概括为以下5个，如图1-1所示。

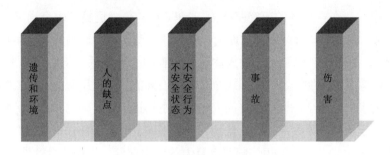

图1-1　海因希里事故连锁

（1）遗传及社会环境。遗传及社会环境是造成人的性格上缺点的原因。遗传因素可能造成鲁莽、固执等不良性格；社会环境可能妨碍教育，助长性格的缺点发展。

（2）人的缺点。人的缺点是使人产生不安全行为或造成机械、物质不安全状态的原因，它包括鲁莽、固执、过激、神经质、轻率等性格上的先天缺点，以及缺乏安全生产知识和技术等后天的缺点。

（3）人的不安全行为或物的不安全状态。人的不安全行为或物的不安全状态是指那些曾经引起过事故，可能再次引起事故的人的行为或机械、物质的状态，它们是造成事故的直接原因。

（4）事故。事故是由于物体、物质、人或放射线的作用或反作用，使人员受到伤害或可能受到伤害的、出乎意料的、失去控制的事件。

（5）伤害。伤害是由于事故直接产生的人身伤害。

事故发生是一连串事件按照一定顺序，互为因果依次发生的结果。例如，先天遗传因素或不良社会环境诱发—人的缺点—人的不安全行为或物的不安全状态—事故—伤害。这一事故连锁关系可以用多米诺骨牌来形象地描述。在多米诺骨牌系列中，一块骨牌被碰倒了，则将发生连锁反应，其余的几块骨牌相继被碰倒。如果移去中间的一块骨牌，则连锁被破坏，事故过程被中止。海因里希认为，企业安全工作的中心就是防止人的不安全行为，消除机械的或物质的不安全状态，中断事故连锁的进程而避免事故的发生。

（二）能量意外释放理论

能量意外释放理论揭示了事故发生的物理本质，为人们设计及采取安全技术措施提供了理论依据。1961年，吉布森（Gibson）提出事故是一种不正常的或不希望的能量释放，意外释放的各种形式的能量是构成伤害的直接原因。因此，应该通过控制能量，或控制作为能量达及人体媒介的能量载体来预防伤害事故。在吉布森的研究基础上，1966年，美国运输部安全局局长哈登（Haddon）完善了能量意外释放理论，认为"人受伤害的原因只能是某种能量的转移"。并提出了能量逆流对人体造成伤害的分类方法，将伤害分为两类：第一类伤害是由施加了超过局部或全身性损伤阈值的能量引起的；第二类伤害是由影响了局部或全身性能量交换引起的，主要指中毒、窒息和冻伤。哈登认为，在一定条件下某种形式的能量能否产生伤害造成人员伤亡事故，取决于能量大小、接触能量时间长短、频率以及力的集中程度。根据能量意外释放论，可以利用各种屏蔽来防止意外的能量转移，从而防止事故的发生。

能量在生产过程中是不可缺少的，人类利用能量做功以实现生产目的。在正常生产过程中，能量受到种种约束和限制，按照人们的意志流动、转换和做功。如果由于某种原因，能量失去了控制，超越了人们设置的约束或限制而意外地逸出或释放，必然造成事故。如果失去控制的、意外释放的能量达及人体，并且能量的作用超过了人们的承受能力，人体必将受到伤害。

根据能量意外释放理论，伤害事故原因是：①接触了超过机体组织（或结构）抵抗力的某种形式的过量的能量；②有机体与周围环境的正常能量交换受到了干扰（如窒息、淹溺等）。因而，各种形式的能量是构成伤害的直接原因。同时，也常常通过控制能量，或控制达及人体媒介的能量载体来预防伤害事故。机械能、电能、热能、化学能、电离及非电离辐射、声能和生物能等形式的能量，都可能导致人员伤害，其中前4种形式的能量引起的伤害最为常见。

意外释放的机械能是造成工业伤害事故的主要能量形式。处于高处的人员或物体具有较高的势能，当人员具有的势能意外释放时，发生坠落或跌落事故；当物体具有的势能意外释放时，将发生物体打击等事故。除了势能外，动能是另一种形式的机械能，各种运输车辆和各种机械设备的运动部分都具有较大的动能，工作人员一旦与之接触，将发生车辆伤害或机械伤害事故。

研究表明，人体对每一种形式能量的作用都有一定的抵抗能力，或者说有一定的伤害阈值。当人体与某种形式的能量接触时，能否产生伤害及伤害的严重程度如何，主要取决于作用人体的能量的大小。作用于人体的能量越大，造成严重伤害的可能性越大，例如，球形弹丸以4.9N的冲击力打击人体时，只能轻微地擦伤皮肤；重物以68.6N的冲击力打击人的头部时，会造成头骨骨折。此外，人体接触能量的时间长短和频率、能量的集中程度以及身体接触能量的部位等也影响人员伤害程度。例如，人体坠落、坍塌、冒顶、片帮、物体打击等均由势能意外释放所造成，车辆伤害、机械伤害和物体打击等事故多由于意外释放的动能所造成。

（三）轨迹交叉理论

随着生产技术的提高以及事故致因理论的发展完善，人们对人和物两种因素在事故致因中的地位的认识发生了很大变化。一方面是在生产技术进步的同时，生产装置、生产条件不安全的问题引起了人们更多的重视；另一方面是人们对人的因素研究的深入，能够正确地区分人的不安全行为和物的不安全状态。

约翰逊（W.G.Johnson）认为，判断到底是不安全行为还是不安全状态，受研究者主观因素的影响，取决于他认识问题的深刻程度，许多人由于缺乏有关失误方面的知识，把由于人失误造成的不安全状态看作不安全行为。一起伤亡事故的发生，除了人的不安全行为之外，一定存在着某种不安全状态，并且不安全状态对事故发生作用更大些。

斯奇巴（Skiba）提出，生产操作人员与机械设备两种因素都对事故的发生有影响，并且机械设备的危险状态对事故的发生作用更大些，只有当两种因素同时出现，才能发生事故。

上述理论被称为轨迹交叉理论，该理论的主要观点是：在事故发展进程中，人的因素运动轨迹与物的因素运动轨迹的交点就是事故发生的时间和空间，即人的不安全行为和物的不安全状态发生于同一时间、同一空间，或者说人的不安全行为与物的不安全状态相遇，则将在此时间、空间发生事故。

轨迹交叉理论作为一种事故致因理论，强调人的因素和物的因素在事故致因中占有同样重要的地位。按照该理论，可以通过避免人与物两种因素运动轨迹交叉，即避免人的不安全行为和物的不安全状态同时、同地出现，来预防事故的发生。

轨迹交叉理论将事故的发生发展过程描述为：基本原因—间接原因—直接原因—事故—伤害，如图1-2所示。从事故发展运动的角度，这样的过程被形容为事故致因因素导致事故的运动轨迹，具体包括人的因素运动轨迹和物的因素运动轨迹。

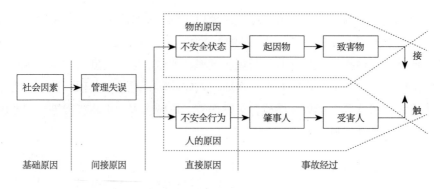

图1-2　轨迹交叉论事故模型

人的因素运动轨迹，人的不安全行为基于生理、心理、环境、行为等方面而产生。人的因素主要有：

（1）生理、先天身心缺陷。

（2）社会环境、企业管理上的缺陷。

（3）后天的心理缺陷。

（4）视、听、嗅、味、触等感官能量分配上的差异。

（5）行为失误。

在物的因素运动轨迹中，在生产过程各阶段都可能产生不安全状态。物的因素主要有：

（1）设计上的缺陷，如用材不当、强度计算错误、结构完整性差、采矿方法不适应矿床围岩性质等。

（2）制造、工艺流程上的缺陷。

（3）维修保养上的缺陷，降低了可靠性。

（4）使用上的缺陷。

（5）作业场所环境上的缺陷。

值得注意的是，许多情况下人与物又互为因果。例如有时物的不安全状态诱发了人的不安全行为，而人的不安全行为又促进了物的不安全状态的发展，或导致新的不安全状态出现。因而，实际的事故并非简单地按照上述的人、物两条轨迹进行，而是呈现非常复杂的因果关系。

若设法排除机械设备或处理危险物质过程中的隐患，或者消除人为失误和不安全行为，使两事件链连锁中断，则两系列运动轨迹不能相交，危险就不会出现，就可避免事故发生。轨迹交叉理论突出强调的是砍断物的事件链，提倡采用可靠性高、结构完整性强的系统和设备，大力推广保险系统、防护系统和信号系统及高度自动化和遥控装置。

（四）系统安全理论

系统安全（System Safety），是指在系统寿命周期内应用系统安全管理及系统安全工程原理，识别危险源并使其危险性减至最小，从而使系统在规定的性能、时间和成本范围内达到最佳的安全程度。系统安全的基本原则是在一个新系统的构思阶段就必须考虑其安全性的问题，制定并开始执行安全工作规划——系统安全活动，并且把系统安全活动贯穿于系统寿命周期，直到系统报废为止。

1.系统安全理论的主要观点

系统安全理论包括很多区别于传统安全理论的创新概念。

（1）在事故致因理论方面，改变了人们只注重操作人员的不安全行为，而忽略硬件的故障在事故致因中作用的传统观念，开始考虑如何通过改善物的系统的可靠性来提高复杂系统的安全性，从而避免事故。

（2）没有任何一种事物是绝对安全的，任何事物中都潜伏着危险因素。通常所说的安全或危险只不过是一种主观的判断。能够造成事故的潜在危险因素称作危险源；来自某种危险源，并可能造成人员伤害或物质损失的叫作危险。危险源是一些可能出问题的事物或环境因素，而危险表征潜在的危险源造成伤害或损失的机会，可以用概率来衡量。

（3）不可能根除一切危险源和危险，可以减少来自现有危险源的危险性，应减少总的危险性而不是只消除几种选定的危险。

（4）由于人的认识能力有限，有时不能完全认识危险源和危险，即使认识了现有的危险源，随着技术的进步又会产生新的危险源。受技术、资金、劳动力等因素的限制，对于认识了的危险源也不可能完全根除。因此，只能把危险降低到可接受的程度，即可接受的危险。安全工作的目标就是控制危险源，努力把事故发生概率降到最低，万一发生事故，把伤害和损失控制在最低程度上。

2.系统安全中的人失误

人作为一种系统元素，发挥功能时会发生失误，系统安全中的术语称之为人失误（Human Error）。

里格比（Rigby）认为，人失误是人的行为的结果超出了系统的某种可接受的限度。换言之，人失误是指人在生产操作过程中实际实现的功能与被要求的功能之间的偏差，其结果是可能以某种形式给系统带来不良影响。

　　人失误产生的原因包括两个方面：一是由于工作条件设计不当，即设定工作条件与人接受的限度不匹配引起人失误；二是由于人员的不恰当行为造成人失误。除了生产操作过程中的人失误之外，还要考虑设计失误、制造失误、维修失误以及运输保管失误等，因而较以往工业安全中的不安全行为，人失误对人的因素涉及的内容更广泛、更深入。

　　20世纪70年代末的美国三里岛核电站事故曾引起一阵恐慌，特别是20世纪80年代印度的博帕尔农药厂毒气泄漏事故和苏联的切尔诺贝利核电站事故等一些巨大的复杂系统的意外事故给人类带来了惨重的灾难。对这些事故的调查表明，人失误特别是管理失误是造成事故的罪魁祸首。因而，当今世界范围内系统安全理论研究的一个重大课题，就是关于人失误的研究。

第三节　环境保护管理概述

　　自然环境的管理和环境保护概念的提出、实施是随着人类历史和人类社会对自然环境的认知而产生的必然过程。随着现代工业生产对自然世界的改造，传统的自然环境和脆弱的生态正遭受诸多破坏，人类作为自然世界中的成员之一，必然有责任对环境进行保护。

一、环境保护发展简史

　　从人类诞生以来，我们就与自然环境和社会环境进行着斗争、融合、反省、保护的互动，通过与自然环境斗争重新认识自然环境，与社会环境斗争又重新认识社会环境。我们需要与自然环境和谐相处，回馈自然界对人类的恩赐。

　　进入20世纪后，科学技术极大地满足和丰富了人类的社会世界，人们根据自己的意愿对自然进行了大量的建设和改造，同时也在此过程中重新认识了这个陌生又熟悉的世界。现在"保护环境，人人有责"的概念已经响彻世界的每个角落，作为一个有责任、有意识的主体，人类需要敬畏自然，需要保护我们赖以生存的空间和环境。

（一）国外发展概况

　　现代环境问题产生于产业革命以后，共分为四个阶段。

　　第一阶段是工业革命开始到20世纪初期。这期间以西方发达国家为主的工业化国家，通过早期工业革命，实现了产业工业化。但是所付出的环境代价十分高昂。在世界名著小说《雾都孤儿》中深刻反映了当时第一代环境污染对整个世界的深刻影响。

　　由于这一阶段处于工业化革命的初期，人们对自然污染的认识有限，对环境管理和环境污染造成的后果没有非常深刻的认识，加上这一阶段新技术的出现，极大提升了人类社会的生产能力，人类对环境污染无意识的观念加剧了自然生态的破坏，很多燃料的使用，如煤炭资源、废水、化学烟雾的排放，导致大气层污染严重，给自然环境和社会环境造成了难以企及的灾害。如以烟雾污染著称于世的伦敦，在14世纪已经发生了煤炭污染情况，直至工业革命后，伦敦成为了世界上最著名的"雾都"。

第二阶段是20世纪初。因人类自相残杀的战争导致的两次世界大战，不仅给人类社会环境和社会秩序带来了难以磨灭的灾难，同时也对自然环境造成了严重伤害。直至二战结束，人类所造成的自然环境破坏已经开始显现副作用。

第三阶段是20世纪60年代到70年代。现代工业开始蓬勃发展，石油资源成为整个世界最核心的资源。石油、电力、化工、有毒物质等对整个工业化生产下的自然环境造成了深刻的影响。自然环境的大大破坏，山川河流、土质的污染，导致了局部社会动荡乃至社会灾难。

在此期间，人们对保护环境的认识逐渐深化，一些西方发达工业国家率先开展环境保护工作，通过建立环境管理保护机构，投入相应物力、资金、资源进行环境治理保护，对环境污染和企业生产污染开始加以规范、整治。例如对工业废水、化学烟雾等进行无公害净化处理、对工业生产的废弃物品进行回收利用、对不适合开展的工业工艺进行技术革新和淘汰、减少水循环污染等。这一系列的治理建设虽然取得了一定的成效，但对整个人类社会产生了对能否"先污染后治理"问题的思考。西方发达工业化国家采取先污染后治理的环境保护行为，很难实现整体的环境保护和环境预防，而且恢复环境的代价成本高昂，这种方法无法从根本上解决我们面对的环境问题。

于是，70年代后期，一些逐渐开展后工业化的国家，在总结发达国家的经验基础上，改变了原有的策略，实行"环境预防为主，综合防治为辅"的策略，其标志政策是1979年经济合作与发展组织（OECD）第二次环境部长会议纪要提出的建议，得到了广泛积极的赞成与支持。

第四个阶段是20世纪70年代至今，从西方发达国家的民众不断的呼吁关注环境保护问题，到国家立法关注社会环境、自然环境问题，再到国际社会形成共识，重视环境保护。在70年代初期，美国民众通过游行示威，要求政府重视环境保护，从根本上消除环境污染。到1972年"人类环境会议"召开，决定成立联合国环境规划署（UNP），并确定每年6月5日为世界环境日。至此"保护环境，人人有责"的理念开始逐渐散播全球。世界上绝大多数国家在环境管理上，都开始把合理开发利用自然资源、保护自然环境、维护生态平衡作为环境管理的重要内容，同时把环境保护的规划纳入社会经济发展的整体规划中去，制定社会经济发展与环境保护的总体战略对策，全面调整人类同环境的关系。

1980年在联合国环境规划署委托下，国际自然保护联盟发表了《世界自然保护大纲》，第一次提及"可持续增长发展"。1981年，国际自然保护联盟推出了《保护地球》这一重要文献，提及"可持续发展"概念。1982年联合国召开会议通过了《内罗毕宣言》，宣言强调要重视环境、发展、人口、资源之间的相互关系，实现不损害环境的、持续的社会经济发展。1987年，世界环境与发展委员会向联合国提交了《我们共同的未来》的报告，"可持续发展"的概念被首次提出。

1992年6月，联合国环境与发展大会通过了《里约环境与发展宣言》和《21世纪议程》，确立了可持续发展作为人类社会发展新战略。会议反思了自工业以来的那种"高生产、高消费、高污染"的传统发展模式以及"先污染、后治理"的道路，树立了环境与发展相互协调的观点，找到了一条在发展中解决环境问题的思路。

（二）国内发展概况

我国自古就有天人合一、人与自然和谐共存的理念。新中国成立后，我国环境管理的思想、概念通过对环境保护的理论认识和实践探索逐渐得到完善。

1973年以前，我国尚未建立起环境管理体系和相应的机构，只是在一些地区和个别部门设立了"三废"管理处（或科）以及综合利用办公室。

1973年第一次全国环境保护会议召开，开始有意识地环境治理与发出环境保护的号召，但对于环境管理的认识仅限于对"三废"和噪声污染的管理，重点通过制定政策、法规和标准来控制污染。

1989年，我国环境管理思想发生了众多变化。随着改革开放后工业生产能力的提升，国家认识到在我国目前的经济技术条件下，靠大量投资和采用先进的污染控制技术控制污染解决环境问题是不现实的，必须把工作重点转移到加强环境管理上来，逐渐开始了"以管促治"。1989年5月，第三次全国环境保护会议通过了《1989—1992年环境保护目标和任务》和《全国2000年环境保护规划纲要》两份重要文件，提出环境目标责任制和城市环境综合整治的定期考核制、城市环境质量定量考核以及污染限期治理等，标志着我国环境管理已在向区域综合治理的方向迈进，环境管理由定性管理向定量管理转变，会议同时形成了我国环境管理的"八项制度"。

从2002年第五次全国环境保护会议至今，是环境管理概念创新性发展阶段。期间提出了推动经济社会全面协调可持续发展的方向，强调环境管理的发展要实现从环境保护滞后于经济发展转变为环境保护与经济发展同步，要从主要用行政办法保护环境转变为综合运用法律、经济、技术和必要的行政办法解决环境问题。

2018年5月，第八次全国环境保护会议明确提出，加大力度推进生态文明建设、解决生态环境问题，坚决打好污染防治攻坚战，推动中国生态文明建设迈上新台阶。

二、环境管理的基本概念

环境管理从20世纪70年代初开始形成，并逐步发展成为一门新兴学科。环境管理的含义有狭义和广义之分。

狭义的环境管理主要是指采取各种措施控制污染的行为，例如通过制定法律、法规和标准，实施各种有利于环境保护的方针、政策，控制各种污染物的排放。人们对环境问题的认识不断提高，狭义的环境管理已经不能满足环境保护事业的需要，人们已普遍认识到，要从根本上解决环境问题，必须从经济社会发展战略的高度去采取对策和制定措施。因此，环境管理的内容大大扩展、要求也大大提升，从而逐渐形成了广义的环境管理。

广义的环境管理概念于1974年在墨西哥召开的"资源利用、环境与发展战略方针"专题研讨会上首次被正式提出，此次会议形成三点共识：第一，全人类的一切基本需要应当得到满足；第二，要进行发展以满足基本需要，但不能超出生物圈的容许极限；第三，协调这两个目标的方法是环境管理。1975年休埃尔在其《环境管理》一书中对环境管理做了专门阐述，指出"环境管理是对损害人类自然环境质量的人为活动（特别是损害大气、水和陆地外貌质量的人为活动）施加影响"。我国学者刘天齐在其《环境技术与管理工程概论》一书中，对环境管理的含义做了如下论述："通过全面规划，协调发展与环境的关系，运用经济、法律、技术、行政、教育等手段，限制人类损害环境质量的行为，达到既满足人类的基本需要，又不超出环境的容许极限的目的。"

由此可见，广义环境管理的核心是实施经济社会与环境的协调发展，即依据国家的环境政策、法律、法规和标准，坚持宏观综合决策与微观执法监督相结合，从环境与发展综合决策入手，运用各种有效管理手段，调控人类的各种行为，协调经济、社会发展同环境保护之间的关系，限制人类损害环境质量的活动以维护区域正常的环境秩序和环境安全，实现区域社会可持续发展。

环境管理的内涵主要涵盖以下四个方面：

（1）协调发展与环境的关系。建立可持续发展的经济体系、社会体系和保持与之相适应的可持续利用的资源和环境基础，是环境管理的根本目标。

（2）运用各种手段限制人类损害环境质量的行为。人在管理活动中扮演着管理者和被管理者的双重角色，具有决定性的作用，因此环境管理的核心是对人的管理。

（3）环境管理是一个动态过程。它必须适应社会经济、技术的发展，并及时调整政策措施，使人类的经济活动不超过环境的承载能力和自净能力。

（4）环境保护作为国际社会共同关注的问题，环境管理需要超越文化和意识形态等方面的差异，采取协调合作的行动。

三、环境管理的主要内容

（一）按环境管理范围划分

1.流域环境管理

流域环境管理是以特定流域为管理对象，以解决流域环境问题为内容的一种环境管理。根据流域的大小不同，流域环境管理可分为跨省域、跨市域、跨县域、跨乡域的流域环境管理。

2.区域环境管理

区域环境管理是以行政区划分归属边界，以特定区域为管理对象，以解决该区域内环境问题为内容的一种环境管理并根据行政区划的范围大小，可分为省域环境管理、市域环境管理、县域环境管理等。同时，还可分为城市环境管理、农村环境管理、乡镇环境管理、经济开发区环境管理、自然保护区环境管理等。

3.行业环境管理

行业环境管理是一种以特定行业为管理对象，以解决该行业内环境问题为内容的环境管理。由于行业不同，行业环境管理可分为几十种类型，如钢铁行业环境管理、电力行业环境管理、冶金行业环境管理、化工行业环境管理、建材行业环境管理等。

4.部门环境管理

部门环境管理是以具体的单位和部门为管理对象，以解决该单位或部门内的环境问题为内容的一种环境管理。

（二）按环境管理属性划分

1.环境资源管理

环境资源管理是指依据国家资源政策，以资源的合理开发和持续利用为目的，以实现可再生资源的恢复与扩大再生产、不可再生资源的节约使用和替代资源的开发为内容的环境管理。

2.环境质量管理

环境质量管理是一种以环境质量标准为依据，以改善环境质量为目标，以环境质量评价和环境监测为内容的环境管理。

3.环境技术管理

环境技术管理是一种通过制定环境技术政策、技术标准和技术规程，以调整产业结构、规范企业的生产行为、促进企业的技术改革与创新为内容，以协调技术经济发展与环境保护关系为目的的环境管理。从广义上讲，环境保护技术可分为环境工程技术（具体包括污染治理技术、生态保护技术）、清洁生产技术、环境预测与评价技术、环境决策技术、环境监测技术等方面。技术环境管理要求有比较强的程序性、规范性、严谨性和可操作性。

（三）按环保部门工作领域划分

1.环境规划管理

环境规划管理是依据规划或计划而开展的环境管理。这是一种超前的主动管理，也称为环境规划管理。其主要内容包括：制定环境规划；将环境规划分解为环境保护年度计划；检查和监督环境规划的实施情况；根据实际情况修正和调整环境保护年度计划方案；改进环境管理对策和措施。

2.建设项目环境管理

建设项目环境管理是一种依据国家的环保产业政策、行业政策、技术政策、规划布局和清洁生产工艺要求，以管理制度为实施载体，以建设项目为管理内容的一类环境管理。建设项目包括新建、扩建、改建和技术改造项目四类。

3.环境监督管理

环境监督管理是从环境管理的基本职能出发，依据国家和地方政府的环境政策、法律、法规、标准及有关规定，对一切生态破坏和环境污染的行为，以及对依法负有环境保护责任和义务的行政主管部门的环境保护行为，依法实施的监督管理。

四、环境管理理论

（一）环境与发展的辩证关系

在如何对待环境和发展这对矛盾的关系上，国内外主要有三种观点：

1.优先发展论

该理论认为在经济发展过程中，"先污染、后治理"是一条客观规律，主张优先发展经济，只有实现了经济的高速增长和壮大了经济实力之后，才能拿出资金治理环境污染和改善环境质量。因此，其基本观念是先发展，后保护环境。

2.发展原点论

该理论认为既然经济增长和社会进步带来环境污染、资源枯竭和生态破坏，那么，解决环境问题的唯一出路就只有停止发展，才能摆脱环境危机。

3.持续发展论

该理论认为人类有能力使发展持续下去，使环境既能满足当代人的基本需求，为他们提供实现美好生活的机会，同时又不对子孙后代的生活构成威胁和危害；经济增长和社会进步只能以自然环境和自然资源的持久、稳定的承载力为基础；环境保护只有在国民经济和社会发展的基础上，有了坚强的经济后盾，才能逐步地、持久地、稳定地开展下去。

（二）实现可持续发展

可持续发展（Sustainable development）概念的明确提出，最早可以追溯到1980年由世界自然保护联盟（IUCN）、联合国环境规划署（UNEP）、野生动物基金会（WWF）共同发表的《世界自然保护大纲》。1987年，世界环境与发展委员会（WCED）发表了报告《我们共同的未来》，这份报告正式使用了可持续发展概念，并对之做出了比较系统的阐述，产生了广泛的影响。

1.可持续发展的概念

有关可持续发展的定义有100多种，但被广泛接受且影响最大的仍是世界环境与发展委员会在《我们共同的未来》中的定义。该报告中，可持续发展被定义为：能满足当代人的需要，又不对后代人满足其需要的能力构成危害的发展。它包括两个重要概念：一是需要的概念，尤其是世界各国人民的基本需要，应将此放在特别优先的地位来考虑；二是限制的概念，技术状况和社会组织对环境满足眼前和将来需要的能力施加的限制。

生态学家的定义：自然资源及其开发利用之间的平衡。社会科学角度的定义：在生存于不超出维持生态系统涵容能力的情况下，改善人类的生活品质。经济学家的定义：在保护自然资源的质量及其所提供服务的前提下，使经济发展的净利益增加到最大限度。环境学家的定义是指可持续发展即是转向更清洁、更有效的技术，尽可能接近"零排放"或"密闭式"工艺方法，尽可能减少能源和其他资源的消耗。

1992年6月，联合国在里约热内卢召开的"环境与发展大会"，通过了以可持续发展为核心的《里约环境与发展宣言》《21世纪议程》等文件。随后，中国政府编制了《中国21世纪人口、环境与发展白皮书》，首次把可持续发展战略纳入我国经济和社会发展的长远规划。1997年的中共十五大把可持续发展战略确定为我国现代化建设中必须实施的战略。可持续发展主要包括社会可持续发展，生态可持续发展，经济可持续发展。

2.可持续发展的内涵

可持续发展的含义深刻，内容丰富，有两个基本要点：

一是强调人类有追求健康而富有生产成果的生活权利，应该是坚持与自然和谐相处方式的统一，而不应该凭借着人们手中的技术和投资，采取耗竭资源、破坏生态和污染环境的方式来追求这种发展权利的实现。

二是强调当代人在创造与追求今世发展与消费的时候，应承认并努力做到自己的机会与后代的机会相平等，不能允许当代人一味地、片面地、自私地追求今世的发展和消费，而毫不留情地剥夺后代人应该合理享有的同等的发展与消费的机会。

可持续发展还包含了以下几层含义：

（1）可持续发展尤其突出强调了发展。不论发达国家还是发展中国家，发展是人类共同的权利，发展权对发展中国家尤为重要。因此，对于发展中国家来说发展是第一位的，只有发展才能解决贫富悬殊，为人口猛增和生态环境危机提供必要的技术和资金，也才能逐步实现现代化，最终摆脱贫困和愚昧。

（2）发展与环境保护相互联系，构成了一个有机的整体。为了实现可持续发展，环境保护应是发展进程的一个整体组成部分，不能脱离这一进程来考虑。可持续发展既把环境保护作为其追求实现的最基本目的之一，又把建设舒适、安全、清洁、优美的环境作为实现发展的重要目标。因此，环境建设是持续发展的重要内容之一，而环境保护则是衡量持续发展的质量水平、发展程度的客观标准之一。

（3）在环境保护方面，每个人都享有正当的环境权利，即享有在发展中合理利用自然资源的权利和享有清洁、安全、舒适环境的权利。环境权利和环境义务是相对的，人们的环境权利和环境义务是平等和统一的，这种权利应当得到他人的尊重和维护。

（4）可持续发展呼吁人们放弃传统的生产方式和消费方式。目前，摆在全世界各国面前的一个极为重要的任务就是要坚决地改变传统的发展模式，即首先减少和消除不能使发展持续的生产方式和消费方式。地球所面临的最重要的问题之一，就是不适当的消费和生产模式，导致环境恶化、贫困加剧和各国的发展失衡，若想达到适当的发展，就需要提高生产效率、改变消费方式，以最高限度地利用资源和最低限度地生产废弃物。

（5）可持续发展需要加快环境保护新技术的研制和普及，并提高公众的环保意识。人类必须彻底改变对自然界的传统态度，真正建立起人与自然和谐相处的崭新观念。

可持续发展不否定经济的增长（尤其是落后国家的经济增长），但需要重新审视如何实现经济增长。可持续发展以自然资产为基础，同环境承载力相协调；以提高生活质量为目标，同社会进步相适应；承认自然环境的价值，以环境政策和法律体系为条件实施，强调"综合决策"和"公众参与"。

（三）可持续发展的基本原则

1.公平性原则

可持续发展是一种机会、利益均等的发展。该原则认为人类各代都处在同一生存空间，对这一空间中的自然资源和社会财富拥有同等享用权，拥有同等的生存权。

（1）代内公平。指同代内区际间的均衡发展，即一个地区的发展不应以损害其他地区的发展为代价；指代内的所有人，不论其国籍、种族、性别、经济发展水平和文化等方面的差异，对于利用自然资源和享受清洁、良好的环境有平等的权利。

（2）代际公平。指代际间的均衡发展，即既满足当代人的需要，又不损害后代的发展能力。自然资源是有限的，这一代不要为了自己的发展与需要，去损害人类世世代代对自然资源和环境的需求。

（3）公平分配有限的资源。因此，可持续发展把消除贫困作为重要问题提了出来，要予以优先解决，要给各国、各地区、世世代代的人以平等的发展权。

2.持续性原则

持续性原则是指一种可以长久维持的状态或过程，人类社会的持续性，要将人类的当前利益与长远利益有机结合。持续性原则表现在三个方面，即生态持续性、经济持续性和社会持续性。核心是人类的经济和社会发展不能超过资源和环境承载力，强调以持续的方式利用自然资源。即在满足需要的同时必须有限制因素，发展的概念中包含着制约的因素，主要限制因素有人口数量、环境、资源，以及技术状况和社会组织对环境满足眼前和将来需要能力施加的限制。最主要的限制因素是人类赖以生存的物质基础——自然资源与环境。

3.共同性原则

实现可持续发展需要共同的认识和共同承担责任。各国可持续发展的模式虽然不同，但公平性和持续性原则是共同的。地球的整体性和相互依存性决定全球必须联合起来，认知我们的家园。

可持续发展所讨论的问题是关系到全人类的问题，所要达到的目标是全人类的共同目标。虽然国情不同，实现可持续发展的具体模式不同，但是公平性原则、协调性原则、持续性原则是共同的，各个国家要实现可持续发展都需要适当调整其国内和国际政策。只有全人类共同努力，才能实现可持续发展的总目标，从而将人类的局部利益与整体利益结合起来。

五、生态文明建设

生态文明是人类文明的一种形式，它以尊重和维护生态环境为主旨，以可持续发展为目的，以未来人类的永续发展为着眼点。

（一）生态文明的特点

生态文明观强调人的自觉与自律，强调人与自然环境的相互依存、相互促进、共处共融。生态文明观同以往的农业文明、工业文明具有相同点，都主张在改造自然的过程中发展物质生产力，不断提高人的物质生活水平。但它们之间也有着明显的不同点，即生态文明突出生态的重要，强调尊重和保护环境，强调人类在改造自然的同时必须尊重和爱护自然，而不能随心所欲，盲目蛮干，为所欲为。生态文明同物质文明与精神文明既有联系又有区别。说它们有联系，是因为生态文明既包含物质文明的内容，又包含精神文明的内容。生态文明并不是要求人们消极地对待自然，在自然面前无所作为，而是在把握自然规律的基础上积极地利用自然，改造自然，使之更好地为人类服务，在这一点上，它与物质文明一致。

（二）生态文明建设的意义

生态文明建设是中国特色社会主义事业的重要内容，关系人民福祉，关乎民族未来，事关"两个一百年"奋斗目标和中华民族伟大复兴中国梦的实现。党中央、国务院高度重视生态文明建设，先后出台了一系列重大决策部署，推动生态文明建设取得了重大进展和积极成效。

一部人类文明的发展史，就是一部人与自然的关系史。自然生态的变迁决定着人类文明的兴衰。党的十八大把生态文明建设提到与经济建设、政治建设、文化建设、社会建设并列的位置，形成了"五位一体"总体布局。以习近平同志为核心的党中央站在战略全局的高度，对生态文明建设和生态环境保护提出一系列新思想新论断新要求，为建设美丽中国指明了前进方向和实现路径。

习近平指出，建设生态文明，关系人民福祉，关乎民族未来。生态环境保护是功在当代、利在千秋的事业。要清醒认识保护生态环境、治理环境污染的紧迫性和艰巨性，清醒认识加强生态文明建设的重要性和必要性，以对人民群众、对子孙后代高度负责的态度和责任，真正下决心把环境污染治理好、把生态环境建设好。这些重要论断，深刻阐释了推进生态文明建设的重大意义，表明了我们党加强生态文明建设的坚定意志和坚强决心。生态文明建设是经济持续健康发展的关键保障，是民意所在民心所向，是党提高执政能力的重要体现。

建设生态文明是实现中华民族伟大复兴的根本保障。历史的教训告诉我们，一个国家、一个民族的崛起必须有良好的自然生态作保障。随着生态问题的日趋严峻，生存与生态从来没有像今天这样联系紧密。大力推进生态文明建设，实现人与自然和谐发展，已成为中华民族伟大复兴的基本支撑和根本保障。

建设生态文明是推动经济社会科学发展的必由之路。随着中国经济快速发展，资源约束趋紧、环境污染严重、生态系统退化的现象十分严峻，经济发展不平衡、不协调、不可持续的问题日益突出，因此必须树立尊重自然、顺应自然、保护自然的生态文明理念，把生态文明建设融合贯穿到经济、政治、文化、社会建设的各方面和全过程，大力保护和修复自然生态系统，建立科学合理的生态补偿机制，形成节约资源和保护环境的空间格局、产业结构、生产方式及生活方式，从源头上扭转生态环境恶化的趋势。

建设生态文明是顺应人民群众新期待的迫切需要。随着人们生活质量的不断提升，人们不仅期待安居、乐业、增收，更期待天蓝、地绿、水净；不仅期待殷实富庶的幸福生活，更期待山清水秀的美好家园。生态文明发展理念，强调尊重自然、顺应自然、保护自然；生态文明发展模式，注重绿色发展、循环发展、低碳发展。大力推进生态文明建设，正是为顺应人民群众新期待而作出的战略决策，也为子孙后代永享优美宜居的生活空间、山清水秀的生态空间提供了科学的世界观和方法论。

2015年9月11日，中央政治局会议审议通过《生态文明体制改革总体方案》，从推进生态文明体制改革要树立和落实的正确理念到要坚持的"六个方面"，全面部署生态文明体制改革工作，细化搭建制度框架的顶层设计，进一步明确了改革的任务书、路线图，为加快推进生态文明体制改革提供了重要遵循和行动指南。随着十八届五中全会的召开，增强生态文明建设首度被写入国家五年规划。

建设生态文明，昭示着人与自然的和谐相处，意味着生产方式、生活方式的根本改变，是关系人民福祉、关乎民族未来的长远大计，也是全党全国的一项重大战略任务。

第二章
策划资源类技术与载体

第一节　有感领导落实

有感领导（Felt Leadership）是指企业各级领导通过以身作则的个人安全行为，体现出良好的领导行为和组织行为，使员工真正感知到安全生产的重要性，感受到领导做好安全工作的示范性，感悟到自身做好安全工作的必要性。各级领导可通过制定个人安全行动计划、践行安全观察与沟通、开展安全生产承包点等活动来落实有感领导的要求。

一、个人安全行动计划

贯彻落实HSE管理九项原则，强化各级领导干部安全责任意识，以领导干部制定并实施个人安全行动计划为载体，推动领导干部践行有感领导，这是各级管理者落实HSE责任的基本要求。通过领导带头的示范作用引领全体员工积极主动参与HSE管理，通过有感领导的影响力引领全体员工深入推进安全文化建设，从而促进企业HSE业绩和基层现场HSE管理水平持续提升。

（一）建立制度保障机制

制定个人安全行动计划要以制度的形式固化，并强制推广实施。企业需要确定制定个人安全行动计划的人员职级和关键岗位，同时要遵循关联性原则、沟通性原则、公开性原则。行动计划必须是与本人职务和岗位 HSE 管理内容相关的、可实现的、可衡量的、有时限要求的组织行为、领导行为和个人行为。制定过程上下沟通，执行过程定期督促，直线领导全程考核辅导。计划及完成情况要在企业网站或以其他形式公开，接受全体员工的监督。

（二）行动计划的编制

个人安全行动计划为年度计划，应在每年初制定，编制完成后需提交直线领导审核确认，行动计划表要采用统一的模板。主要内容包括目标、任务、频次、计划完成时间、实施情况以及直线领导意见等。个人安全行动计划应由其本人亲自编制和实施，不得由他人替代。

个人安全行动计划必须事先编制，不得事后追补，且编制前应充分了解和掌握本岗位 HSE 管理工作重点，并需与直线领导和下属进行沟通；个人安全行动计划应在取得审核人正式确认后在公司网站主页上或通过其他形式发布、公示；个人安全行动计划编制完成并经直线领导审核签字后，报安全监管部门备案。

（三）行动计划的执行与考核

个人安全行动计划编制人应对计划完成情况按照计划时间及时进行确认。由于岗位变动或分工调整等原因造成个人安全行动计划需要修改的，应按照规定程序及时进行修改，重新发布、公示。各级人员每年或定期进行一次补充完善，按最佳实践固化下来，做到持续改进。

各级领导干部个人安全行动计划执行情况应采取自评、上级面谈、述职、测评等方式进行评估考核，考核结果作为对各级领导绩效考核的依据之一。具体来讲：

（1）企业领导可以在安委会以及职代会上述职时，公开自己的个人安全行动计划实施情况、经验及改进措施。

（2）各级领导每年应和直线领导面谈一次关于自己个人安全行动计划执行情况、遇到的困难、总结的经验和教训，以及是否酌情调整计划等，并作记录。

（3）各级领导的年终绩效应与个人安全行动计划的执行情况挂钩，各企业的年终绩效应与领导班子执行个人安全行动计划的情况挂钩。

二、安全观察与沟通

安全观察与沟通是一种管理的方法、沟通的技巧和领导的艺术，是各级管理者履行安全职责、践行有感领导、实现领导承诺的必备技能，是落实有感领导、兑现领导承诺的一种有效手段。安全观察与沟通是一种以行为为基准的观察计划，是为各级管理者，上至公司管理层，下至一线主管及班组长特别设计的一种对员工行为进行观察、沟通与干预的系统性管理方法和工具。

（一）制订计划

结合企业的实际，制定或修订企业的行为安全观察与沟通管理制度，明确适用范围、职责、管理要求、结果应用等内容。结合企业各级领导的安全承包点活动，制定安全观察与沟通计划，明确安全观察与沟通的人员、频率和时限、观察区域及内容。安全观察与沟通应覆盖所有区域和班次，并覆盖不同的作业时间段，如夜班作业、超时加班以及周末工作。

安全观察与沟通计划至少应包括以下内容：

1.安全观察与沟通的人员

有计划的安全观察与沟通应按小组执行，通常由企业内有直线领导关系的人员组成安全观察小组。企业各级管理人员和基层单位班组长都应参与有计划的安全观察与沟通。

每个安全观察小组的人员通常限制在 1 ~ 3 人，有计划的安全观察与沟通不宜由单人执行。随机的安全观察与沟通可由单人或多人执行。非本区域内人员进行安全观察与沟通时，应有本区域员工陪同。

2.安全观察与沟通的区域

安全观察区域选定在某一车间或场所之内，如承包商作业区、生产作业场所、后勤办公区都可作为一个观察区域。通常可考虑选取如下的场所作为安全观察与沟通重点区域：高危险作业区域、安全隐患较多的区域、交叉作业区域、新进场承包商的工作区域等。

3.安全观察与沟通的频次

安全观察与沟通有随机性的和计划性的。随机性的可随时随地地开展，没有进行记录的要求；计划性的安全观察与沟通，应有明确频次并必须留下记录，班组长至少每天一次，基层领导干部至少每月一次，机关领导干部至少每月或每季一次。观察时限应包括观察员工作业过程的时间，以及观察者与员工就观察发现的问题进行沟通讨论的时间，通常为半小时。

（二）学习培训

由安全管理部门编制安全观察与沟通培训课件，由企业 HSE 培训师、安全管理人员等自上而下逐级组织培训。每个培训班分若干学习小组实施培训和练习，培训过程中把同单位、上下级尽量拆开分组。

企业 HSE 部门组织参加培训人员到现场运用所学的"安全观察与沟通"的方法和技巧开展安全观察与沟通。现场实习结束后，参加人员分享心得体会，咨询项目组成员进行点评。对被沟通对象进行访谈或向其发放反馈表，并结合现场模拟情况，对培训效果进行评估。

（三）组织实施

企业各级领导、直接管理人员按照安全观察与沟通计划到相应的安全联系点开展安全观察与沟通。咨询项目组和企业 HSE 部门跟踪执行的准确性，并进行答疑解惑。

1.实施步骤

安全观察与沟通的组织实施应以"六步法"为基础，步骤包括：

（1）观察。现场观察员工的行为，决定如何接近员工，并安全地阻止不安全行为。

（2）表扬。对员工的安全行为进行表扬。

（3）讨论。与员工讨论观察到的不安全（危险）行为和可能产生的后果，鼓励员工讨论更为安全的工作方式。

（4）沟通。就如何安全地工作与员工达成一致意见，并取得员工的承诺。

（5）启发。引导员工讨论工作地点的其他安全问题。

（6）感谢。对员工的配合表示感谢。

2.安全观察与沟通内容

安全观察与沟通应重点关注可能引发伤害的行为，应综合参考以往的伤害调查、未遂事件调查以及安全观察的结果。实施时应注意以下七个方面：

（1）员工的反应。员工在看到他们所在区域内有领导时，他们是否改变自己的行为（从不安全到安全）。员工在被观察时，有时会做出反应，如改变身体姿势、调整 PPE、改用正确工具、抓住扶手、系上安全带等。这些反应通常表明员工知道正确的作业方法，只是由于某种原因没有采用。

（2）员工的位置。员工身体的位置是否有利于减少伤害发生的概率。

（3）个人防护装备（PPE）。员工使用的 PPE 是否合适，是否正确使用，PPE 是否处于良好状态。

（4）工具和设备。员工使用的工具是否合适，是否正确，工具是否处于良好状态，非标工具是否获得批准。

（5）程序。是否有可用的程序，员工是否理解并遵守这些程序。

（6）人体工效学。办公室和作业环境是否符合人体工效学原则。

（7）整洁。作业地点是否整洁有序。

依据观察的结果，分别就观察到的员工安全行为和不安全行为进行沟通，双方就如何安全的工作达成一致意见。观察者应在安全观察与沟通过程中填写报告表（图2-1），安全观察与沟通报告表中不得记录被观察人员的姓名。企业 HSE 部门负责收集执行结果，统计安全观察与沟通计划完成情况。

□员工的反应	□员工的位置	□个人防护装备	□工具和设备	□程 序	□人机工程学	□整 洁
观察到人员的异常反应 □调整个人防护装备 □改变原来的位置 □重新安排工作 □停止工作 □接上地线 □上锁挂签 □其他	**可能** □被撞击 □被挤压 □高处坠落 □绊倒或滑倒 □射线照射 □触电 □接触有害物质 □接触转动设备 □搬运负荷过重 □其他	**未使用或未正确使用，是否完好** □眼睛 □头部 □手和手臂 □脚和腿部 □躯干 □呼吸系统 □其他	□不适合该作业 □未正确使用 □工具和设备本身不安全 □其他	□没有建立 □不适用 □不可获取 □员工不知道或不理解 □没有遵照执行 □其他	□重复的动作 □躯体位置 □姿势 □场所环境 □工作区域设计 □工具和把手 □照明 □噪音 □其他	□作业区域不整洁 □工作场所杂乱 □材料及工具摆放不规范 □其他
观察区域	观察到的安全或不安全行为（状况）的描述					可能造成的伤害

观察地点：_____ 观察日期：_____ 观察时间：_____分钟 观察人（签名）_____

图2-1 安全观察与沟通报告表

3.结果统计分析与应用

计划性的安全观察与沟通结果都应进行统计分析。企业HSE 部门收集各级领导、直线管理人员安全观察与沟通报告，建立观察与沟通的内容与类别数据库，对数据进行统计与分析，发现薄弱环节，并定期公布统计分析结果，为企业的安全管理改进提供依据和参考。如图2-2所示，在个人防护用品方面发现的不安全行为和程序方面的问题较多，安全管理对这两方面应该有所侧重。

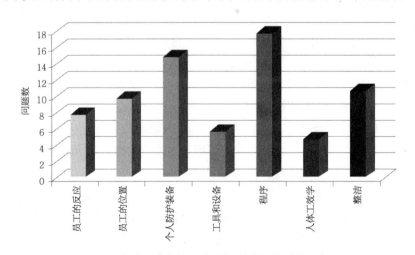

图2-2 安全观察与沟通发现问题类别的对比示意图

当企业需要时，还可以描绘发现问题趋势。企业可针对类别、区域、完成率等描绘趋势图，累积足够的数据及企业的历史经验，考虑企业风险识别与承受的能力，来总结确立企业的安全警戒线（图2-3），分别定出安全、注意、警报、危险四个区域，用实时数据反映出当时的安全状况。

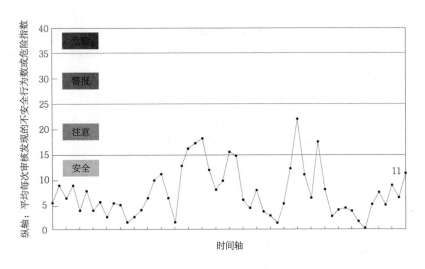

图2-3　安全警戒线示意图

当超过警戒线时，相关基层单位应针对发现的问题，制订包括整改措施、责任人、完成时间等在内的整改计划。企业 HSE 部门负责问题的验证，对所有发现问题进行深入原因分析，制定纠正措施，进行闭环管理。

三、安全生产承包点

为加强企业安全生产风险管控工作，压实安全生产责任，充分发挥领导人员在安全生产监管工作中的关键作用，企业应制定安全生产承包点管理制度，评估确定本企业承包点，落实领导人员安全生产承包责任和承包点检查督导管理要求。

（一）承包点的设置范围

企业应当按照生产安全风险防控管理相关规定，对重点基层单位（场所）进行安全风险评估，确定承包点的风险等级，主要包括但不限于：

（1）风险探井、深井及超深复杂井施工项目。

（2）海上（滩海）勘探开发生产设施（平台）。

（3）陆上相对集中的油气生产与处理装置区域。

（4）涉及储气库生产、大型压裂施工、含硫天然气及页岩气生产的单位或施工项目。

（5）危险化学品企业涉及"两重点一重大"的生产装置和储存设施。

（6）涉及对安全生产起关键作用的公用工程系统的单位或场所。

（7）加油（气）站、罐装站、油品交接站、洗槽站、装卸站台、油气码头等场站，集输站、储配站、调压站、门站等燃气场站。

（8）涉及管道高后果区、高风险段的单位或场站（库）。

（9）涉及设备检维修作业、多工种联合作业或频繁吊装、拆卸、搬迁、安装等流动性强、危险性大的重要施工项目或单位。

（10）重点消防设施及人员密集场所。

（11）专业运输车船队。

（二）承包点风险等级划分

企业应当评估确定承包点安全风险等级，由高到低划分为重大风险、较大风险、一般风险。企业应当根据承包点安全风险等级排序，明确对应的承包人。

（1）企业领导班子成员应当承包重大风险等级的承包点。

（2）企业副总师应当承包较大及以上风险等级的承包点。

（3）企业职能部门主要负责人应当承包一般及以上风险等级的承包点。

（三）承包人的主要职责

承包点检查督导应当坚持"党政同责、一岗双责、齐抓共管、失职追责"的原则。承包人对承包点负有安全生产监管职责，承担领导责任，对承包点开展检查督导的主要内容应当包括：

（1）宣传安全生产法律法规，传达党中央、国务院和企业关于安全生产工作的各项部署要求，督促承包点健全落实安全生产责任制、严格执行安全生产规章制度和操作规程。

（2）督促承包点推进安全风险分级管控和隐患排查治理双重预防机制建设，了解掌握承包点主要生产安全风险，督促做好风险防控措施落实和隐患排查治理工作。

（3）督促承包点开展安全管理现状评估，听取承包点对风险分级管控、隐患排查治理、安全教育培训、应急演练、事故教训吸取等安全生产相关工作情况的汇报，帮助承包点反映和解决安全生产工作中的突出问题，提出改进建议。

（4）开展安全观察与沟通，组织检查承包点日常安全管理情况，并督办各类审核检查发现的问题隐患整改情况，对问题隐患整改工作落实不及时、不到位的责任人，提出处理建议。

（5）承包人认为其他需要开展的安全生产相关工作。

承包点检查督导必须由承包人亲自组织开展，禁止授权、委托。承包人开展的承包点检查督导不能代替直线管理该单位（场所）的各级领导人员履行安全生产监督管理责任的相关工作。

（四）承包点的管理要求

企业应当每年公布承包点和对应的承包人名单。承包点或承包人发生变更时，企业应当对承包点检查督导工作及时做出相应调整并及时告知相关方。企业应当在承包点采取挂牌等方式进行公示，明确承包点名称、承包人姓名和职务。

企业应当分年度制定承包点检查督导计划，承包人应当按计划定期到承包点开展检查督导。承包人应当结合国家法定节假日、国家和企业重大活动及重要会议等敏感时间的有关要求，及时开展承包点检查督导，并根据检查督导开展情况及时填写记录。

企业应当定期组织对承包点检查督导开展情况进行检查考核，并通报检查考核结果。承包点应当落实安全生产主体责任，主动向承包人汇报安全生产管理工作，及时整改检查督导发现的问题隐患，并落实预防措施和改进建议。

在体系审核或者安全生产专项监督检查中发现承包人未按规定开展承包点检查督导，且承包点存在较大及以上安全隐患情形的，按照有关规定对承包人问责。承包点发生事故的，按照生产安全事故与环境事件责任人员行政处分有关规定追究承包人相应的领导责任。

第二节　安全生产和环境保护责任制

为牢固树立发展绝不能以牺牲人的生命为代价和安全环保红线意识，规范安全生产和环境保护责任制（以下简称安全环保责任制）制定和实施工作，有效落实全员安全环保责任，建立和完善"一岗双责、管行业管安全、管工作管安全"的安全环保责任体系，防止和减少安全环保事故，依据《中华人民共和国安全生产法》和《中华人民共和国环境保护法》等法律法规，企业应制定和实施安全生产和环境保护责任制等规章制度。

一、基本要求

结合企业各类岗位的性质、业务特点和具体工作内容，规范并细化各级员工的安全生产责任，编制岗位安全生产责任清单，确保责任覆盖全面、边界清晰、上下衔接，明确责任落实的工作任务，量化任务完成的工作标准，规范任务达标的可追溯性结果，形成"一岗一清单"，构建完善以生产经营安全风险管控为核心，明职知责、履职尽责、考职问责、失职追责的全员安全生产责任体系，确保岗位安全生产责任制可落实、可执行、可考核、可追溯，形成企业生产经营各项业务安全管理"层层负责、人人有责、各负其责、履职尽责"的工作格局。

（一）基本原则

安全环保责任制的制定和落实应当坚持以下原则：
（1）统一领导，分级负责。
（2）全面覆盖，全员有责。
（3）直线责任，风险管控。
（4）管行业管安全环保，管工作管安全环保。

（二）主要责任

按照《中华人民共和国安全生产法》的规定，生产经营单位的主要负责人负责建立、健全本单位安全生产责任制，以文件形式批准执行。

（1）企业的主要责任人是本单位安全环保工作的第一责任人，对建立健全和落实安全环保责任制负主要领导责任。

（2）业务分管领导按照"管工作管安全环保"的原则，对建立健全和落实分管业务范围内的安全环保责任制负直接管理领导责任。

（3）分管安全环保工作的领导对建立健全和落实安全环保责任制负综合管理领导责任。

（4）各级管理部门应当认真履行直线责任，对建立健全和落实本部门安全环保责任制负管理责任。

（5）企业及其下属单位应当按照属地管理要求，负责制定和落实所属各岗位的安全环保职责。

（6）所有员工应当参与本岗位安全环保职责的制定工作，并认真履行岗位安全环保职责。

二、安全环保责任制的编制

安全环保职责应当依据岗位职责，充分考虑岗位和业务活动中存在的风险，结合业务工作全过程中的具体任务，明确应承担的责任，至少应包括法律法规规定的职责、上级管理的要求、风险管控的职责、遵守的相关制度和规程等内容。

（一）编制要求

安全环保责任制应当做到上下配套、层层分解、逐级衔接，形成完整的安全环保责任体系。安全环保责任制的编制应按如下程序和要求进行。

（1）成立编制小组，制定安全环保责任制编制工作方案。

（2）人事劳资部门明确管理部门及岗位、下属单位及岗位的设置情况。

（3）明确牵头部门，根据部门、基层单位和岗位的职责分工，统一编制安全环保职责。

（4）各级部门、基层单位参与本部门、本单位及所属各岗位的安全环保职责编制工作。

（5）所有员工参加本岗位安全环保责任制的编制工作。

（6）各级部门、基层单位和岗位的安全环保职责经直线领导审核后，逐级上报到编制小组。

（7）编制小组组织相关部门对安全环保职责进行审核。

（8）通过审核的安全环保职责由主要负责人批准，以行政文件发布。

（二）编制内容

安全环保责任制应根据岗位职责，明确写明负责、组织、协调、参与以及监督检查等安全环保职责的具体内容和要求，内容应当简洁明了，可操作性强。

（1）各级领导和管理人员应当按照"一岗双责"的原则，建立安全环保责任制。其安全环保职责至少包括以下方面：①贯彻落实国家有关安全环保法律法规和上级部门有关安全环保工作的要求；②落实本岗位业务范围内的安全环保责任；③合理配置资源，落实安全环保措施；④整改事故隐患，及时报告各类事故；⑤对直接下级履行安全环保责任进行培训、检查和考核。

（2）操作和服务岗位可将安全环保职责融入岗位职责，明晰其岗位操作和属地区域的安全环保职责。其安全环保职责应当至少包括以下内容：①认真学习和严格遵守本单位的安全环保规章制度和操作规程，服从管理；②掌握本职工作所需的安全环保知识，熟练本岗位操作技能，具备事故预防和应急处理能力；③掌握了解作业现场、工作岗位存在的危害因素、防范措施和事故应急措施；④按规定进行交接班检查和巡回检查，发现事故隐患或者其他不安全因素，应当立即向现场安全环保管理人员或者本单位负责人报告；⑤正确佩戴和使用劳动防护用品。

安全环保责任制每三年至少评审一次；当组织机构、业务领域、生产规模等发生变化，或发生生产安全事故和环境事件时，应当及时组织对安全环保责任制进行评审和完善。

三、安全生产责任清单编制

为进一步细化企业安全生产责任制，深入推进安全管理全员履职，各企业应全面组织开展岗位安全生产责任清单编制工作，实行安全生产责任清单式管理，照单履职，失职追责，确保企业岗位安全生产责任制有效落实。

（一）编制工作流程

安全生产责任清单编制工作，是岗位安全生产责任制的进一步深化，是推动岗位安全生产责任落实的重要抓手，是深化企业安全生产责任制建设的一项重要工作部署，有利于解决业务领域安全生产责任落实不到位的问题，有利于减少因管理责任不落实造成的生产安全事故及隐患，对解决企业安全生产责任传导不力问题以及各级领导和部门对安全工作不肯管、不敢管、不会管和不善管等问题有重要现实意义。

1.编制工作策划与部署

各企业要通过召开HSE（安全生产）委员会会议或者其他有效形式，及时传达部署本项工作，制定编制计划，明确组织方式、目标任务和进度，落实工作措施，细化责任分工，认真策划好启动、培训、编制、检查、评审和发布工作。各级主要领导要加强工作督办，确保此项工作落到实处。

企业可结合实际成立由规划计划、人事培训、生产组织、工艺技术、设备设施、安全环保、物资采购、工程建设、企管法规等职能部门和相关单位组成的工作小组，规范编制要求，明确任务分工，制定工作计划，统筹协调并指导安全生产责任清单编制工作。企业各业务直线责任部门要牵头负责本业务系统的安全生产责任清单编制和审查工作。

2.完善岗位安全生产职责

企业要结合与业务相关的法律法规、标准规范以及企业管理制度，梳理分析法律法规、标准规范和管理制度规定的具体职能职责要求，进一步健全完善各级领导、部门各类岗位人员的安全生产职责，包括法定或通用安全生产职责、业务安全风险管控职责。

要将安全生产职责分解到每一级领导和职能部门的每一个管理岗位，做到领导岗位、管理岗位全覆盖，所有生产经营范围及管理过程全覆盖，上下衔接清晰，同级分界明确。可参考并结合企业人事部门组织制定的企业岗位目录和岗位描述，梳理完善领导班子岗位和管理岗位的安全生产职责。岗位安全生产职责应考虑自身业务职责、相关业务赋予的职责、落实重点工作任务的职责等要求。

3.结合安全生产职责编制责任清单

企业要以岗位安全生产职责为基础，对各业务的每一项安全生产职责进行细化分解，列出落实该项安全生产职责的具体工作任务，明确每一项工作任务的工作标准和可追溯的工作结果，分级分类编制岗位安全生产责任清单。

各直线领导（管理）岗位负责对下一级岗位的安全生产责任清单的完整性和符合性审核把关，确保下一级岗位责任清单符合岗位职责要求，安全职责明确，工作任务完整，工作标准具体，工作结果可追溯。操作和服务岗位的安全生产责任清单编制工作由企业根据实际生产情况组织实施。

4.责任清单的审批发布及备案

安全生产责任清单由同级HSE（安全生产）委员会审批，以本单位行政文件发布实施。各级单位的岗位安全生产责任清单实行自下而上逐级备案，企业级安全生产责任清单通过HSE信息系统在集团公司备案，备案内容包括发布文件和各岗位清单文本。

原则上，安全生产清单应随企业安全生产责任制文件每三年至少组织评审并修订一次。当相关法律法规、标准规范、企业组织机构、业务范围、生产工艺技术等发生重大变化时，要及时对责任清单进行修订。当重点工作任务、岗位职责发生变化，或者发生生产安全事故事件时，应结合风险评估结果或者事故事件教训，及时对责任清单进行补充完善，补充完善的内容应形成有效的书面文件。

（二）主要内容

安全生产责任清单的主要内容包括安全生产职责、工作任务、工作标准、工作结果和安全承诺等方面，要简明扼要、清晰明确、便于操作。工作结果可在工作标准中描述，也可单独列出。

1.安全生产职责

安全生产职责包括通用安全生产职责和业务风险管控职责。通用安全生产职责要考虑国家、地方政府、上级单位及企业相关规定，包括贯彻落实法律法规具体职责及上级要求、健全岗位安全责任制、完善业务管理制度和操作规程、事故教训吸取和资源利用、岗位人员安全培训和能力提升等通用要求。

业务风险管控职责要考虑所管理具体业务的危害因素辨识、风险分析评估、风险防控方案或措施制定和落实、事故隐患排查整改、应急措施制定和落实、对下级单位（岗位）的监督检查（包括本业务领域内或涉及本业务的作业风险防控措施落实情况的监督检查）以及持续改进业务领域安全绩效等要求。

2.工作任务

工作任务是保障安全生产职责落实所需要完成的具体任务，是对每一项安全生产职责的进一步细化分解。要结合业务管理全过程中的具体环节、步骤和程序，明确履行每一项安全生产职责要完成的具体工作。工作任务可按照负责、组织、协调、参与、监督检查等形式描述具体内容。

3.工作标准

工作标准是为评价岗位安全生产工作任务完成情况所确定的标准。对每一条工作任务进行细化描述，包括完成每一条工作任务的程序、方法、时限、频次、工作结果（可单独列出）等。工作标准要明确具体，尽可能量化，对于工作标准的执行情况，要能够监督考核。

4.工作结果

工作结果是检验工作任务完成并符合工作标准的可查询结果，包括阶段性和结果性的工作成果等。工作结果要有可溯性，有痕迹可查，要能通过工作结果验证或推定工作达标、任务完成和履职尽责。工作结果可与工作标准融合编制，也可单独列出。

5.安全承诺

安全承诺内容要符合《国务院安委会关于加强企业安全生产诚信体系建设的指导意见》（安委〔2014〕8号）要求，结合岗位实际，明确本岗位落实安全生产责任清单各项要求的个人履职承诺。承诺内容要简洁、明确、可操作，并具有约束力。

企业要结合地方人民政府有关要求细化上述编制内容，并形成本企业统一的安全生产责任清单编制模板。在满足上述要求的情况下，可按照企业管理实际要求将环境保护和职业健康管理职责有关内容编入安全生产责任清单。为满足政府安全监管要求，在模板形式和内容编制上应保持安全生产责任清单的相对独立性。

四、安全生产职责落实与考核

各级组织应围绕落实安全环保责任制制定年度工作计划；根据计划开展安全环保责任制和安全生产责任清单的培训、检查和考核工作。

（一）开展培训

各企业要将安全生产责任制和责任清单纳入各级领导和管理人员教育培训计划，作为干部员工安全教育培训和履职评估的重要内容，并纳入岗位培训矩阵，及时组织开展培训。要通过针对性的教育培训，促使企业各业务领域的各级领导和管理人员熟知自身的安全生产责任，掌握落实责任需要完成的具体工作任务，牢记各项工作任务的工作标准，把握尽责履职的关键环节和结果，做到安全意识增强、履职能力提升、安全责任落实、问责追责有据。

（二）责任落实

各级领导、管理部门和岗位员工均应当通过以下各种方式，有效落实其安全环保责任。

（1）践行有感领导。完善各级领导 HSE 职责，各级领导应当带头履行其岗位安全环保职责，认真编制并严格落实个人安全行动计划、落实承包点制度、履职能力评估制度等。

（2）落实直线部门。根据对企业 HSE 管理流程的梳理情况，完善各级部门及部门各个岗位 HSE 职责，确保部门和岗位 HSE 职责完整、准确、不重叠。

（3）强化属地管理。属地管理的划分以工作区域为主，包括区域内的人员、设备、设施、工器具、每一项工作的方法等，要形成制度，同时完善各级员工岗位 HSE 职责，确保岗位职责清晰。

各级组织每年应对岗位人员安全环保履职能力进行评价；对于不胜任的人员，应当及时进行培训或岗位调整。

（三）检查与考核

各企业要按照安全生产责任制管理制度，建立健全保障安全生产责任清单实施的监督考核机制，推进责任清单在日常工作中的有效落实。要采取适当方式对安全生产责任清单进行长期公示。上级岗位要积极发挥督查督导作用，及时督促下一级岗位落实责任清单，及时履行责任清单规定的安全职责和工作任务，及时形成有效的工作结果。

加强对安全环保责任制建立健全和执行情况的监督检查。对于多部门监督的事项，应采取联合监督和联合检查等方式，督促落实安全环保责任制。要通过安全履职能力评估、安全履职述职、管理体系审核、专项督查等方式对各级领导和管理人员责任清单建立与落实情况进行考核，要通过过程管理隐患问责、事故责任追究等手段全面促进责任清单落实。要将考核结果与评先评优、履职评定、职务晋升、奖励惩处等挂钩，确保各级岗位安全生产责任清单所规定的各项安全职责和工作任务按标准落实到位。

安全述职应包括岗位安全目标指标完成情况、履职尽责情况、回顾取得的经验及教训、下一步工作努力方向等。安全述职范围应包括基层站队（车间）副职及以上管理人员，实行一级考核一级、一级报告一级。安全述职情况应纳入领导干部 HSE 业绩考核。

各级组织每年应至少组织一次对安全环保责任制的建立健全和执行落实情况的考核；对没有建立或安全环保责任制不健全以及未执行落实到位的，按照有关规定追究责任；因不履行安全环保职责造成安全环保事故或不良后果的给予责任人行政处分；涉嫌犯罪的，移送司法机关处理。

第三节　员工 HSE 培训

HSE 培训是指围绕 HSE 意识、知识和能力，提高员工 HSE 素质和标准化操作能力、增强 HSE 履职能力，避免和预防事故、事件发生为目的的教育培训活动。HSE 培训工作遵循"管业务必须管培训"的原则，实行直线责任制管理模式，坚持立足岗位、满足需求、全员覆盖、形式多样，实行统一规划、分级实施、分类指导的管理运行机制。

一、培训职责

（一）归口管理部门

各级主要负责人是 HSE 培训管理的第一责任人。各级组织人事（劳资）部门是培训工作的归口管理部门，负责建立 HSE 培训管理制度，将 HSE 培训计划纳入本单位培训计划进行统筹管理，并提供培训资源保障；负责对 HSE 培训工作开展情况进行督导；负责将安全环保履职考评纳入整体考核管理工作，并将考评结果与奖惩、任用晋级等挂钩。

（二）HSE 主管部门

各级安全环保部门是 HSE 培训工作的主管部门，负责组织本级业务部门及所属单位识别 HSE 培训需求、编制 HSE 培训矩阵；负责组织编制 HSE 培训大纲、制定实施 HSE 培训计划，对培训效果进行评价与跟踪；负责对自管干部及专（兼）职安全管理人员进行 HSE 岗位胜任能力评价，并指导其他业务部门开展 HSE 岗位能力评价工作；负责组织 HSE 师资、课件等培训资源的开发。

（三）业务管理部门

各级业务部门负责根据 HSE 培训工作要求，结合本业务系统特点对本业务系统人员开展 HSE 培训，并对培训效果进行评价与跟踪。

（四）内部培训机构

企业内部承担HSE培训任务的培训机构，应具备从事HSE培训工作所需的条件，落实HSE培训大纲和培训计划要求，建立健全HSE培训工作制度和人员培训档案，记录HSE培训相关情况，并严格按照国家法律、法规的规定收费，为企业HSE培训工作提供支持和服务。

二、培训对象

企业各级、各类员工必须接受与所从事岗位业务相关的HSE培训，经培训考核合格后方可上岗，并应定期进行HSE再培训。国家法律法规、地方政府和企业要求必须持证上岗的员工，应当按有关规定培训取证。

（一）领导干部

危险化学品、工程建设、技术服务企业等高风险行业生产经营单位主要负责人：初次安全培训时间不得少于48学时，每年再培训时间不得少于16学时。其他单位主要负责人：初次安全培训时间不得少于32学时，每年再培训时间不得少于12学时。

新提拔、新调整到关键岗位的领导干部，应接受岗位安全履职能力评价和相应的HSE培训。

（二）岗位员工

危险化学品、工程建设、技术服务企业等高风险行业生产经营单位的新入厂员工，应经过厂、车间（队）、班组三级入厂安全生产教育培训，时间不得少于72学时。其他单位的新入厂员工，岗前安全培训时间不得少于24学时。对于新招的危险工艺操作岗位人员，除按照规定进行HSE培训外，还应在师傅带领下实习至少2个月，并经考核或鉴定合格后方可独立上岗作业。

员工在本企业内调整工作岗位或离岗一年以上重新上岗时，应当重新接受车间（站队）和班组级的安全培训。采用新工艺、新技术、新材料或者使用新设备时，相关员工应重新进行有针对性的HSE及相关技术、技能培训。班组长每年接受安全培训的时间不得少于24学时。

（三）特种作业人员

特种作业及特种设备操作人员应当按照国家有关规定经过专门的安全技术

培训，并参加政府考核发证机关授权的考试机构组织的考试，考核合格，取得《特种作业操作证》后，方可从事特种作业或特种设备作业，并按照规定进行复审。

离开特种作业岗位6个月以上的特种作业人员，应当重新进行实际操作考试，经确认合格后方可上岗作业。

（四）承包商人员

建设单位应对承包商项目的主要负责人、分管安全生产负责人、安全管理机构负责人进行专项HSE培训。

承包商、劳务派遣人员、实习人员、外来人员以及其他临时进入的人员，应根据需要进行入厂（场）前的HSE培训。

（五）安全管理人员

企业主管安全的领导干部、HSE管理体系审核员、安全管理人员、安全监督人员、HSE师资等应当按照相关培训要求，参加相应培训，考核合格。

企业发生造成人员死亡的生产安全事故的，其主要负责人、安全生产管理人员和其他有关人员均应当重新参加安全培训。

三、培训组织

（一）培训内容

企业应分层次、分类别组织各类人员开展HSE培训，对各类人员HSE培训内容应根据培训需求调查和安全生产工作实施来确定，主要内容包括但不限于：

（1）国家安全环保方针、政策、法律法规、规章及标准，集团公司HSE规章制度及相关标准，企业HSE有关规定。

（2）HSE管理基本知识、HSE技术、HSE专业知识。

（3）重大危险源管理、重大事故防范、应急管理和救援组织以及事故调查处理的有关规定。

（4）职业危害及其预防措施、先进的安全环保管理经验，典型事故和案例分析。

（5）员工个人岗位安全职责、工作环境和危险因素识别防控、应急处置技能等。

（6）其他需要培训的内容。

（二）培训实施

HSE培训应按照需求分析、计划制定、组织实施、效果评估等流程实施。各企业应将HSE培训的组织实施与业务培训、上岗培训等各类培训充分结合。

（1）企业应当识别分析各岗位的HSE培训需求，编制基层岗位HSE培训矩阵，建立员工上岗安全履职能力标准，开展员工安全环保履职能力评估。

（2）各级直线领导应当依据岗位HSE培训矩阵及培训需求分析，有计划组织下属员工参加HSE培训。

（3）HSE培训应综合运用集中培训、脱产学习、应急演练、岗位练兵、安全经验分享等多种方式组织开展，要充分利用现代信息技术手段，创新HSE培训模式，提升HSE培训质量和效益。

（4）HSE培训应进行全过程跟踪，开展培训效果评估，并制定相应的改进措施，持续完善HSE培训工作机制。

各级组织人事（劳资）部门应在培训经费、培训场地、培训设施、编制通用培训课程课件等方面提供支持。企业应建立健全员工HSE培训档案并强化管理，由安全环保部门以及安全生产管理人员详细、准确记录培训的时间、内容、参加人员以及考核结果等情况。

（三）考核管理

企业应定期对HSE培训工作进行监督检查，并将其作为HSE管理体系审核的重点内容，检查和审核结果纳入企业年度业绩考核。

企业应当建立HSE培训奖惩机制，定期组织对所属单位的HSE培训工作进行考核。HSE培训应作为员工或单位评先选优的条件之一。

对未能认真履行HSE培训职责的，给予通报批评；情节严重导致发生事故事件的，分析查找HSE培训是否存在专业培训漏洞和受控环节缺失，明确责任主体并给予行政处分。

第四节 HSE 培训矩阵

培训矩阵（training matrix）将培训需求与有关岗位列入同一个表中，以明确说明岗位需要接受的培训内容、掌握程度、培训频率等。由于基层岗位HSE 培训矩阵是建立在需求分析上的基础矩阵，是通过需求分析来进行设定的，因此对基层 HSE 培训具有方向引领、目标指导和能力评估等诸多作用，同时对转变基层HSE培训观念、落实基层 HSE 培训直线责任、开展基层HSE履职能力评估、推行风险受控管理等也具有积极的应用价值。

一、HSE培训需求

HSE培训需求是指为了满足特定岗位的实际工作需要而必须接受的HSE培训内容。企业通过HSE培训需求的确认，能够有针对性地制定培训计划，从短板着手，迅速提高企业员工HSE意识、知识和技能。根据培训需求来源不同，HSE培训需求可分为基本培训需求、提升培训需求、专项培训需求。

（1）基本培训需求，是指企业为满足国家有关法律法规要求，落实企业HSE方针、目标、理念、规章制度，使员工普遍达到最基本HSE能力标准，保障企业正常生产经营的要求（也指岗位员工为完成工作任务、实现安全操作、维护个人利益的培训需要）是基层基础工作的根本需求。

（2）提升培训需求，是指岗位员工在具备基本HSE能力的基础上，在不同阶段，为了提升安全操作技能与HSE表现水平，改进个人在工作能力、专业技能、HSE理念意识方面的差距，达到更高水准的培训需求。

（3）专项培训需求，是指岗位员工在具备基本HSE能力的基础上，为了满足某些专业技能或完成某项特殊任务需要的培训需求，如应用新工艺、新技术、新设备、新材料或接受新任务等，从而产生的新的HSE培训需求。已经在岗的员工HSE能力不能达到本岗位要求应进行的培训以及取证人员的再培训等，均可列为专项培训需求。

上述三种培训需求，基本培训需求是相对静态的，是岗位员工应当接受的最基本的培训；提升培训需求和专项培训需求是相对动态的。其中提升培训需求是岗位员工可选择的培训，如企业在员工已具备基本HSE等技能的条件下，为了提升HSE业绩和工作质量等对员工能力进行深入培训，以及员工为了晋升更高的技术级别而要求的培训等，都属于提升培训需求。专项培训需求是不可选择的，如企业需要员工临时从事新的工作任务，为确保安全实施，事先必须要对员工进行培训。

二、培训需求调查

培训需求调查首先要明确每个基层站队专业岗位的种类和数量，然后主要从通用安全知识，岗位基本操作技能，生产受控管理，HSE 知识、方法与工具等四方面入手开展调查分析。其中通用安全知识，生产受控管理，HSE 知识、方法与工具等三个部分统称为非操作技能类培训需求，岗位基本操作技能为操作技能类培训需求。

（一）通用技能类培训需求调查

针对特定岗位，结合具体的岗位职责，逐条分析确定完成该职责需要在通用安全知识、生产受控管理以及HSE知识、方法与工具等方面应接受的培训内容以及掌握程度，汇总形成该岗位应接受的非操作技能类培训需求。

（二）操作技能类培训需求调查

1.划分管理单元

管理单元是指由岗位员工负责管理、操作、维护并需要有操作规程进行指导操作的设备、设施、装置或相对独立的功能区域以及相关的生产作业活动。确定一个基层站队作为基本单位，按照流程划分该站队所属的管理单元，确定管理单元的名称和数量。

在调查分析的基础上，对特定岗位所在的基层站队进行管理单元的划分，对其所负责管理的设备设施、装置、工作区域和相关作业活动进行全面、系统梳理，建立管理单元清单。针对已划分的管理单元，按照生产运行、工艺流程及设备设施等管理要求，明确每个管理单元的管理内容。同时，要关注以下几个方面：管理单元要涵盖所有的设备、装置，确保没有遗漏；管理单元要涵盖所有工作区域，确保所有区域都覆盖；管理单元要进行现场识别确认，保证识别的管理单元符合实际，全面、无遗漏。

2.梳理操作项目

操作项目是指根据管理内容划分出的相对独立、完整，不存在重叠和交叉，需要辨识操作风险并能够实施控制的单项操作活动。在管理单元划分的基础上，根据岗位技术、环境条件，针对管理单元的管理内容，梳理分解具体的操作项目，建立操作项目清单。各操作项目应保持相对独立完整，不重叠、不交叉，能辨识操作风险并实施控制。每个操作项目就是特定岗位应接受的操作技能类培训需求。

梳理操作项目应该遵循以下原则：保证操作项目的全面性。每个操作项目应当具有相应的操作规程，要满足操作前准备与检查、操作步骤、操作后检查和应急处置四个方面的要求；保证操作项目的独立性。按照工序节点、检维修部位（部件）、参数控制进行梳理，要满足每个管理内容中梳理的操作项目之间没有操作步骤的交叉和重叠。

三、培训矩阵编制

（一）确定培训内容

在明确了特定岗位培训需求的基础上，经过讨论或评审确定具体的培训内容，包括通用安全知识，岗位基本操作技能，生产受控管理，HSE知识、方法与工具等四个类别。

1.通用安全知识

通用安全知识主要突出岗位基本的应知应会内容，如岗位涉及的专项法律法规要求、主要风险、物料特性、急救防护、典型事故案例等基础知识，可包括但不限以下内容：安全用电常识；消防安全常识；危害因素识别方法；安全标志标识；个人防护装备使用；环境保护基本知识；应急逃生知识；常见伤害、疾病急救方法；典型事故事件案例。

2.岗位基本操作技能

岗位基本操作技能是基层岗位HSE培训矩阵的个性化部分，应覆盖特定岗位所涉及的所有操作活动。培训内容的重点是操作过程中的危害因素辨识和风险控制方法、操作流程、技术要求和应急处置程序。基本操作技能培训项目应当根据不同岗位、不同操作项目确定。

3.生产受控管理

生产受控管理是岗位员工应了解或掌握企业有关生产受控的管理要求，掌握本岗位涉及的受控管理内容和管理制度，并应用到 HSE 管理中，包括但不限以下内容：作业许可管理；工艺安全管理；设备设施安全管理；变更管理；承包商管理等。

4.HSE 知识、方法与工具

HSE 知识、方法与工具是岗位员工应了解的国家、企业有关 HSE 政策要求，以及开展日常 HSE 工作应掌握的 HSE 管理方法与工具，包括但不限以下内容：HSE 职责、权利、义务、责任；属地管理；目视化管理；JSA分析；工艺安全分析等。

在确定培训内容的过程中，应注意培训内容应和岗位职责相对应，培训内容的范围不宜过宽，要加强与岗位员工的沟通。

（二）设定培训要求

根据岗位培训内容的不同，结合岗位职责及实际需求程度，明确具体的培训要求，包括培训课时、培训周期、培训方式、培训效果、培训师资等五个类别。

1.培训课时

培训课时是指针对某一培训内容需要的授课时间，要根据培训内容多少、接受难易程度、需要达到的效果等合理确定，以满足培训的需求为前提。

2.培训周期

培训周期是指同一内容重复开展培训的间隔时间。培训周期可在国家、企业有关规定范围内，结合具体培训内容，按照下列基本原则确定：

（1）所有培训项目的培训周期最长不超过3年。

（2）需要员工达到"了解"程度的培训项目，培训周期可设定为3年。

（3）需要员工达到"掌握"程度的培训项目，培训周期可设定为1年。

（4）操作过程风险较高或核心价值相关的培训项目，培训周期可设定为1年。

（5）事故事件案例等需要及时进行的培训项目，培训周期可设定为随时。

3.培训方式

培训方式是指根据不同的培训项目、培训效果、培训对象可采取的培训手段或形式，主要有课堂讲授、实际操作、会议研讨、员工自学、远程教育等方式，可按照下列基本原则确定：

操作技能类的培训内容，以实际操作与现场演练为主、课堂讲授或会议研讨为辅的培训方式。

非操作技能类的培训内容，以课程讲授或会议研讨为主、实际操作或现场演练为辅的培训方式。

所有培训内容，在具备条件的基础上可以采取员工自学、远程教育等方式。

4.培训效果

培训效果是指员工经过培训后希望或者要求达到的目标，一般分为"了解""掌握"两个层次，可按照以下基本原则确定：

（1）岗位最基本的应知应会和操作技能类的培训内容，培训效果应设定为"掌握"。

（2）理念和理论性或与岗位操作无直接关系的培训项目，培训效果可设定为"了解"。

5.培训师资

培训师资是指能够满足某一培训内容授课要求的人员，可按照下列基本原则确定：

（1）岗位员工培训按照落实直线责任的要求，一般由班组长或站队长等直线领导作为培训师资。

（2）班组长或站队长等不具备相应能力的情况下，可将安全员、技术专家、资深员工等人员作为培训师资。

（三）形成培训矩阵

1.确定培训矩阵框架

纵向为培训内容，包括通用安全知识，岗位基本操作技能，生产受控管理，HSE 知识、方法与工具等四部分，横向为培训要求，包括培训课时、培训周期、培训方式、培训效果、培训师资等五个方面。某采油队采油工岗位 HSE 培训矩阵见表2-1。

表2-1　某采油队采油工岗位 HSE 培训矩阵

编号	培训内容	培训课时	培训周期	培训方式	培训效果	培训师资	备注
1	通用安全知识						
1.1	安全用电常识	0.5	3年	课堂＋现场	掌握	班长或安全员	
1.2	安全用火常识	0.5	3年	课堂＋现场	掌握	班长或安全员	

表2-1（续）

编号	培训内容	培训课时	培训周期	培训方式	培训效果	培训师资	备注
1.3	石油安全常识	0.5	1年	课堂＋现场	掌握	班长或安全员	
1.4	天然气安全常识	0.5	1年	课堂＋现场	掌握	班长或安全员	
	······						
2	岗位基本操作技能						
2.1	抽油机运行、调整、维护						
2.1.1	抽油机检查	0.5	3年	课堂＋现场	掌握	班长或其他培训师	
2.1.2	抽油机启停	0.5	3年	课堂＋现场	掌握	班长或其他培训师	
2.1.3	抽油机换皮带	0.5	3年	课堂＋现场	掌握	班长或其他培训师	
2.1.4	抽油机保养（加注润滑油、蓄固螺栓）	0.5	3年	课堂＋现场	掌握	班长或其他培训师	
2.2	油井运行、监测、维护						
2.2.1	油井检查	0.25	3年	课堂＋现场	掌握	班长或其他培训师	
2.2.2	油井开、停井（关井）	0.25	3年	课堂＋现场	掌握	班长或其他培训师	

表 2-1（续）

编号	培训内容	培训课时	培训周期	培训方式	培训效果	培训师资	备注
	......						
3	生产受控管理流程						
3.1	作业许可	0.5	3年	课堂+现场	了解	班长或安全员	
3.2	工艺、设备设施安全管理	0.5	3年	课堂+现场	了解	班长或安全员	
3.3	变更管理	0.5	3年	课堂+现场	了解	班长或安全员	
3.4	上锁挂签	0.5	3年	课堂+现场	了解	班长或安全员	
3.5	承包商监管	0.5	3年	课堂+现场	掌握	班长或安全员	
4	HSE知识、方法与工具						
4.1	HSE 管理原则	0.25	3年	课堂或会议	了解	班长或安全员	
4.2	属地管理	0.25	3年	课堂或会议	掌握	班长或安全员	
	......						

2.填写内容形成矩阵

依次填写上述确定的"培训内容"和"培训要求"，并逐项核对和确认没有遗漏或重复，形成特定岗位的 HSE 培训矩阵。

3.矩阵评审与发布

基层站队岗位 HSE 培训矩阵编制形成之后，指导编制组组织基层站队管理人员、涉及的岗位员工进行评审，征求意见和建议，通过评审后报有关专业部门审查确认，报主管培训部门批准和发布。评审应当坚持"谁应用谁评审、谁主管谁审批"原则。

四、培训矩阵应用

(一) 编制培训课件

针对每个HSE培训矩阵确定的培训内容，结合"一个操作项目一个培训课件"的基本思路，针对通用安全知识，本岗位操作技能，生产受控管理流程，HSE 理念、方法与工具等四个方面的内容，编制具体的培训课件。 培训课件编制原则为：有据可依，突出风险；文字简明，直观生动；编审结合，实用有效。

(二) 员工能力评估

针对新员工上岗之前的能力评估，或者老员工的定期能力评估，培训的内容也可以作为评估的基准要求，对员工组织开展能力评估，能力不足的作为下一次的培训需求调查分析。

(三) 编制培训计划

根据不同岗位员工的培训矩阵内容，对通用部分开展集中培训，对专业部分开展分岗位、小范围培训，然后结合培训周期、师资、方式等要求，形成一个基层站队的年度培训计划，计划要符合实际、简单可行。

(四) 组织实施培训

针对培训计划的安排，结合实际组织实施，总体应符合"分岗位、小范围、短课时、多形式"的要求。

(1) "分岗位"，即在培训员工操作技能时，应当按岗位进行授课，与授课内容无关的员工可不参加培训。

(2) "小范围"，即一次培训针对一部分人。

(3) "短课时"，即每次授课尽可能短，一次授课可以仅解决一个问题，既能保证接受培训者注意力集中，同时又能够较好地处理生产与培训的关系。

(4) "多形式"，即从实用出发，应用课堂、现场、会议、交流、网络、多媒体等形式，有效传授 HSE 知识。

(五) 修订操作规程

根据对岗位操作过程的风险分析结果，对照现有的管理程序和操作规程，对不能执行或者不能防控风险的环节及时进行修订完善。同时，根据对异常和紧急情况的风险分析，能够有效查找出基层岗位应急处置卡在管理环节、技术措施上的不足，并有针对性地加以完善，从而增强应急处置卡的操作性。

（六）培训矩阵维护

随着工艺技术的不断进步，设备设施的不断更新，以及员工构成、素质的不断变化，有关法律法规、标准规范等要求的不断提高，需要控制的风险也在不断变化，HSE 培训需求同样在发生变化。因此，应当根据这些变化及时调整 HSE 培训矩阵，使其始终能够满足风险控制的需要，保持 HSE 培训矩阵的适用性、有效性。

HSE 培训矩阵原则上一般 3 年维护优化一次，出现以下情况应及时进行更新：组织机构和岗位职责变更；法律法规、标准规范变更；设备设施发生变更；新技术、新工艺、新材料、新设备应用前；发生事故事件后。

第五节　HSE 履职能力评估

HSE履职能力评估是指对员工是否具备相应岗位所要求的安全环保能力进行评估，评估结果作为上岗考察依据。对调整或提拔到生产、安全、设备等关键岗位的管理干部，以及新入厂、转岗和重新上岗的员工，进行上岗前安全环保履职能力评估。把安全环保履职能力评估结果与职级升降、岗位调整挂钩，实现全员能岗匹配。

HSE履职能力评估流程主要包括四个阶段：评估工作准备、现场评估实施、评估总结反馈以及能力改进提升，履职能力评估各阶段工作内容参见评估流程，如图2-4所示。

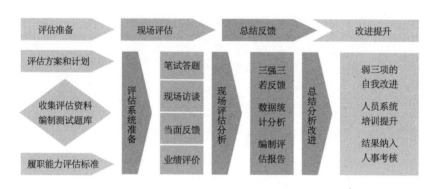

图2-4　安全环保履职能力评估流程图

一、评估工作准备

在开展安全环保履职能力评估前，在评估工作准备阶段，主要涉及以下四方面工作内容。

（一）制定方案，编制计划

按照项目整体实施要求，制定 HSE 履职能力评估方案，根据项目方案工作任务、进度安排和项目所需人员的专业背景，编制具体的工作实施计划，确定评估范围、要求、评估人员和职责、时间进度安排等。

（二）收集资料，组建小组

根据评估对象确定需要收集的评估资料，包括企业的HSE管理理念、管理制度、操作规程、岗位职责、风险控制、应急预案等HSE管理方面的文件。同时，依据评估企业情况，聘请第三方技术服务机构组建评估工作小组，可根据项目需求抽调企业专家作为项目成员参与。

（三）编制标准，建立题库

结合企业的生产实际和HSE管理要求，确定评估标准、理论测试、业绩考评的具体范围及内容，编制HSE知识测试题库，供被评估人员进行理论学习和测试参考。

（四）评估培训，明确要求

评估前培训工作一般由两方面内容组成：对评估组成员进行培训、对被评估对象进行必要的培训。评估组成员培训内容：评估思路、评估纪律、评估标准、评估注意事项。被评估对象培训内容：一般依据企业管理实际或企业设定的评估目标来开展必要的评估前培训，其内容因企业管理需要的不同会有很大差异，大致可分为：意识理念类培训；法律风险类培训；工具方法类培训；基本知识结构类培训；专业知识结构类培训。

二、评估主要内容

（一）领导人员

领导人员的HSE履职能力评估内容包括安全领导能力、风险掌控能力、安全基本能力及应急指挥能力等四个方面，同时要关注个人的安全意愿。

1.安全领导能力

具备示范、引导、授权、指示直接下属为实现组织的安全目标指标而重视安全并采取有效行动的能力。主要体现在具有安全感召力、先进的安全管理理念、守法的红线意识和底线思维，主动承诺并重视安全工作，亲自制定并严格落实个人安全行动计划，有效履行岗位安全职责等。

2.风险掌控能力

具备组织辨识、评价、防控属地和业务管理范围内风险的能力。主要体现在定期组织分析业务管理范围内安全环保风险和形势，组织督促对各类检查、审核发现的问题进行分析及有效整改，及时采取风险防控措施和隐患治理措施，控制和消除安全环保风险和隐患。

3.安全基本能力

掌握满足本岗位履职所需的最基本安全管理工具、方法等基本技能，以及具备工作内外所需的安全基本知识。主要体现在带头进行安全教育培训，及时、如实报告生产安全事故，督促、检查安全环保工作，对承包商实施有效监管，正确运用行为安全观察与沟通、JSA分析等HSE管理工具方法，重视办公室安全和生活安全等。

4.应急处置能力

是对紧急情况或者突发事件的预测与预警、事发应对、事中处置和事后恢复等全过程的掌控能力。主要体现在组织制定并实施安全环保事故应急救援预案，组织或者参与应急救援演练，事故事件发生后具备较强的组织、协调、指挥、处置能力，能够正确指挥有限的应急力量控制事态发展、减少财产损失、保护生命安全。

（二）一般人员

一般员工的HSE履职能力评估内容包括HSE表现、HSE技能、业务技能和应急处置能力等方面。鼓励以拟入职岗位的HSE培训矩阵作为员工安全环保履职能力评估的标准。

1.HSE表现

对员工日常工作中参与安全管理的意识、能力和执行力的客观描述。主要体现在员工参与安全管理的积极性、对安全知识的接受能力和运用能力、对领导部署工作的完成能力等方面，这部分成绩一般由其直线领导结合其工作表现进行打分。

2.员工业务技能

掌握本岗位相关的专业知识，清楚本岗位的专业要求，拥有胜任本岗位的专业能力。主要体现在对岗位相关的规章制度、操作规程熟知了解，对岗位涉及的工器具和设备设施等能熟练检查、操作及维护保养，对岗位相关的应知应会能准确掌握并灵活运用等。

3. 员工HSE技能

掌握满足本岗位履职所需的最基本安全管理工具、方法等基本技能，以及具备工作内外所需的安全基本知识。主要体现在贯彻执行安全环保法律法规和其他要求，及时、如实报告生产安全事故，积极进行岗位危害因素辨识和隐患排查，对承包商作业实施有效监管，正确运用JSA分析、工作循环分析等工具方法，重视办公室安全和工作外安全等。

4. 员工应急技能

员工对紧急情况或者对突发事件的现状判定、准确上报、物资选取和紧急处置的能力。主要体现在积极参与应急演练活动，对应急专项预案和应急处置方案的熟知了解，事故事件发生后能对现场情况进行初步判定，及时准确地向上级上报，熟练使用应急物资，正确进行应急处置，控制事态发展、减少财产损失、保护生命安全。

三、评估组织实施

项目工作组在评审过程中，应注意遵守工作方案内容要求和工作纪律，对评估人员访谈内容和结果保密，及时沟通异常情况，及时汇总、分析评审情况。

（一）HSE知识测试

根据测试题库选取试题，编制形成测试试卷，完成对参评人员的知识测试。HSE知识测试范围包含但不限于以下方面：对国家、地方、行业HSE法律法规和标准规范的掌握；对公司规章制度和标准的理解和贯彻；对HSE管理理念、工具与方法的理解和应用；对公司HSE管理体系规章制度的理解和掌握；对安全生产基本知识的理解和掌握；对现场应急管理要求的理解和应用。

（二）HSE现场访谈

结合企业实际，与企业共同制定评估标准，对被评估人员进行"一对一"式沟通访谈。领导干部HSE履职能力评估对象是企业各级领导干部，其采用的方式是：通过评估领导干部的HSE领导力、风险掌控能力、HSE基本技能、应急指挥能力，找出领导干部在综合能力方面存在的短板，并为今后的各级干部培训需求和计划提供依据。

（三）HSE业绩考评

HSE业绩评定主要由以下三方面组成：分管业务或单位发生安全环保事故情况或经济损失情况；年度HSE目标、指标的完成达标情况；近年HSE体系审核及检查问题发现及整改分析情况。

项目工作组在完成评估后，将评估结果向企业主要负责人进行汇报，并向企业提出领导干部HSE履职建议，根据后续建议实施情况。

四、评估数据分析

（一）评估结果形成

HSE履职能力评估结果由知识测试、现场访谈、业绩考评三方面成绩组成，单项分值满分皆为100分，单项成绩加权后合计值作为最终评估得分，权重一般设定为20%、50%、30%，即评估总分＝知识测试×20%＋现场访谈×50%＋业绩考评×30%，也可根据需要采取其他权重。

（二）评估结果应用

安全环保履职考核结果分为杰出、优秀、良好、一般、较差五个档次，并按绩效合同约定纳入员工综合绩效考核。

（1）安全环保履职考核结果应用包括绩效奖金兑现、职级升降、岗位调整、岗位退出、培训发展等。

（2）安全环保履职考核发现安全环保责任制不健全时，应及时组织修订完善安全环保责任制。

（3）安全环保履职考核结果为"一般"和"较差"的人员，应进行培训、通报批评或诫勉谈话。

（4）安全环保履职能力评估结果为"一般"和"较差"的拟提拔或调整人员，不得调整或提拔任用。评估结果为"较差"的员工不得上岗或转岗。不合格人员需接受再培训和学习，评估合格后方能调整、提拔任用或上岗。

安全环保履职能力评估发现的改进项，由被评估人制定切实可行的措施和计划予以改进，直线领导对下属的改进实施情况进行跟踪与督导。

（三）评估数据分析

根据评估成绩数据，统计实际参加评估的人员数量和占比情况，并简要说明未参与评估人员的数量及原因情况，为数据分类分析提供必要说明。

（1）数据分析要综合反映被评估对象的整体能力水平，同时反映出被评估整体的差异化程度；综合反映现阶段企业管理水平及人员履职情况；评估企业不同岗位或业务类型人员的履职能力现状。

（2）数据分析可以反映出在企业范围内，直线责任是否真正落实到位，权责是否进行合理分配，管理人员是否满足能岗匹配的管理要求。

（3）数据分析综合反映评估人员不同岗位、分类、职级的能力表现；综合反映现场访谈现状，为综合评估结论的提出提供必要支撑；为企业制定个性化的培训提升方案和培训计划提供参考依据。

第六节 生产安全风险防控

生产安全风险防控是指在危害因素辨识和风险评估的基础上，预先采取措施消除或者控制生产安全风险的过程。按照组织管理架构，梳理各个层级的生产安全风险防控流程，确定企业、车间（站队）、基层岗位等各个层级的生产安全风险防控重点，落实各级生产安全风险防控责任，建立健全生产安全风险防控机制。生产安全风险防控是 HSE 管理体系中风险管理的深化、细化，是HSE 管理体系有效运行的重要抓手，要将风险防控要求落实到日常工作中，做到关口前移、预防为主。

一、工作前期准备

企业应遵循"管工作管安全、管业务管安全"的原则，对企业生产安全风险防控现状进行系统评估，重点关注生产安全风险防控相关制度、企业生产安全风险防控开展情况，查找企业当前存在问题。

（1）根据管理现状评估的结果，结合公司生产安全风险防控管理制度和标准规范要求，有针对性地修订完善相关管理制度，从生产作业活动风险防控和生产管理活动风险防控两条主线来开展；明确各职能部门分工及实施要求，并参与制度讨论审核，提高制度的实用性和可操作性。

（2）结合生产安全风险防控管理制度的发布，由企业主管部门组织，逐级实施培训。结合企业风险防控特点，根据不同岗位风险防控责任、能力需求确定培训内容，覆盖企业所有人员，满足生产经营风险防控要求。

（3）协助组织车间（站队）、班组、岗位员工进行调查、收集风险防控有关信息资料，包括：基层组织结构；基层岗位设置及岗位职责要求；基层属地区域划分或区域位置；相关工艺流程；主要设备设施；主要管理制度、操作规程、安全检查表、应急处置预案和应急处置卡等；相关事故、事件案例；危害因素辨识和风险分析情况、风险评估或安全评价报告、HAZOP 分析报告等；其他必要的资料和信息。

（4）组织生产管理活动调研，收集相关信息，包括：企业组织机构、管理岗位设置及职责要求；生产管理活动适用的法律法规、标准规范、企业规章制度要求；生产管理活动危害因素辨识和风险分析情况；生产管理活动风险防控措施制定和落实情况。

二、确定辨识风险点

风险点是指风险伴随的设施、部位、场所和区域，以及在设施、部位、场所和区域实施的伴随风险的作业活动，或以上两者的组合。可通过如下方式来确定辨识风险点，如进行生产作业活动分解、岗位管理单元划分、岗位操作项目分解、设备设施拆分等。

（一）管理单元划分

针对划分的管理单元，按照生产运行、工艺流程及设备设施管理要求，梳理每个管理单元的管理内容。根据岗位职责内的工艺流程、设备设施和工作区域，划分岗位管理单元。岗位管理单元的划分原则是覆盖生产作业活动的全过程；考虑涉及的各种因素；考虑所有活动类型；考虑所有人员；考虑所有设备设施；岗位管理单元划分不宜过粗或者过细。

对于单一岗位，可对本岗位负责管理的工艺流程、设备设施、生产装置、工作区域进行梳理，按照一台（套）设备设施、一套装置、一个工艺流程、一个工作区域进行划分；对于多工序、多岗位同时进行的生产作业活动，可以作业工序为基础，划分为相互关联、相对独立完整的管理单元。

（二）操作项目分解

对于管理单元中的工作任务，可按照操作活动顺序进行分解，分解成相对独立的工作任务（即操作项目），并对照检查现有操作规程。再对每个操作项目进一步进行细分，最后分解成进行危害因素辨识的一系列连续的基本操作步骤，基本操作步骤不应相互交叉。分解先后顺序一般为常规生产作业、辅助作业、非常规作业、相关方配合作业。划分操作步骤时应按照实际操作过程进行，同时参考现有作业指导书和操作规程。

（三）设备设施拆分

梳理岗位管理的所有设备设施，确定拆分设备设施（包括生产工具）的清单，并对照检查每台（套）设备设施现有的安全检查表，确认安全检查表的完整性。

根据设备设施说明书、结构图、操作规程或技术标准等，按顺序对设备设施每个部分逐项分析、进行拆分，最后拆分成进行危害因素辨识的关键部件，各个关键部件应相互独立。设备设施拆分要求：先拆分设备设施本体，再拆分附件；先拆分设备设施功能性附件，再拆分安全附件；由近及远、由外及里、由上及下的顺序逐项拆分设备设施的关键部件。

（四）作业区域划分

必要时可对工作区域进行划分，结合设备设施位置、操作活动范围、区块功能、岗位属地责任等划分操作活动辖区单元，最后分解成进行环境危害因素辨识的适当区域，各个区域不应相互重叠。

（五）管理活动清单

结合管理架构，梳理各管理层级生产管理活动内容，包括规划计划、人事培训、生产组织、工艺技术、设备设施、物资采购、工程建设等职能部门和管理岗位，按生产经营业务流程，以非常规作业、与生产经营活动密切相关的安全管理事项等为重点，编制生产管理活动清单。

三、危害因素辨识

根据 GB/T 13861 规定，按照物的因素、人的因素、环境因素和管理因素对生产作业活动危害因素进行分类。按照法律法规和操作规程规定，以保证人员安全为要求，采用经验法和头脑风暴法，结合工作安全分析（JSA）、安全检查表（SCL）进行危害因素辨识。

（一）常规作业活动

常规作业活动宜采用JSA分析法开展操作步骤危害因素辨识，并满足以下要求：

（1）相关资料分析，包括本单位历史资料和（或）其他相似单位资料。

（2）危害因素辨识内容包括导致危害因素产生的操作步骤、可能的后果、伤害对象等。

（3）对该生产作业活动已发生过的事故、事件的案例进行分析，确认通过事故、事件分析所辨识出的危害因素已包含在现有危害因素辨识的结果中。

（4）现场观察验证实际操作过程中所分析的操作步骤、危害因素是否与实际相符，是否有遗漏。

（5）记录经过验证的操作危害因素。

（二）非常规作业活动

非常规作业、临时检维修等危害因素辨识 应按照作业许可要求，采用JSA分析方法开展操作步骤危害因素辨识。

（三）设备设施

宜采用安全检查表法开展设备设施危害因素辨识，并满足以下要求：

（1）相关资料分析，包括本单位历史资料和其他相似单位资料。

（2）分析每个被检查部位可能导致的不良后果，确定可能存在的危害因素。设备设施危害因素包括：可能导致人身伤害、健康损害、环境破坏等的因素；可能导致生产中断、设备设施损毁等的因素。

（3）对同类设备设施已发生过的事故、事件的案例进行分析，确认通过事故、事件分析所辨识出的危害因素已包含在现有危害因素辨识的结果中。

（4）现场观察验证，对照安全检查表的每个检查项目验证确认危害因素是否与实际相符，是否有遗漏。

（5）记录经过验证的设备设施危害因素。

（四）变更管理

发生如下变更时，需要重新进行危害因素辨识，更新生产作业活动危害因素清单。

（1）相关法律法规、标准规范要求发生变化时。

（2）工艺技术、作业活动、设备设施等发生变更的情况。

（3）新技术、新工艺、新设备、新材料引进、采用前。

（4）业务范围发生变化时。

四、风险分析与评估

（一）作业活动风险分析

开展生产作业活动风险分析，确定风险来源，了解和描述风险性质，采用定性或定量方法分析风险后果，分析结果应形成记录或者报告。针对确定的风险应分析现有风险控制措施的有效性，找出现有控制措施的不足，为了进一步开展风险评估并制定完善风险控制措施提供依据，可从以下方面分析：

（1）控制文件是否齐全，岗位操作规程、"两书一表"、作业许可、岗位应急处置预案和岗位应急处置卡、岗位培训矩阵等是否完善。

（2）安全防护设备设施是否完善。

（3）安全警示标志标识是否齐全规范。

（4）个人防护用品是否齐全有效。

（5）是否纳入安全检查项。

（6）是否对基层岗位员工进行了必要的培训。

（7）是否存在隐患或违章情况。

（8）是否发生过事故、事件。

结合实际进行生产作业活动风险分析，分析可以采用工作安全分析（JSA）、危险与可操作性分析（HAZOP）等方法。

（二）管理活动风险分析

在梳理生产管理活动的基础上，分析管理活动存在的生产安全风险，确认现有风险控制措施是否有效，风险分析结果应形成记录或者报告。风险分析内容应包括以下内容。

（1）法律法规及部门规章要求缺失，本单位业务存在不符合法律法规、标准规范和政府等部门要求。

（2）安全生产组织机构不健全。

（3）业务管理流程不畅、职责不清，安全生产责任制未落实。

（4）安全生产管理规章制度不完善，例如建设项目"三同时"制度未落实；操作规程不规范；事故应急预案及响应缺陷；培训制度不完善，培训计划不落实，员工素质低；岗位设置、人员配置不合理、作业班制不合理；其他管理规章制度不完善。

（5）安全生产投入不足。

（6）工艺变更安全管理存在的缺陷。

（7）承包商安全管理存在的问题。

（8）新技术、新工艺、新设备、新材料安全管理存在的问题。

（9）HSE体系审核发现的问题。

（10）对照先进管理发现的安全生产薄弱环节。

（11）其他安全生产管理存在的缺陷。

采用标准比对、合规性评价、经验分析、头脑风暴、会议研讨等方式分析生产管理活动中存在的风险。

（三）风险评估

在风险分析的基础上，开展风险评估，采用适当方法确定风险等级划分标准，结合实际判断风险大小，确定风险是否可以接受。风险等级划分和风险评估可选用以下方法：

（1）风险评估矩阵法（RAM）。风险评估应满足以下要求：总结以往发生事故的经验，分析事故发生的可能性和后果严重性；建立风险等级划分标准；评估风险，判定风险等级；确定是可接受风险还是不可接受风险；对不可接受风险，应制定专项监控方案，采取措施，转化为可接受风险。

（2）作业条件危险分析法（LEC）。针对在具有潜在危险性环境中的作业，用与风险有关的发生事故的可能性、人体暴露于危险环境中的频繁程度和事故损失等三种因素之积来评估操作人员伤亡风险大小。风险评估应满足以下要求：分析事故发生的可能性、人体暴露于危险环境中的频繁程度、事故损失；建立风险等级划分标准；评估风险，判定风险等级；确定是可接受风险还是不可接受风险；对不可接受风险，应制定专项方案，采取措施，转化为可接受风险。

五、风险控制

（一）完善操作规程

在生产作业活动风险分析和风险评估的基础上，宜采用工作循环分析（JCA）等方法组织系统分析各项岗位操作规程的有效性，完善现有操作规程，将所确定的风险防控措施纳入操作规程中，确保在操作规程中已明确了相应的风险提示、风险控制措施。采用工作循环分析方法分析操作规程应满足以下要求：

（1）车间（站队）安全管理人员、技术人员、技师、操作员工共同讨论实际操作与对应操作规程的差异，验证操作规程的有效性、充分性和适宜性。

（2）现场评估时，针对操作人员实施操作步骤与操作规程的偏差、操作规程本身存在的问题、潜在的风险以及其他不安全事项，提出改进建议。

（3）使用工作循环分析方法评审操作规程的步骤如下：确定操作步骤是否完整，操作顺序、操作要求是否正确；确定每个操作步骤工作要求是否正确，是否明确了相应的工作标准；确定每个步骤下较高以上的风险是否提示准确；确定相应的风险控制措施是否有效；应急处置措施是否准确，可操作。具体执行 Q/SY1239 规定。

（二）完善安全检查表

将所确定的设备设施风险纳入安全检查表中，完善设备设施安全检查表，安全检查表应包括以下主要内容：

（1）检查项目，将设备设施划分为相应部分，每个部分分别作为独立的检查项目。

（2）检查内容，可依据相关的标准、技术要求、制度规程、安全附件、关键部位、检维修保养记录、同类设备事故控制措施等确定检查内容。

（3）检查依据，检查内容中的每个条款所依据的法律法规、标准、规章制度作为该条款的检查依据。

（4）检查人员，根据岗位职责、检查内容、检查周期等编制车间（站队）、班组、岗位员工现场具体应用的安全检查表，并按要求分别实施。具体执行 Q/SY135 规定。

（三）完善应急管理体系

建立健全现场应急处置、应急救援与响应、应急联动应急管理体系。在生产安全风险失控且发生突发事件时，及时启动应急预案，协调、指挥应急救援与响应，跟踪应急处置过程，组织总结应急工作。

按照《应急预案编制通则》的要求，结合生产作业活动现场，针对重大危险源、关键生产装置、要害部位及场所等可能发生的突发事件或次生事故，及时组织制修订应急处置预案；对于危险性较大的重点岗位，应制定岗位应急处置程序。按应急预案要求配备应急物资，定期组织开展应急演练活动。在生产安全风险失控且发生突发事件时，应启动应急处置预案，及时报告，并进行现场应急处置，应急处置结束后进行工作总结。现场处置预案、岗位应急处置程序编制应由生产、工艺、安全等专业技术人员参加，选择现场经验丰富的班组长、技师和操作人员参与编制，并满足以下要求：

（1）现场处置预案应做到一事一案，主要内容包括可能发生的各类事故事件特征描述、组织机构与职责、应急处置程序和要点、注意事项等。

（2）岗位应急处置程序主要内容应包括可能发生的事故名称、工艺流程、事故现象、事故后果、处置步骤等，并将岗位员工应急处置规定的程序、步骤写在应急处置卡上，明确岗位应急职责、处置要领和防护措施，内容应简明、易记、可操作。

（四）建立岗位培训矩阵

结合生产作业活动现场风险控制措施，建立岗位培训矩阵，采取分岗位、小范围、短课时、多形式等方式，对员工进行操作规程、风险控制技术方法、应急处置程序等内容的培训，使其掌握生产安全风险控制措施。以岗位需求型基层培训为例，相关要求主要包括以下内容：

（1）制定和落实培训计划前，应进行培训需求调查，可以采取以下方法：观察、交流；问卷调查；测试；查阅有关违章和事故记录；绩效考核信息资料分析等。

（2）培训内容应包括：通用安全知识；本岗位基本操作技能；生产受控管理流程；HSE 理念、方法与工具。

（3）根据岗位培训对象，结合岗位职责及实际需求，建立培训矩阵时应考虑以下内容：培训课时安排；培训周期设定；培训方式选择；培训效果检查；培训师资审查。

（4）培训课件应满足以下要求：集中培训宜采用多媒体形式；文字内容简练、重点突出；字体颜色协调、搭配合理；图片视频清晰、符合现场实际。

（五）完善风险防控责任

企业各管理层级结合风险分级和风险控制措施，针对确定的重点防控风险，进行关键任务分配和风险防控责任划分，确定各管理层级和基层岗位风险分级防控的责任和内容，完善岗位责任制，实施风险分级控制。

企业各管理层级，如生产、技术、设备、工程、物资采购等职能部门和单位，落实相应生产安全风险防控责任的归口管理。企业各管理层级间上、下级单位应落实各自的生产安全风险防控直线管理责任。

按照确定的生产作业活动风险防控内容和风险控制点，明确关键任务分配，落实属地管理责任。

（六）制定和落实控制措施

依据风险分析和风险评估结果，按照专业领域、业务流程，制定和落实风险控制措施。控制措施包括：

（1）建立企业生产安全风险防控规章制度、标准规范，执行和落实国家法律法规、标准规范规定。

（2）分析存在问题，进行风险防控能力评估，提出风险防控措施改进与完善的建议。

（3）组织生产安全风险防控措施的论证与评审，确保防控措施的有效性。

（4）制定和规范生产活动的审核审批程序和职责，落实审核审批职责。

（5）动火、进入受限空间、动土、高处、临时用电等作业，严格实施作业许可管理，按照申请、批准、实施、延期、关闭等流程，落实作业过程中各项风险控制措施。

（6）按照《安全生产监督管理办法》的要求，对建设（工程）项目、生产经营关键环节实施安全监督，严格监督检查生产安全风险防控措施的落实。

（7）在设备设施采购、安装、检查等环节中，应制定和落实生产管理风险防控措施，对关键设备设施进行监测和检验，及时发现并消除隐患。

（8）涉及重大危险源的企业，应按重大危险源安全管理制度，制定和落实重大危险源安全监控措施，对确认的重大危险源登记建档，并按规定备案。

（9）按照《安全生产事故隐患排查治理暂行规定》的要求，进行安全生产事故隐患排查和治理，应评估隐患治理效果，对排查出的安全生产事故隐患登记建档。

（10）按照《承包商安全监督管理办法》的要求，进行承包商准入、选择、使用、评价的安全监督管理，严格监督检查承包商生产安全风险防控措施的落实。

（11）针对设备、人员、工艺等变更可能带来的风险进行管理，应严格落实变更中各项生产安全风险的控制措施。

（12）新技术、新工艺、新设备、新材料应用前，应在风险分析的基础上，制定和落实生产安全风险控制措施。

（13）分层级、分专业组织教育培训，使各管理层级了解生产安全管理知识，掌握生产管理活动风险防控工作的内容和要求，提高管理风险的防控能力。

六、生产安全风险防控方案的编制

编制生产安全风险防控方案，是深化HSE管理体系建设，加强危害因素辨识、风险评估和控制措施确定的重要抓手，是落实风险防控责任、遏制重特大事故发生的有效途径。通过方案的编制、实施、评审和持续改进，实现对企业重点防控风险的可控和受控。

（一）编制原则

企业主要负责人是生产安全风险防控工作第一责任人，全面负责本企业的生产安全风险防控工作，组织梳理各管理层级、职能部门、管理环节之间的职能界面，明确生产安全风险防控任务，提供资源保障；业务分管负责人负责分管业务领域内的生产安全风险防控工作。

按照业务管理部门主导、相关职能部门参与、安全监管部门指导协调和监督落实的原则，业务管理部门负责组织本专业的危害因素辨识、风险评估和控制措施的制定，相关职能部门按照任务分工落实控制措施，安全监管部门负责风险防控的技术指导与监督检查。

每一项经分析、评估确定的企业重点防控风险，都要编制一个风险防控方案，内容主要包括风险描述、风险防控目标、风险防控组织机构、风险防控流程与分级防控责任、风险防控措施、实施保障等内容。

（二）编制程序

（1）成立编制小组。企业要结合本单位部门职能和分工，在HSE委员会或专业委员会领导下，由业务管理部门牵头成立规划计划、生产组织、工艺技术、设备设施、安全环保、工程建设等职能部门和相关单位组成编制小组，明确工作职责和任务分工，制定工作计划，组织开展方案编制。

（2）资料收集。编制小组要收集与编制工作相关的法律法规、标准规范和集团公司管理制度，企业组织机构、管理岗位设置及职责分配，危害因素辨识、风险评估和现有控制措施，以及有关事故事件等资料。

（3）风险评估。编制小组要在资料收集与分析的基础上，分析企业存在的危害因素，确定存在风险的重点领域、要害部位、关键环节和特殊时段，分析可能发生的事故类型及后果，评估现有控制措施的防控能力，完善风险防控措施。

（4）方案编制。依据风险评估结果，组织编制风险防控方案，明确风险防控职责、防控流程、防控措施以及资源配置。方案编制要注重系统性和可操作性，做到与相关业务管理部门和单位风险防控方案相衔接、与专项应急预案相衔接。

（5）方案评审。方案编制完成后HSE委员会要组织评审，评审方案的合规性、科学性、适用性和可操作性，以及与相关管理要求的衔接性。评审合格后，由企业主要负责人（或业务分管负责人）签发实施。

（三）方案主要内容

1.风险描述

描述企业级生产安全风险，说明方案针对的具体风险类型和存在的区域、部位、地点或装置设备名称，以及事故发生的可能性、严重程度及影响范围等。

2.风险防控目标

描述风险防控方案针对具体防控的风险所达到的预期控制结果。目标要具体、可衡量、可分解、可实现。

3.风险防控组织机构

根据具体的风险类型，描述风险防控组织机构及人员的具体职责。该机构可以与相关专项应急预案中的应急指挥机构为同一机构。

4.风险防控流程与分级防控责任

描述具体风险的防控流程，纵向上按照组织架构描述企业、二级单位、车间（站队）等各管理层级风险防控责任，横向上按照风险防控业务流程描述关键环节和节点的主管部门、配合部门及其风险防控职责，落实直线责任，做到责任归位。

5.风险防控措施

根据风险防控需要，在制定防控措施时首先要采取消除风险的措施，在不能消除的情况下采取降低风险的措施，不能降低的情况下采取个体防护，从制度、技术、工程、管理措施以及风险失控导致突发事件时的应急措施等方面制定并落实风险防控措施。

（1）制度措施。控制该风险的管理制度、管理程序、管理标准、作业指导书、操作规程等制度措施。

（2）技术措施。采用的监测预警、自动化控制，紧急避险、自救互救等信息化、自动化安全生产技术，以及用于降低风险的技术、工艺、设备、材料等，如可燃有毒气体泄漏报警系统。

（3）工程措施。风险防控所需采用的消除、隔离、防护等用于提升生产条件本质安全性和消除事故隐患的措施和手段。如危险化学品罐区本质安全提升工程。

（4）管理措施。用于防控非常规作业、变更管理、承包商等活动风险而采取的教育培训、作业许可、目视化管理、上锁挂牌、能力评估、监督检查及劳动防护用品用具配备使用等管理措施，要明确措施实施的主管部门、配合部门及相关要求。

（5）应急措施。描述在风险失控且导致突发事件时，报告的程序、处置的方法及专项应急预案，要与企业现行应急预案衔接。

6.实施保障

（1）要明确风险防控方案实施所需资金、设备设施、管理及技术人员等资源，满足数量、质量和时间要求，保证风险防控方案的有效实施。

（2）要明确风险防控方案实施的具体步骤、方式方法、时间进度等，并落实主管和配合等有关责任部门。责任部门要根据需要制定具体的技术方案、实施步骤、岗位分工等，保证与企业生产经营活动相协调。

（3）要建立风险防控信息沟通交流机制，明确沟通交流的内容、方式、频次等。建立风险防控联席会议制度，牵头部门要定期组织召开相关部门和单位人员参加的专题会议，汇报工作开展情况、沟通相关信息、研究讨论实施过程中发现的问题。

（4）要明确监督检查和持续改进的要求，以保证风险防控方案有效实施并达到预期目标。每年至少组织一次危害因素再辨识、风险防控能力再评估，同时组织重大危险源辨识和事故隐患排查，评审风险防控方案的可行性、适宜性，及时修订完善。

第七节　员工健康管理

为贯彻落实把员工生命安全和身体健康放在第一位的要求，把健康理念融入生产经营管理各项制度，切实提升员工健康管理水平，企业应依据《中华人民共和国基本医疗卫生与健康促进法》等法律法规，制定员工健康管理相关制度。员工健康管理是指通过开展员工健康体检、健康风险评估与干预、心理健康服务，以及改善饮食饮水卫生、优化工作环境、倡导健康生活方式，有效防控重大传染病和地方病、降低心脑血管疾病等慢性病风险，减少员工非生产亡人事件，改善员工身心健康水平。员工是自身健康的第一责任人，应当增强健康责任意识，提高身心健康素养，践行健康工作和生活方式，培养诚信友善的精神品质，主动开展自我健康维护。

一、基本要求

员工健康管理坚持生命至上、健康第一、预防为主、持续改进的原则，牢固树立"大卫生、大健康"的理念，与职能部门合作，将健康融入所有制度，充分利用医疗卫生和科技人文资源，为健康工作提供坚实保障。

（1）企业应当推进健康企业建设，落实全员健康责任，不断改善工作环境，科学安排休息休假，鼓励配备职业卫生师、健康管理师、心理咨询师和营养师等专业人员，完善员工健康管理。

（2）企业应当教育员工树立"每个人是自己健康第一责任人"的理念，主动关注健康、重视健康，主动学习健康知识，主动践行健康工作生活方式，营造健康工作环境和睦家庭氛围。

（3）企业应当为员工提供健康安全的工作环境、饮食饮水、健身场地和设施，配备必要的个人健康指标监测设备。应当为现场员工提供清洁卫生的生活环境，落实高低温等特殊环境劳动保护措施，合理安排工作时间、轮换作业，减轻劳动强度。

（4）企业应当在进入野外、海外项目所在地区之前开展健康危险因素辨识和风险评估，落实风险削减和控制措施，开展必要的免疫接种、传染病和地方病预防。

（5）根据项目施工人员数量及当地实际情况配备医护人员、医疗设备及日常必备药品，建设标准化医务室和急救站，并与当地高水平医疗机构建立转诊机制。

（6）企业应当制定本单位公共卫生突发事件应急预案，建立专兼职应急救援队伍，储备必要的应急救援装备和物资，定期开展培训和演练。

员工健康管理目标从以关注疾病为中心转变为以全员健康为中心，控制患病率与病死率，降低医疗与病假成本，防控员工健康风险，提升员工健康水平，储备健康人力资源，保障企业健康发展。

二、健康体检

企业原则上每年安排员工进行一次健康体检，制定并落实年度员工体检计划。员工健康体检不能由职业健康检查、上岗前健康检查和国家要求的特定项目检查替代。员工健康体检包括常规体检和专项体检。应当根据员工年龄不同、性别不同、工作环境不同，差异化确定健康体检项目。

（1）常规体检是对员工身体的形态、生理、生化、机能、功能等进行的检测和计量。一般包括内科、外科、五官科、心电、骨密度、生理生化、肿瘤标志物、妇科，以及身体部位的影像学检查等。

（2）专项体检是企业结合实际，对可能在员工队伍中多发常发的重大疾病，采取预防性、针对性体检。专项体检的项目、周期、标准、人员范围、费用等，由行政事务管理部门按规定执行。

（3）企业应当执行企业统一的员工健康体检费用标准，专项体检项目的费用标准，不得高于三级甲等医院的收费标准。女员工可在上述标准基础上增加妇科体检费用。

（4）应当与外部承包商、分包商及劳务派遣单位通过协议、合同等形式明确健康体检相关要求。

（5）应当优先委托当地有资质的非盈利性机构承担员工健康体检工作，对医疗资质、体检资质、人员资格、设备试剂、体检与结果等严格把关，严防替检、假检、错检、漏检，确保质量，收费不得超过当地市场化平均价格。

体检疑似有大病的，各单位可组织员工前往上级医院复检；体检确诊大病实行登记报告制度。体检结果正常，合理时期内又在外院检出大病的，各单位责成承检机构给予书面解释，并根据合同条款追究违约责任。

三、健康评估

健康评估指依据监测、体检、调查等数据，按各种因素影响健康的权重，利用相关标准或建立计算模型，对员工个体、群体的健康状况进行分析、预测、分类和报告的活动。

（一）评估分类

按人数不同，健康评估分为个体评估和群体评估；按种类不同，分为普通健康评估和专业健康评估。

（1）普通健康评估，指单位、医院或体检机构，根据员工健康现状、健康监测数据和健康体检结果，对健康状况进行客观描述、简要分析、初步评价和人群分类。

（2）专业健康评估，也称健康风险评估，指依托企业专业健康评估平台，对员工未来的患病风险进行预测。需要采集相关实时数据完成，员工本人应当积极配合。

健康体检结束时，各企业应当统一组织开展健康评估，普通评估与专业评估同时进行，每年各组织一次。

（二）结果分类

健康评估结果分五类人群，是企业实施健康管理的"五类人群"，即大病人群、慢病人群、异常人群、风险人群、健康人群。

（1）大病人群，指危及生命，带癌生存、致残或丧失意识或丧失部分劳动能力的心脑血管病、血液病、肝病等员工。

（2）慢病人群，指现已确诊的患高血压、冠心病、脑卒中、糖尿病等特殊慢性病员工。

（3）异常人群，指血压、血糖、血脂、肿瘤标志物等异常但未确诊为疾病，有肿块、包块、瘤、斑块、节结、息肉等但未确诊为疾病，颈椎、腰椎、骨质等发生退行性改变但未确诊为疾病等员工。

（4）风险人群，指开展专业健康评估后，未来3～5年甚至更长时间，有患冠心病、高血压、糖尿病、肺癌、代谢综合征等疾病风险的员工，分为低风险、中风险、高风险。

（5）健康人群，各项体检指标和体征指标均正常的员工。

各单位应当形成健康评估报告，分为单位群体报告和员工个人报告，对员工队伍和员工个人的健康现状、健康趋势进行评价预测。

四、健康管理与干预

企业应当明确员工健康状况与岗位匹配度要求，及时调整健康状况与岗位不适应的员工。开展在岗员工健康监测，及时发现健康异常状况，提出健康改进建议，并跟踪落实情况。

企业应当根据年度体检结果，对员工健康风险、健康危险因素等进行识别与评估，对高风险人群实施分级分类健康管理和指导，降低肥胖、高血压、糖尿病、高脂血症等慢性病患病风险。开展健康数据的统计分析，掌握员工健康状况的变化趋势，及时采取针对性健康干预措施。

企业应当开展新员工入职和员工出国、赴高原施工、执行特殊任务前的健康风险评估，不得安排健康状况与岗位不适应员工上岗作业。企业应当结合实际，完善员工健身场地和设施，广泛开展工间操、大合唱等丰富多彩的群众性文体活动，营造和谐健康的公司氛围。

（一）心理健康管理

企业应当为员工提供心理健康服务，实施员工帮助计划，提供心理评估和咨询辅导，为员工主动寻求心理健康服务创造条件。

企业应当把心理健康管理纳入员工思想政治工作，依托本单位党团、工会、人力资源部门、卫生室等设立心理健康辅导室，培训心理健康服务骨干队伍，配备专兼职辅导人员。

企业应当定期组织开展职业紧张、心理健康与促进等内容的健康教育活动，传授情绪管理、压力管理等自我心理调适方法和抑郁、焦虑等常见心理行为问题的识别方法，提高员工心理健康素养。

企业应当对处于特定时期、特定岗位，或者经历特殊突发事件的员工，进行心理疏导和帮助；采取预防和制止工作场所暴力、歧视和性骚扰等措施；关爱员工身心健康，构建和谐、平等、信任、宽容的人文环境。

（二）饮食饮水管理

企业应当开展营养健康食堂建设，建立健全食堂管理制度，倡导智能化管理。员工食堂应当科学合理搭配膳食营养，开展减盐、减油、减糖活动，达到食品安全管理等级B级以上。企业应当定期对食堂管理和从业人员开展营养、平衡膳食和食品安全相关培训，并保证持健康证上岗。

食堂应当规范供餐服务，提倡分餐制，桌餐配公筷、公勺等分餐工具，并提供免费白开水或者直饮水。配备洗手、消毒设施或者用品，座位间保持一定距离，避免高密度聚集用餐。应当加强水质卫生管理，完善供水设施和设备，定期开展生活饮用水水质检测。

（三）传染病防控

企业应当关注所在地人民政府发布的公共卫生突发事件风险等级和应急响应级别，建立重大传染病防治及疫情处理协同机制，制定并落实重大传染病的防控方案和应急预案，确保精准防控。

企业应当采取有效措施控制苍蝇、蚊子、老鼠、蟑螂等病媒生物，预防和控制病媒生物性传染病的发生和传播。海外项目应当强化疟疾、登革热、黄热病等海外多发传染病的防控。

企业应当通过所在地卫生健康主管部门及时了解存在的地方病，制定并落实针对寄生虫病、饮水型或燃煤型氟砷中毒、大骨节病、氟骨症等地方病的防护措施，预防地方病发生。

企业应当组织预防传染病、地方病的宣传教育，引导员工认识疫苗对于预防疾病的重要作用，养成良好的卫生习惯，讲究个人卫生，加强个人防护。

（四）健康干预行动

干预行动指在健康监测、体检、评估的基础上，针对不同人群，关口前移，采取措施，预防控制，跟踪管理，使员工不生病、少生病，以较低成本取得较高健康绩效。干预行动需要健康管理、医院、疾控等专业机构密切协作，各企业组织落实，各部门相互支持，员工个人按照类别划分，积极参与、密切配合。

（1）实施健康知识普及干预行动。加大健康知识与技能的宣传、教育、培训力度，落实员工是自身健康的第一责任人责任，制订员工队伍健康素养水平提升目标与措施，实施最根本最经济最有效的健康知识普及干预，提高全员健康素养。

（2）实施合理膳食干预行动。倡导合理膳食，建立食堂营养监控与慢性病预警智能平台，全过程自动化记录监测员工的营养与油盐肉糖摄入，推动数字化健康卫生食堂建设，消减心脑血管病等慢性病危险因素。

（3）开展全员健身干预行动。逐步将"国民体质测定标准"纳入员工健康体检，开展多种形式的健身指导服务。构建科学的健身体系，针对不同员工人群，制定针对性健身方案和运动处方，开展"体医结合"的疾病管理与健康服务。

（4）实施心理健康促进干预行动，针对生产生活节奏快、压力大，一线工作生活单调等因素，开展心理健康服务，解决员工在工作、生活等方面的心理问题和行为障碍，减缓员工失眠症、焦虑障碍症、抑郁症等心理疾病患病率增长，培养员工掌握基本的情绪管理、压力管理等自我心理调适方法。

（5）实施健康环境促进干预行动，各单位应当建立健康环境监测与评估制度，对饮用水、室内空气、重点区域花粉等定期监测，开展健康环境改善活动，加强环境与健康素养提升科普宣传工作。

（6）开展心脑血管疾病防治干预行动，各单位必须高度重视食堂油盐肉糖超标、富营养、久坐不动、压力大等员工队伍核心健康风险，大力加强重大伤病应急通道建设、自救互救培训、慢性病管理与服务。

（7）实施癌症防治干预行动，各单位应当针对员工队伍年龄增大，慢性感染、不健康工作生活方式、环境污染、食品加工等危险因素，开展癌症防治核心知识素养提升和癌症风险预防控制工作，完善常规体检和专项体检项目，提升早癌检出率。

（8）实施糖尿病防治干预行动，各单位应当高度重视员工空腹血糖超标持续增加、确诊糖尿病人群不断扩大的不利局面，教育员工坚持科学运动、合理规律饮食、低热量摄入，力争使员工队伍的血糖知晓率、糖尿病知晓率、确诊糖尿病员工的规范管理率达标，增加或调整体检项目，实时监测控制血糖水平，遏制糖尿病过快增长的势头。

企业根据需要，适时组织实施控烟、慢性呼吸系统疾病防治、传染病与地方病防治等健康干预行动，不断提升健康干预行动的覆盖面和精准度，促进健康干预工作的多样化、体系化。建立健康干预行动过程监控和跟踪机制，做好干预效率效果评价，对于干预周期内健康指标改善和变化向好的措施和方法，要坚持周而复始、不断循环。应当形成干预行动报告，对干预过程、干预技术、干预效果进行评价总结。

第八节　环境保护管理

为做好《中华人民共和国环境保护法》的宣传和落实，防治污染和其他环境公害，推进生态文明建设，促进企业绿色发展、低碳发展，企业应制定的环境保护管理制度，企业环境保护应坚持保护优先、预防为主、综合治理、公众参与、损害担责的原则，坚持资源在保护中开发、在开发中保护，构建环境保护长效机制，创造能源与环境的和谐。

一、机构和职责

企业是环境保护的责任主体，所属企业法定代表人（或负责人）是本企业环境保护第一责任人，全面负责本企业的环境保护工作；企业应当指定一名行政副职具体负责本企业环境保护工作，其他分管领导负责分管业务范围内的环境保护工作；企业应当成立环境保护委员会；企业应当建立健全各级环境保护管理体系；企业应当根据环境保护工作需要设置环境监测机构。

二、目标责任管理

企业应将环境保护目标责任纳入决策、规划计划、项目建设、生产经营和服务的全过程。

企业应实行环境保护目标责任制和考核评价制度。落实各级领导、各部门、各岗位和每个员工的环境保护目标责任，将环境保护目标完成情况纳入考核内容，作为对其考核评价的重要依据。所属企业应当将环境保护目标和指标纳入生产经营责任制，并层层分解落实和管控，定期组织考核。

三、方法与措施

（一）建设项目环境保护

企业应对建设项目环境保护坚持前期论证、科学决策、生态设计、事中事后严格监管的原则。在建设项目（预）可行性研究、工程设计、工程建设、试运行投产、竣工验收等全过程，贯彻落实国家和地方建设项目环境保护的法律法规及相关要求。

（二）清洁生产

企业应按照减量化、再利用、资源化的原则，对生产全过程实施污染预防和生态环境保护，推行清洁生产、发展循环经济。所属企业应当不断采取改进设计、使用清洁的能源和原料、采用先进的工艺技术与设备、改善管理、综合利用等措施，从源头削减污染，提高资源利用效率，减少或者避免生产、服务和产品使用过程中污染物的产生和排放。

（三）污染防治

企业应坚持预防为主、综合治理、达标排放的原则，对生产经营活动实施全过程污染防治。所属公司应当采取措施，防治在生产经营活动中产生的废水、废气、固体废物、放射性物质，以及噪声、振动、光辐射、电磁辐射等对环境的污染和危害。

（四）生态保护

企业应坚持生态保护与修复并举，对开发建设活动实施全生命周期生态保护。所属企业应当合理开发利用自然资源，保护生物多样性，保障生态安全。所属公司从事生产经营活动，应当识别生态环境影响因素，制定并实施生态环境保护方案。

（五）温室气体排放控制

企业应按照集中管控、分工负责、依法履约的原则，控制温室气体排放，促进低碳发展。公司应当按照国家、地方和企业有关要求，完善温室气体排放监测体系，制定并实施温室气体排放监测计划，建立健全能源消费和温室气体排放管控台账。

（六）环境风险防控

企业应坚持预防为主、预防与应急相结合的原则，落实环境风险防控措施，有效防止和减少环境事件的发生。所属公司应当落实突发环境事件风险评估制度，实施风险分类分级管理，完善风险防范和应急措施。

（七）环境监测和环境信息管理

企业应坚持环境数据真实准确、环境信息公开透明的原则，持续规范环境管理，主动接受政府监管和公众监督。所属公司应当按照国家和地方有关规定、根据本企业环境保护管理的需要，制定并实施环境监测计划，保存原始监测记录。

四、水体污染事故三级防控

石油化工企业、石油库和国家石油储备库，应建立事故状态下水体污染的预防和控制体系，坚持以"预防为主、措施到位、责任到岗、常练不懈、消除隐患、防控有效"的指导思想，安全、及时、有效地运行水体污染事故风险预防与控制措施。

（一）一般要求

建立完善的水体污染事故三级预防与控制体系，确保事故状态下的事故液全部处于受控状态，事故液应处理达标排放、防止对水体造成污染。

（1）根据环境风险评估结果提出水体污染预防和控制措施，根据环境地域特点建立有效的事故防控体系。

（2）水体污染预防与控制设施应结合当地水文地质条件及储存物料特性，按审批要求或相关规范采取防渗措施。

（3）水体污染预防与控制的设备设施应纳入设备管理，确保各级防控设施处于完好备用状态，不应随意拆除、停用和挪用。水体污染突发事件的应急管理应纳入企业突发事件应急管理体系。

（4）企业石油库与国家石油储备库应满足《石油库设计规范》（GB 50074）和《石油储备库设计规范》（GB 50737）相关要求。

（二）三级防控措施

1.一级预防与控制措施

装置区围堰、罐区防火堤及其配套设施，为事故状态下水体污染的一级预防与控制措施。包括油泵区、阀组区和工艺设备区围堰及其配套设施，罐区防火堤及其配套设施等。

（1）按属地管理原则，一级预防与控制措施宜归属其防控设施所属单位统一管理。

（2）一级预防与控制措施防护区域内不应存放任何其他物品，避免堵塞通道、占据容量、发生不良化学反应。

（3）应确保防火堤、围堰的切换阀门处于正确的开关位置，保证防火堤、围堰内受污染水进入污水处理系统。

（4）应针对可能发生泄漏物料的种类，备好应急物资，制订应对措施，并完善到操作规程中，避免含高浓度污染物的污水冲击污水处理场。

2.二级预防与控制措施

雨排水切断系统、拦污坝、防漫流及导流设施、中间事故缓冲设施及其配套设施，为事故状态下水体污染的二级预防与控制措施。企业可根据规模和排水系统的实际情况确定是否设置中间事故缓冲设施。

（1）应明确二级预防与控制措施归属单位，负责设施的日常运行管理、检查和维护等工作。

（2）应对二级预防与控制措施的阀门和闸板进行定期检查、试运和维护，保证在发生事故时能及时关闭，避免事故污染水外泄。

（3）按中间事故缓冲设施火灾危险类别按丙类进行平面布置，在事故状态下按甲类进行运行管理，编制相关管理规定并实施。

（4）应定期组织对中间事故缓冲设施的防渗、防腐、防冻、防洪、抗浮、抗震等内容进行检查，保证事故缓冲设施完好。

（5）应定期组织对雨排水切断系统、拦污坝、防漫流及导流设施、中间事故缓冲设施的配套设施进行检查、试运，保证完好备用。

3.三级预防与控制体系

围墙、末端事故缓冲设施及其配套设施，为事故状态下水体污染的三级预防与控制措施。

（1）应明确三级预防与控制措施归属单位，负责设施的日常运行管理、检查和维护等工作。

（2）应定期组织对石油库与石油储备库的围墙进行检查，保证围墙完好。

（3）按末端事故缓冲设施火灾危险类别的丙类进行平面布置，在事故状态下按甲类进行运行管理，编制相关管理规定并实施。

（4）应定期组织对末端事故缓冲设施的防渗、防腐、防冻、防洪、抗浮、抗震等内容进行检查，并对其配套设施进行检查和试运行，保证事故缓冲设施及其配套设施完好备用。

（5）末端事故缓冲设施正常状态下作为其他污水处理设施补充处理手段使用的，要设置配套设施，确保事故状态下事故液能够顺利排入，同时不影响其他污水处理设施的正常运行。

（三）防控措施维护维修

应加强对水体污染事故风险预防与控制措施的维护和保养，确保其完好备用。针对因故障暂时不能投用的联锁自保、泄压排放、自动报警等设施，应及时修复；未修复前，采取相应的应急与预防措施。

不能随意拆除、停用、变更和挪用水体污染事故风险预防与控制措施，特殊情况下需要拆除、停用、变更、挪用时，要经过充分评价论证、制订有效的预防和控制措施，履行相应审批手续后实施。

查找出的问题、隐患及时进行整改，对于影响设施正常使用的，应制订相应的应急与预防措施。在进行维修与维护过程中，应保证不影响水体污染事故风险预防与控制措施的正常使用。

（四）应急演练与启动

应将水体污染突发事件的应急管理纳入企业突发事件应急管理体系，并在各级应急预案中充分考虑避免水体污染的应急处置相关内容，或制订专门的水体污染应急预案，应制订应急预案的培训、演练计划，每年至少组织一次水体污染事故风险预防与控制措施的应急演练。

当一级预防与控制体系无法达到控制事故液要求时，应立即启动二级预防与控制体系，关闭雨排水系统的总出口阀门、拦污坝上闸板，切断防漫流设施与外界的通道，可利用污水系统或雨水系统、防漫流及导流设施、道路、中间事故缓冲设施、围墙等将事故液封堵在库区。确保事故液排入中间事故缓冲设施和事故液排入末端事故缓冲设施。

五、VOCs泄漏检测与修复

挥发性有机物（Volatile Organic Compounds，VOCs）是大气中普遍存在的一类化合物。石油化工行业的VOCs，是指参与大气光化学反应的有机化合物，或者根据规定的方法测量或核算确定的有机化合物。在石油化工企业中实施VOCs泄漏检测与修复是控制VOCs排放的行之有效的手段。VOCs泄漏检测与修复包括建立VOCs源清单、VOCs分类源排放核算方法、泄漏检测与修复等步骤。

（一）VOCs源清单建立

将石油化工企业VOCs源概化分类如下：

（1）工艺系统。本类源仅指有机物料流经管线上的阀门、法兰、泵、压缩机、连接件、开口管线等密封组件的VOCs逸散排放源。

（2）储运系统。本类源是指原料、产品、半成品的储存和装卸过程的VOCs逸散排放源。

（3）废物集输处理系统。本类源是指废水、废液、废渣的收集系统处理系统以及二次污染处理系统（如废水处理系统的气体收集集中处理系统等）的VOCs逸散排放源。

（4）有组织系统。本类源的归类，概指有规定排放的点源，或者工艺系统中尾气经收集后的规定排放类化点源。

（5）其他类。除上述四类之外的所有VOCs源归为本类。

（6）事故工况。本类源为事故状态的VOCs排放源。

石油化工企业对上述源进行调查，按照不同要素建立VOCs源分类清单。

（二）VOCs分类源排放核算方法

（1）工艺系统。结合泄漏检测与修复程序的每个密封点的检测结果，采用"相关曲线方程"法进行VOCs排放量核算。

（2）储运系统。采取"实测"与"公式模型法"相结合的核算方法。

（3）废水集输处理系统。采取"实测"与"公式模型法"相结合的核算方法。

（4）有组织系统。采取"实测法"相结合的核算方法，根据尾气的实际排放监测数据进行核算。

（5）其他类。循环冷却水系统：采取实测法；非正常工况火炬系统：采取工程估算法；无组织废气：结合源特征具体分析；检维修过程：采取公式法核算；采样过程：采取频率计算法。

（6）事故工况。采取统计法，根据事故具体情况，统计泄漏量，结合事故处理效率，核算事故工况排放量。

（三）泄漏检测与修复

根据物流特性及操作条件，识别纳入泄漏检测与修复程序的装置或设施，通过图纸审核及现场排查，记录密封组件的属性信息，并建立数据库，对每个密封点进行检测，识别超泄漏阈值的密封组件并进行修复，修复后进行复检。

第三章

现场实施类技术与载体

第一节 工作安全分析

工作安全分析（Job Safty Analysis，JSA）是事先或定期对某项工作任务进行风险评价，并根据评价结果制定和实施相应的控制措施，达到最大限度消除或控制风险的方法。JSA分析是将工作分解成不同的步骤或子任务，然后识别每一步骤或子任务中所存在的危害，评估响应的风险，如果初始风险不能接受，就要采取措施来降低风险，从而将风险降低到可接受的程度，防止事故或伤害发生。

一、JSA应用领域

JSA分析一般用于行为安全领域的工作或作业的安全分析，对于涉及工艺安全管理有关的危害识别和风险评价，则应使用工艺危害分析的方法。JSA分析可应用于下列作业活动：

（1）新的作业，以前没有做过或分析过的作业。

（2）非常规性（临时）的作业；改变现有的作业。

（3）评估现有的作业。

（4）无程序管理、控制的作业。

（5）承包商作业，由承包商员工来完成的工作任务。

二、工作任务审查

工作任务一般可分为新工作任务、以前做过JSA或已有操作规程的工作任务、低风险工作任务。现场作业人员均可提出需要进行JSA的工作任务。

（1）基层单位负责人对工作任务进行初步审查，确定工作任务内容，判断是否需要做JSA分析，制定JSA分析计划。

（2）初步审查判断出的工作任务风险无法接受，则应停止该工作任务，或者重新设定工作任务内容。一般情况下，新工作任务（包括以前没做过JSA分析的工作任务）在开始前均应进行JSA分析，如果该工作任务是低风险活动，并由有胜任能力的人员完成，可不做JSA分析，但应对工作环境进行分析。

（3）以前作过分析或已有操作规程的工作任务可以不再进行JSA分析，但应审查以前JSA分析或操作规程是否有效，如果存在疑问，应重新进行JSA分析。

（4）紧急状态下的工作任务，如抢修、抢险等，执行应急预案。

三、JSA分析实施

JSA分析的实施主要包括作业步骤分解、危害因素辨识、风险评价、控制措施制定等步骤。

（一）成立JSA分析小组

基层单位负责人组织成立JSA分析小组，由基层单位负责人指定小组组长，由组长负责选择熟悉JSA分析方法的管理、技术、安全、操作人员组成小组。小组成员应了解工作任务及所在区域环境、设备和相关的操作规程。

（二）审查工作计划安排

JSA分析小组审查工作计划安排，分解工作任务，搜集相关信息，实地考察工作现场，核查以下内容：

（1）以前此项工作任务中出现的健康、安全、环境问题和事故。

（2）工作中是否使用新设备。

（3）工作环境、空间、照明、通风、出口和入口等。

（4）工作任务的关键环节。

（5）作业人员是否有足够的知识、技能。

（6）是否需要作业许可以及作业许可的类型。

（7）是否有严重影响本工作安全的交叉作业。

（三）JSA分析步骤

1.作业步骤分解

将作业活动分解为若干个相连的工作步骤。

2.识别危害因素

JSA分析小组识别该工作任务关键环节的危害因素，并填写JSA分析表。识别危害因素时应充分考虑人员、设备、材料、环境、方法五个方面和正常、异常、紧急三种状态。JSA分析小组在辨识危害及其削减措施时，可参考JSA检查清单中的内容。

3.进行风险评价

对存在潜在危害的关键活动或重要步骤进行风险评价。根据判别标准确定初始风险等级和风险是否可接受。风险评价宜选择风险矩阵法或LEC法。

4.风险控制措施

JSA分析小组应针对识别出的每个风险制定控制措施，将风险降低到可接受的范围。在选择风险控制措施时，应考虑措施的优先顺序。制定出所有风险的控制措施后，还应确定以下问题：

（1）是否全面有效地制定了所有的控制措施。

（2）对实施该项工作的人员还 需要提出什么要求。

（3）风险是否能得到有效控制。

在控制措施实施后，如果每个风险在可接受范围内，并得到JSA分析小组成员的一致同意，方可进行作业前准备。

四、控制措施落实

（一）作业许可

所有需要办理作业许可的作业都要进行JSA分析，作为申请作业许可的前提条件。作业许可作为风险控制的一种手段。

（二）风险沟通

作业前应召开班前会，进行有效的沟通，确保以下事项：

（1）让参与此项工作的每个人理解完成该工作任务所涉及的活动细节及相应的风险、控制措施和每个人的职责。

（2）参与此项工作的人员进一步识别可能遗漏的危害因素。

（3）如果作业人员意见不一致，一一解决后，达成一致，方可作业。

如果在实际工作中条件或者人员发生变化，或原先假设的条件不成立，则应对作业风险进行重新分析。

（三）现场监控

在实际工作中应严格落实控制措施，根据作业许可的要求，指派相应的负责人监视整个工作过程，特别要注意工作人员的变化和工作场所出现的新情况以及未识别出的危害因素。任何人都有权利和责任停止不安全的或者风险没有得到有效控制的工作。

（四）总结与反馈

作业任务完成后，作业人员应进行总结，若发现JSA分析过程中的缺陷和不足，及时向JSA分析小组反馈。如果作业过程中出现新的隐患或发生未遂事件和事故，小组应审查JSA分析，重新进行JSA分析。根据作业过程中发生的各种情况，JSA分析小组提出完善该作业程序的建议。

第二节　安全目视化管理

安全目视化管理是利用统一的、一目了然的颜色、图形、文字或其组合符号向员工传递安全信息，以提高现场安全管理水平的一种辅助管理方式。它以视觉信息为基本手段，以公开化为基本原则、尽可能全面、系统地将管理者的要求和意图让大家都看得见，借以推动自主管理，自我控制。安全目视化管理是以公开化、视觉化为特征的一种管理方式，所以又被称为"看得见的管理"。安全目视化管理适用于对人员、工具设备、工艺及作业场所的管理。

一、建立管理制度

企业应统一安全目视化管理标识，相关职能部门负责组织实施。各种安全色、标签、标牌的使用应符合国家和行业有关规定和标准的要求。安全色、标签、标牌的使用应考虑夜间环境，以满足需要。安全色、标签、标牌等应定期检查，以保持整洁、清晰、完整，如有变色、褪色、脱落、残缺等情况时，须及时重涂或更换。

通过安全目视化管理，可以明示管理要求，如现场的各种规定、要求、提示、标志、图形、画线等；进行判断一目了然，如铭牌、标牌、管理卡、按钮说明、仪表状态、图形、看板、颜色等；使作业简单化，如点检表、加油点、分区定位线、状态及流向标识等；促进业绩改善，如业绩目标、差距图示、仓库存量等。

二、人员安全目视化

企业内部员工进入生产作业场所，应按照有关规定统一着装。外来人员（承包商员工，参观、检查、学习等人员）进入生产作业场所，着装应符合生产作业场所的安全要求，并与内部员工有所区别。

所有进入生产区域、站（场）等易燃易爆、有毒有害生产作业区域的人员，应佩戴入厂（场）证件。内部员工和外来人员的入厂（场）证件式样应不同，区别明显，易于辨别。

特种作业人员应具有相应的特种作业资质，并经所在单位岗位安全培训合格，佩戴特种作业资格合格目视标签。标签应简单、醒目，不影响正常作业。

三、设备设施安全目视化

设备设施的明显部位标注名称及编号，对误操作可能造成严重危害的设备设施，应在旁边设置安全操作注意事项标牌。

管线、阀门的着色应严格执行国家或行业的有关标准。同时，还应在工艺管线上标明介质名称和流向，在控制阀门上可悬挂含有工位号（编号）等基本信息的标签。

在仪表控制及指示装置上标注控制按钮、开关、显示仪的名称，厂房或控制室内用于照明、通风、报警等的电气按钮、开关都应标注控制对象。

对于遥控和远程仪表控制系统，应在现场指示仪表上标识出实际参数控制范围，粘贴校验合格标签。远程仪表在现场应有显示工位号（编号）等基本信息的标签。

四、工器具安全目视化

所有工器具，都应做到定置定位。盛装危险化学品的器具应分类摆放，并设置标牌，标牌内容应参照危险化学品技术说明书确定，包括化学品名称、主要危害及安全注意事项等基本信息。

五、区域安全目视化

（一）指示线

企业应使用红、黄指示线划分固定生产作业区域的不同危险状况。

（1）红色指示线警示有危险，未经许可禁止进入。

（2）黄色指示线提示有危险，进入时注意。

按照国家和行业标准的有关要求，对生产作业区域内的消防通道、逃生通道、紧急集合点设置明确的指示标识。

（二）安全隔离

根据施工作业现场的危险状况进行安全隔离。隔离分为警告性隔离、保护性隔离。

（1）警告性隔离，适用于临时性施工、维修区域、安全隐患区域（如临时物品存放区域等）以及其他禁止人员随意进入的区域。实施警告性隔离时，应采用专用隔离带标识出隔离区域。未经许可不得入内。

（2）保护性隔离，适用于容易造成人员坠落、有毒有害物质喷溅、路面施工以及其他防止人员随意进入的区域。实施保护性隔离时，应采用围栏、盖板等隔离措施且有醒目的标识。

（三）位置标识

生产作业现场长期使用的机具、车辆（包括厂内机动车、特种车辆）、消防器材、逃生和急救设施等，应根据需要放置在指定的位置，并做出标识（可在周围画线或以文字标识），标识应与其对应的物件相符，并易于辨别。

第三节 作业许可管理

作业许可是指在从事高危作业及缺乏工作程序（规程）的非常规作业之前，为保证作业安全，必须取得授权许可方可实施作业的一种管理制度。通过有效实施作业许可管理，开展施工、临时性检修工作危害识别和风险评估，并落实安全措施，保证持续安全作业条件，以降低非常规作业事故风险。

一、建立管理制度

根据国家法律法规及企业相关制度要求，针对性地制定作业许可相关管理制度，确保制度的合规性和可操作性。作业许可管理应遵循落实直线责任和属地管理的原则，以危害识别和风险评估为基础，以落实安全措施，保证持续安全作业为条件，防止事故发生。作业许可管理主要针对非常规作业和高危作业，企事业单位应结合本单位生产作业活动性质和风险特点，确定具体的作业许可管理范围。

非常规作业是指临时性的、缺乏程序规定的和承包商作业的活动，包括未列入日常维护计划的和无程序指导的维修作业，偏离安全标准、规则和程序要求的作业，以及交叉作业等。高危作业是指从事高空、高压、易燃、易爆、剧毒、放射性等对作业人员产生高度危害的作业，包括受限空间作业、挖掘作业、高处作业、移动式起重机吊装作业、管线打开作业、临时用电作业和动火作业等。

二、开展培训与辅导

（一）开展宣贯培训

针对不同专项的作业许可管理制度，编制针对性的培训课件，同时采取事故案例、图片、视频等方式，以达到理想的效果，使大家愿意看，同时也看得懂，还能有收获。

编制具体宣贯培训计划，针对作业许可相关人员分级组织开展培训工作，重点强化对作业批准人（和其授权人）、监督人员、施工作业人员的培训，重点讲解作业许可的管理流程、各个环节的注意事项，以及目前存在的重点问题和注意事项。

值得注意的是，作业许可的过程是一个风险管控的过程，而不仅仅是一个开票的过程。同时，有了作业许可证不能保证安全，相关的风险防控措施在现场持续得到落实才能真正保证作业活动过程中的安全。

（二）现场实施辅导

根据作业许可管理现状评估的结果，针对表现不好的单位开展专项辅导。编制具体的辅导计划，明确具体的工作目的、要求、进度、内容和保障措施等方面的内容。

按照辅导计划的安排，先组织开展试点单位的培训宣贯活动，确保大家对作业许可的意义和作用取得初步共识。然后，现场观摩和指导作业许可活动的整个过程，确保作业准备、作业审批、作业实施和作业关闭等环节能够按照相关管理制度的要求得到有效落实。同时，要突出作业许可的重点目标是管控风险，因此要突出作业风险识别的全面、准确，相关措施的针对性和有效性，以及在作业活动过程中持续落实风险管控措施等方面的内容。

在此过程中，发现问题及时纠正和改进，确保每一次作业许可管理活动都是有效的，都是满足要求的，相关作业活动的风险都是可控、受控的。

企业可以采取电子化手段来强化和提升作业许可管理水平。每个人都有自己的门禁卡，在开展作业活动时，必须在手持 IPAD 上刷卡才能实现作业票证的审批，确保作业批准人可以到现场进行核查和确认。

三、作业许可的实施

（一）作业许可的申请

作业项目负责人提出作业申请，并组织对作业进行风险评估，落实安全措施。风险评估应由作业方和属地共同完成，评估的内容应包括工作步骤、存在风险及相应控制措施等，必要时编制安全工作方案。对于一份作业许可证项下的多种类型作业，可统筹考虑作业类型、作业内容、交叉作业界面、工作时间等各方面因素，统一进行风险评估。作业许可申请人应填写作业许可证，并提交作业内容说明、风险评估结果、控制措施、安全工作方案和相关附图等资料。

作业相关单位应严格按照控制措施或安全工作方案落实安全措施。需要系统隔离时，应进行系统隔离、吹扫和置换；交叉作业时，应进行区域隔离。作业许可证批准前，凡是可能存在缺氧、富氧、有毒有害气体、易燃易爆气体和粉尘的作业，都应进行气体或粉尘浓度检测，并确认检测结果合格，同时，在控制措施或安全工作方案中注明工作期间的检测时间和频次。

（二）作业许可的批准

作业许可证应由有权提供或调配风险控制资源的作业所在区域属地主管审批，也可由其授权人审批。作业许可批准人通常是业务主管（含企业主管领导）、区域（作业区、车间、站、队、库）负责人等。作业许可批准人负责核实现场安全措施，并监督管理现场作业安全。

作业许可批准人应组织申请人和作业涉及的相关方，集中对作业许可申请中提出的安全工作方案，特别是安全措施进行书面审查，并记录审查结果。审查内容包括：确认作业的详细内容；确认所有的相关支持文件，即风险评估结果、安全工作方案、作业区域相关示意图和作业人员资质证书等；确认作业活动应遵守的相关规定；确认作业前后应采取的安全及应急措施；分析评估作业与周围环境或相邻区域的相互影响，并确认安全措施；确认许可证期限及延期次数；其他。

书面审查通过后，所有参加书面审查的人员均应到工作区域进行现场核查，确认各项安全措施的落实情况。现场确认内容包括：与作业有关的设备设施、工具和材料等准备情况；现场作业人员资质及能力情况；系统隔离、置换、吹扫和检测情况；个人防护用品的配备情况；安全消防设施的配备及应急措施的落实情况；培训和沟通情况；安全工作方案中提出的其他安全措施落实情况；确认安全设施完好；其他。

现场核查通过之后，作业许可批准人、申请人和相关各方在作业许可证上签字，作业许可生效，现场可以开始作业。作业许可证的有效期限一般不超过一个班次。经书面审查和现场核查，若作业各方一致同意增加作业时间，则共同确定作业许可证有效期限和延期次数。

（三）作业许可的实施

作业人员作业前应接受相关安全培训，严格按照作业方案进行工作。安全措施未落实，作业人员有权拒绝作业；作业中出现异常情况，立即停止作业，并及时向作业项目负责人报告。作业现场监护人员负责对作业人员进行安全监护，及时纠正作业人员的不安全行为，发现安全措施不完善或其他异常情况，应立即制止作业。作业或监护等现场关键人员发生变更，须经批准人、申请人和相关各方的审批方可作业。

（四）取消、延期与关闭

1.作业许可的取消

发生下列任何一种情况，生产单位和作业单位都有责任立即终止作业，报告批准人，并取消作业许可证。包括：作业环境和条件发生变化；作业内容发生改变；实际作业与作业计划发生重大偏离；发现重大安全隐患；紧急情况或事故状态。作业申请人和批准人在作业许可证上签字后，方可取消作业许可。需要继续作业的，应重新办理作业许可证。

2.作业许可的延期

在作业许可证有效期内没有完成工作，可申请延期。作业许可申请人、批准人及相关方应重新核查工作区域，确认所有安全措施仍然有效，作业环境和条件未发生变化。有夜间照明等新要求的，应在作业许可证上注明。在新要求落实以后，作业许可申请人、批准人和相关方可在作业许可证上签字延期。在规定的延期次数内没有完成作业，需重新申请办理作业许可证。

3.作业许可的关闭

作业完成，作业许可申请人、批准人和相关方在现场验收合格并签字后，方可关闭作业许可。

四、作业许可票证的管理

作业许可证应包含作业活动的基本信息。作业许可证和专项作业许可证的基本内容应包括且不限于：作业单位、作业区域、作业范围、作业内容、作业时间、作业危害、相应的控制措施、作业申请、作业批准和作业关闭。

作业许可证应编号，编号由批准人填写。作业许可证一式四联，第一联在作业现场公示；第二联张贴在控制室或其他人员集中的地方，使所有相关人员了解正在进行的作业位置和内容；第三联送交相关方；第四联保留在批准人处。

作业许可证分发后，不得再做任何修改；作业完成后，作业许可证第一联由申请人和批准人签字关闭后交批准方存档；作业许可证存档保留一年；当同一作业有多个施工单位参与时，每个施工单位都应有一份作业许可证（或复印件）；当作业需要中断（正常工作间休除外），或作业已达到作业许可证规定的时限，作业负责人应将作业许可证第一联交回批准方。

第四节　上锁挂牌管理

上锁挂牌（Lockout-Tagout，LOTO）是规范生产设备所需的最基本的隔离及防护措施，以防止因不经心或误操作而造成人员、环境或设备的损害。推行上锁挂牌目的是防止已经隔离的危险能量和物料被意外释放；对系统或设备的隔离装置进行锁定，保证作业人员免于安全和健康方面的危险；强化能量和物料隔离管理。企业各级领导有责任执行本单位上锁挂牌管理程序，保证上锁挂牌的有效实施；每一位员工及承包商人员应对其自己的安全负责；每一位员工及承包商人员应亲自执行上锁挂牌程序。

一、上锁挂牌步骤

属地单位应辨识作业过程中所有能量的来源及类型，编制"能量隔离清单"，由测试人和作业人双方确认签字，经属地单位项目负责人审核后张贴在作业现场醒目处。

（一）上锁挂牌

根据能量隔离清单，对已完成隔离的隔离点选择合适的锁具，填写"危险！禁止操作"标签，对所有隔离点上锁、挂标签。上锁分以下两种方式：

（1）单个隔离点的上锁。属地单位监护人和作业单位每个作业人员用个人锁锁住隔离点。

（2）多个隔离点的上锁按一定顺序实施：①用集体锁将所有隔离点上锁、挂标签。涉及电气隔离时，属地单位应向电气人员提供所需数量的同组集体锁，由电气专业人员实施上锁、挂标签；②将集体锁的钥匙放入锁箱，钥匙号码应与现场安全锁对应；③属地单位监护人和作业单位每个作业人员用个人锁锁住锁箱；④作业单位现场负责人应确保每个作业人员要在集体锁箱上上锁；⑤属地单位批准人必须亲自到现场检查确认上锁点，才可签发相关作业许可证。

（二）确认

上锁、挂标签后属地单位与作业单位应共同确认能量已隔离或去除。当有一方对上锁、隔离的充分性、完整性有任何疑虑时，均可要求对所有的隔离再做一次检查。确认可采用但不限于以下方式：

（1）在释放或隔离能量前，应先观察压力表或液面计等仪表处于完好工作状态；通过观察压力表、视镜、液面计、低点导淋、高点放空等多种方式，综合确认贮存的能量已被彻底去除或已有效地隔离。在确认过程中，应避免产生其他的危害。

（2）目视确认连接件已断开、设备已停止转动。

（3）对存在电气危险的工作任务，应有明显的断开点，并经测试无电压存在。

（三）测试

（1）有条件进行测试时，属地单位应在作业人员在场时对设备进行测试（如按下启动按钮或开关，确认设备不再运转）。测试时，应排除联锁装置或其他会妨碍验证有效性的因素。

（2）如果确认隔离无效，应由属地单位采取相应措施确保作业安全。

（3）在工作进行中临时启动设备的操作（如试运行、试验、试送电等），恢复作业前，属地单位测试人需要再次对能量隔离进行确认、测试，重新填写能量隔离清单，双方确认签字。

（4）工作进行中，若作业单位人员提出再测试确认要求时，须经属地单位项目负责人确认、批准后实施再测试。

（四）解锁

（1）依据先解个人锁后解集体锁、先解锁后解标签的原则进行解锁。

（2）作业人员完成作业后，本人解除个人锁。当确认所有作业人员都解除个人锁后，由属地单位监护人本人解除个人锁。

（3）涉及电气、仪表隔离时，属地单位应向电气、仪表专业人员提供集体锁钥匙，由电气、仪表专业人员进行解锁。

（4）属地单位确认设备、系统符合运行要求后，按照能量隔离清单解除现场集体锁。

（5）当作业部位处于应急状态下需解锁时，可以使用备用钥匙解锁；无法取得备用钥匙时，经属地项目负责人同意后，可以采用其他安全的方式解锁。

解锁应确保人员和设施的安全。解锁应及时通知上锁、挂标签的相关人员。

（6）解锁后设备或系统试运行不能满足要求时，再次作业前应重新按本规定要求进行能量隔离。

二、安全锁具的管理

（1）个人锁和钥匙使用时归个人保管并标明使用人姓名或编号，个人锁不得相互借用。

（2）在跨班作业时，应做好个人锁的交接。

（3）防爆区域使用的安全锁应符合防爆要求。

（4）集体锁应集中保管，存放于便于取用的场所。

（5）锁具的选择除应适应上锁要求外，还应满足作业现场安全要求。

（6）"危险！禁止操作"标签除了用于能量隔离点外，不得用于任何其他目的。

（7）"危险！禁止操作"标签应填写清楚上锁理由、人员及时间并挂在隔离点或安全锁上。

（8）属地单位发现"危险！禁止操作"标签信息不清晰时，应及时更换和重新填写信息。

（9）"危险！禁止操作"标签不得涂改或重复使用。

三、其他管理要求

（1）安全锁必须和"危险！禁止操作"标签同时使用，电气作业同时执行国家相关电力作业规程。

（2）当隔离点不具备上锁条件时，经作业人和属地单位相关负责人同意并在标签上签字，可以只挂标签不上锁。

（3）在开始作业前，属地单位与作业单位人员都有责任确认隔离已到位并执行上锁、挂标签。

（4）企业相关职能部门为基层单位提供安全锁、锁具及"危险！禁止操作"标签，并进行管理。

（5）交叉作业涉及同一隔离点时，每项作业都要对此隔离点上锁、挂标签。

第五节　工艺安全管理

工艺安全管理（Process Safety Management，PSM）是通过对化工工艺危害和风险的识别、分析、评价和处理，从而避免与化工工艺相关的伤害和事故的管理流程。2010年9月6日，中国首次颁布了工艺安全管理的国家安全推荐标准《化工企业工艺安全管理实施导则》（AQ/T 3034—2010），并在2011年5月1日实施，用来帮助企业强化工艺安全管理，提高安全业绩。工艺安全最基本的出发点是预防工艺物料或能量的泄漏，侧重点是工艺系统或设备本身，强调采用系统的方法对工艺危害进行分析，根据不同生命周期和阶段特点，采取不同的方式辨识危害，评估可能导致的事故可能性和后果，并采取有效的控制措施，减少和避免事故的发生。

一、工艺安全信息

工艺安全信息（Process Safety Information，PSI）包括物料的危害性、工艺设计基础、设备设计基础和装置启动、运行及变更等其他信息。工艺安全信息管理可以保证材料、工艺、设备等工艺安全信息的完整性和准确性，实现资源共享，为管理、技术、维修和操作等人员在工艺安全管理活动中作出正确判断提供技术依据，是实施工艺安全管理的基础及连接工艺安全管理其他要素的纽带。

（一）目的

工艺安全信息应用于研究、工艺设计、制造、生产、储存和运输操作中与毒性、易燃易爆性、化学反应性和其他危害相关的工艺安全管理活动。内容应包括物料的危害性，工艺设计基础，设备设计基础，装置启动、运行及变更等信息。

工艺安全信息管理侧重的是信息管理，确保各种信息能够进行识别储存，做到随用随取，从而作为生产的参考；而以往的安全管理则是侧重资料管理，它是通过管理过程资料，来控制过程符合标准规范。二者的管理员也有区别，前者的管理员是各个岗位的工程师，而后者主要是资料管理员进行管理。以往的管理将什么都存档，只是需要的时候才去找，而工艺安全信息管理是管理人员只管需要的，及时更新随时取用。

收集和管理工艺安全信息的目的是应用，如何从应用的角度去识别不同装置、设备所需的各类技术资料是困难的。目前，企业依靠各基层单位自行识别，由于基层还未养成应用工艺安全信息的习惯，并且相应的知识技能仍有欠缺；在役老装置的工艺安全信息的收集是难点，采用什么技术手段去弥补也是难点。

（二）物料的危害性

物料包括原材料、中间产物、成品、废料、催化剂、添加剂、阻垢剂、缓蚀剂、润滑剂等化学品。企业应对每一种物料都应建立、记录并维护好化学品安全技术说明书（SDS）。无法获取相关数据的物料，应通过实验室测试，或通过专家论证、软件模拟计算的方法进行估算。

1.物理性质数据

对于纯物质，物理性质数据通常包括分子量、凝固点、沸点、熔点、比重、pH值、热容量、燃烧热、闪点、自燃温度、黏度、相对蒸汽密度、电导率和介电常数、表面张力、临界温度和压力、汽化热、颗粒度等。

对于混合物，需要估计关键组分的成分和相关的物理性质，或通过实验室测试获得。进行物理性质的估计应由相关专家提供帮助。其他物理性质数据包括但不限于：腐蚀数据；在日晒、热辐射及其他环境因素下的稳定性数据；不相容性和分解性。

2.毒性数据

鉴别并记录所有能够产生急性或慢性毒性危害的工艺物料和混合物，包括正常操作条件下产生的有毒产品、非正常操作条件下形成的有毒物质和意外混合产生的毒性物质。工艺相关物料的具体毒性信息，包括但不限于以下方面：

（1）工作场所有毒有害物质暴露极限值。

（2）吸入、口服和接触的急性毒性数据（如致死浓度，致死剂量，直接危害生命或健康的浓度）。

（3）医学监测标准或指导（如果适用）。

（4）生态毒性资料（如对鱼有影响的水生态毒性）。

（5）生物降解能力和在环境中的持续存在能力。

3.化学性质数据

（1）热稳定性和化学稳定性信息：物料的稳定性、分解产物或副产物；物料发生聚合反应和失控反应的可能性，及应避免的不良反应条件。

（2）不相容性：化学品、杂质、设备设施选材、建筑材料和公用工程相互之间可能的反应。

（3）热力学和反应动力学数据：反应热，不稳定开始的温度和能量释放的速率。

（4）确定意外混合或失控反应产生的毒性或易燃易爆性物质的种类及其生成速率。

应建立、维护并更新化学反应数据库，并提供查询途径及方法，以便能快速准确查询化学反应数据。化学反应数据应该包括所有生产工艺中的热力学和反应动力学数据。

4.其他危害

除了物料的物理性质特征和化学性质相关危害外，其他与工艺操作相关的危害可能包括如下资料：

（1）与自动设备/自动化相关的机械危害。

（2）储存能量的生成或无控制释放。

（3）高能旋转设备的危害。

（4）极端温度、液体、固体、设备表面的灼烧、烫伤、冻伤等。

（5）气体、液体和固体材料相关的压力和真空危害。

（6）固体、涂料、杂质、废弃材料具有可燃性；工作场所表面沉积的，在外部事件搅动后可能被点燃的粉尘。

（7）低或中等毒性的溶剂或溶液。

（8）正常或非正常操作条件下产生的废气。

（9）因重量（如负载）、振动、支撑结构的腐蚀，而导致设备基础结构失效产生的力和能量。

（10）惰性气体或窒息性气体。

（11）激光、电磁力及生产过程中使用的其他形式的非电离辐射。

（12）生物相关的工艺物料和危害。

（三）工艺设计基础

工艺设计基础是对工艺的描述，包括工艺化学原理、物料、能量平衡、工艺步骤、工艺参数、每个参数的限值、偏离正常运行状态的后果。工艺设计基础应包括如下信息：

（1）框图或简化的工艺流程图。

（2）对工艺化学原理的描述，包括可能出现的不良反应以及失控反应（仅限高危害工艺）。

（3）工艺步骤、标准操作条件、超过最高或低于最低标准操作条件的偏离后果。

（4）危险物料的计划最大存量（仅限高危害工艺）。

（5）物料和能量平衡（仅限高危害工艺）。

（6）管道和仪表图（P&ID）。

（7）质量保证检验报告。

（8）电力系统安装图。

（9）通风系统设计。

（10）消防设施平面布置图及档案。

（11）安全区域等级划分图。

（12）供货商资料和蓝图。

（13）附加信息是指其他有助于描述工艺或确保工艺操作安全的信息，包括行业或企业的特殊安全制度、废弃物处理事项、工艺设备的细节（如仪器仪表、安全系统）、重大工艺事故等的描述。

（四）设备设计基础

设备设计基础是设备设计的依据，包括设计规范和标准、设备负荷计算表、设备规格、厂商的制造图纸等，包括以下内容：

（1）设备设计依据。

（2）设备计算。

（3）设备的技术规格。

（4）设备操作维护程序或手册。

（5）设备供货商资料和设备蓝图。

（6）设备制造标准。

（7）设备质量保证检验报告。

（8）PSM关键设备清单。

（五）其他信息

（1）装置启动信息。新改扩建装置开工前，对装置进行启动前的安全检查，相关资料应作为工艺安全信息资料保存。

（2）工艺危害分析信息。研究和技术开发、新改扩建项目、在役装置、停用封存、拆除报废等各阶段的工艺危害分析信息，应完整记录并保存。

（3）运行过程信息。在役装置运行中，以下信息或记录应作为工艺安全信息管理。

——操作记录。

——工艺技术设备变更记录。

——设备检测记录。

——设备日常维修记录、停工检维修记录。

——事故资料。

——其他。

（六）信息的管理

1.信息收集

企业应制定工艺安全信息管理制度，明确各类信息的管理职责（收集、日常维护、更新、查询、文件管理），规定具体部门负责内容，依据工艺安全信息内容，建立工艺安全信息清单，收集相关信息。如项目建设单位负责新改扩建项目建设阶段工艺技术文件（安装调试记录、设备测试记录、变更记录等）的收集和归档，并负责把以上所有的、完整的工艺技术文件资料移交给生产单位。

2.动态更新

当生产现场发生工艺、设备变更时，工艺（设备）工程师应及时更新相关工艺安全信息。工艺安全信息索引应动态管理、资源共享、便于员工随时查阅。工艺安全信息文件还必须在生产现场保存一份，便于员工随时取用。

基层单位根据自身组织结构和人员状况，将工艺安全信息的管理职责明确到岗位；明确每项信息内容的索引方式；明确信息获得的渠道；关注各类变更，保证工艺安全信息能及时更新，确保与现场一致。

对于新改扩建项目绝不允许欠账，企业应强化新项目工艺安全信息的交接，并将信息交接作为专项验收的必要条件。对于老装置缺失的部分，应计划完成收集的期限，制定相应的措施去弥补，如请设计院重新画或自己画，收集同类或相近的设备资料作为参考等。

3.文件管理

企业范围内所有人员在工艺安全信息文件的创建、使用、管理方面都负有相关责任；所有工艺安全信息文件管理的责任，都应明确规定并分配给指定的岗位或个人；与其他职能部门或组织相关联的交接口应有明确界定。

企业应能识别属于本标准要求的工艺安全信息文件，明确工艺安全信息常见文件的来源，为保证信息的完整性和文件编写的效率，文件的表现形式、内容和格式应规范，文件储存要满足快速和方便查找，以及防止丢失、被盗和损坏的要求。基层使用单位应编制工艺安全信息文件的总目录，指明文件保存地点，可使用电子文件管理系统替代传统纸质文件管理系统，当工艺技术设备发生变更，应及时对工艺安全信息进行更新和补充。

为有效避免使用过期版本的文件，或防止文件未经授权的使用和分发，应对工艺安全信息文件进行受控管理。采用电子化的文件管理，设定用户的访问和阅读权限（如果涉密，按相关规定管理），防止未经授权的删除、修改、复制和传播。企业应采取防护措施，可在他处保存关键文件的备份，防止因火灾或洪水等意外事件造成的损坏。

二、工艺危害分析

工艺危害分析（Process Hazard Analysis，PHA）是工艺生命周期内各个时期辨识、评估和控制工艺危害的有效工具，主要用于辨识、评估和控制在技术开发研究，新改扩建项目，在役、停用、封存、拆除、报废装置过程中的危害，预防火灾、爆炸、泄漏等生产工艺危害事故的发生。工艺危害分析是通过系统的方法来识别、评估和控制工艺过程中的危害，包括后果分析和工艺危害评价，以预防工艺危害事故的发生。

（一）应用范围与时机

工艺危害分析主要应用于采油采气、油气集输、炼化生产、油气储运等，具有火灾、爆炸、泄漏等潜在风险的活动或过程。通过实施工艺危害分析，可以发现和暴露隐患，并对存在的隐患进行分析，关注风险的更新与变化，制定并实施有效的风险控制措施，采取多种方式、多种途径，有效地控制风险、消除隐患，更好地保证工艺安全系统的安全。

1.新改扩建项目

（1）项目建议书阶段。在项目建议书编制阶段通过危害辨识，提出对项目所产生方向性影响的建议，包括考虑使用本质安全技术，以降低和控制风险。

（2）可行性研究阶段。可行性研究报告完成后（项目批准前），在项目建议书阶段的PHA基础上，重新开展PHA，包括对设计变更进行危害辨识，确认所有的工艺危害均已得到辨识，并提出控制措施。按照国家法规要求进行项目安全预评价的，满足本规范要求的，可不再进行项目批准前的PHA。

（3）初步设计阶段。完成初步设计后，评审前期的工艺危害分析报告（包括安全预评价报告），对工艺过程进行系统深入的分析，辨识所有工艺危害和后果事件，提出消除或控制工艺危害的建议措施。

（4）施工图设计和施工阶段。若在施工图设计和工程施工过程中出现重大变更，应补充进行PHA。

（5）最终工艺危害分析报告。开车前应形成最终PHA加上报告。最终PHA报告应是项目建议书阶段、可行性研究阶段、初步设计阶段、施工图设计和施工阶段的PHA文件汇编。该报告应在装置启动的安全检查前完成，并作为启动前安全检查的一项重要内容，作为装置使用单位永久性PHA档案的一部分。

2.在役装置

在工艺装置的整个使用寿命期内应定期进行PHA。

（1）对于在开车期间未出现影响工艺安全变更的新装置，其最终PHA报告经过再确认后可作为基准PHA。如果开车期间出现了影响工艺安全的变更，在正式运行一年内将重新进行PHA。PHA基准是对工艺危害的初始评审，可作为周期性PHA或再评估的基础。PHA基准可能是各阶段所形成的最终PHA报告，也可能是上一次的再确认报告。

（2）PHA基准可确定下一次PHA时间，周期性的PHA至少每5年进行一次。对于油气处理、炼化生产装置等高危害工艺，周期性的PHA间隔不应超过3年；对于发生多次工艺安全事故或经常进行重大变更的工艺，间隔不应超过3年。周期性PHA可采用再确认的形式更新，并作为下一周期性再确认的基准。

3.停用封存、拆除报废装置

停用封存的装置在停用封存前应进行PHA，辨识、评估和控制停用封存过程中的危害，保证装置封存过程及封存后的安全。

拆除报废的装置在拆除报废前应进行PHA，辨识、评估和控制拆除过程中的危害，保证装置拆除过程及结果的安全，降低环境影响。

4.研究和技术开发

涉及新工艺、新技术、新材料、新产品的研究或开发方案在实施前应进行PHA，辨识、评估和控制研究和技术开发过程中的危害，保证其过程的健康、安全、环保。

PHA过程包括计划和准备、危害辨识与风险评估、建议的提出和回复、PHA报告与建议的追踪等阶段。

（二）危害分析计划和准备

企业应制定工作任务书，规定工作组的职责、任务和目标，选择工作组成员、提供工作组所需的资源和必需的培训。

1.成立工作组

根据研究对象所需的专业技术和能力选择工作组成员，全程参加人数一般宜5~6人。工作组成员应具备以下技能：

（1）了解工艺和设备操作有关的技术，以及设备设计依据；

（2）工艺或系统的实际操作和维修经验；

（3）接受过该方法的资格培训，或对所使用的专门方法有丰富的经验；

（4）为完成分析所需的其他相关知识或专业技术（如机械完整性、自动化等）。

工作组组长和全程参加的人员应有工艺危害分析的经验，且每次分析之前都应接受选择和应用工艺危害分析方法的培训。其他成员应接受工艺危害分析步骤以及方法使用的培训。

2.工作准备

工作组讨论工作任务书，包括工作目标、范围、完成时间及所需资源等；工作组制定工作计划应包括工作组成员任务分工、完成计划的总体时间表。

工艺技术资料的准备，主要包括危险化学品安全技术说明书（MSDS）、工艺设计依据、设备设计依据、操作规程、操作卡片、上次工艺危害分析报告、自上次工艺危害分析以来的变更管理文件和事故调查报告。

3.工作职责

（1）项目负责人。制定项目安全分析实施计划，下达工作任务书，选择工作组成员，提供实施工艺危害分析相关资源，确认、跟踪工艺危害分析建议，沟通分析结果，监督工艺危害分析的实施。

（2）工作组长。选择适宜的分析方法，按照工作计划组织实施工艺危害分析，对进度、质量负责，并将工作进展情况及结果报告项目负责人。

（3）工作组成员。参加分析会议、现场察看分析、提出工艺危害清单和相应的控制措施建议，编写工艺危害分析报告，并对所分析工艺的安全可靠性作出结论。

（三）危害辨识与后果分析

在工艺危害分析的起始阶段，对可能导致火灾、爆炸、有毒有害物质泄漏或不可康复的人员健康损伤的工艺危害进行辨识，并列出初始危害清单。危害清单可作为下一步分析和重点讨论以及对相关人员进行培训和沟通的重要内容。

评估化学品相互反应的方法是编制一个矩阵图，通常矩阵应包括所有的物料，并应考虑管道系统和容器的材质与物料可能发生化学反应的情况。化学品相互反应矩阵表3-1中给出了编制化学品相互反应矩阵的示例。

表3-1　化学品相互反应矩阵表示例

B ＼ A	Cl$_2$	丁二烯	HCl	空气	过氧化物	润滑油	钢
Cl$_2$	N	Y	N	N	Y	Y	Y
丁二烯		Y	Y	Y	？	？	N
HCl			N	N	Y	Y	Y
空气				N	Y	N	N
过氧化物					Y	Y	？
润滑油						N	N
钢							N

注：1. A与B反应会造成问题吗？ Y=是，N=否，？＝不知道；

　　2. 列表中应包括原料、中间产物、产品、废弃物等所有物料；

　　3. 对于每个"Y"，该反应和反应必需的条件应被记录。

辨认可能造成火灾、爆炸、超压、中毒、冻伤、化学灼伤、核辐射、高温、环境污染等重大事件的原因，见表3-2通用危害辨识检查表。

表3-2　通用危害辨识检查表示例

序号	事件	问题
1	火灾	是否涉及可燃/易爆的物料？
		列出所有的火灾危险及其潜在危害
		……

表3-2（续）

序号	事件	问题
2	爆炸	是否存在由于非正常反应、分解、放热、聚合等带来的潜在爆炸
		按照常规标准设计的泄压、排放设施是否能提供足够的保护？
		……
3	物理性超压	高压气体是否会窜入低压容器？
		……
4	暴露于毒性物质	进入受限空间作业时，是否会暴露于有毒气体中？
		……
5	……	

由于封闭性失效而使物料排放至环境，对该情况进行了分类形成封闭性失效检查表（表3-3）。

表3-3　封闭性失效检查表示例

序号	分类
1	经由开放路径至大气的封闭性失效
2	由于设备的不完善，在设计操作条件下封闭性失效
3	由外部条件造成的封闭性失效（如吊车、筑路机械、挖掘机或与工艺有关的其他机械所造成的冲击损坏，或由于地理或气候因素或因腐蚀致使结构支座失效等造成的结构支座沉降）
4	由于工厂条件超过设计极限的偏离而引起的封闭性失效，包括设备超压、设备受负压（对于不能承受真空的设备）、金属温度过高（引起强度损失）、金属温度过低（引起冷脆和超应力）、错误的工艺物料或异常杂质（引起腐蚀、化学侵蚀密垫片、应力腐蚀裂纹、脆裂）

工作组应对照工艺流程图，对装置现场进行察看，确定图纸的准确性，熟悉工艺和区域布置，并补充完善工艺危害清单。

工作组可采用定性或定量的方法，针对危害辨识清单进行后果分析，了解潜在伤害类型、严重性和数量，可能的财产损失以及重大的环境影响。在后果分析时应考虑以下内容：

——所造成事故、事件的类型（如火灾、爆炸或暴露于毒性物质）。

——可能的释放量。

——事故、事件的后果（如毒性物质浓度、热影响、超压或显著的环境影响等）。

——可能受危害影响的人员（含周边人员），包括评估其潜在的伤害类型和严重性。

工作组应假设危害事故、事件场景。假设所有硬件和软件防护措施都失效，危害事件、事故能导致的如毒性物质释放、爆炸、火灾、泄漏等最坏后果。

——用定性或定量的方法进行后果评估。

——辨识现有硬件和软件措施。

（四）危害分析与风险评估

1.危害分析内容

辨识和描述所有潜在的危害事故、事件和现有的防护措施是重要的，是危害辨识的进一步深化和完善。工作组应对工艺进行系统的、综合的研究和分析，工作内容包括：

（1）辨识每个危害事故、事件可能出现的方式、途径和原因。

（2）针对危害事件，辨识现有的重要防护措施。

（3）对每个防护措施的完整性和可靠性进行评估。

2.方法选择

PHA的技术核心主要包括五种方法：故障假设和检查表法（WI/SC），故障模式和影响分析（FMEA），危险和可操作性研究（HAZOP），故障树（FTA），事件树（ETA），此外还要加上人为因素和本质安全工艺等。

在应用工艺危害分析时，应考虑方法的适用性。影响方法适用性的因素包括研究对象性质、危险性大小、复杂程度以及所能获得的资料数据等。

3.防护措施辨识

工作组应依据以下原则分析、评估现有的防护措施情况。

（1）独立性。防护措施是否成功发挥作用取决于其他系统的成功操作。

（2）可信性。防护措施是否具有高度可靠性，是否需要人的动作。

（3）可审核性。防护措施的设计是否易于定期检验或测试。

（4）完整性。防护措施是否以正确的方式安装和维护。

4.风险评估

风险是事件的严重性（后果）与可能性（概率）的综合度量。工作组不能仅考虑后果的严重性而提出建议措施，还应避免资源浪费，工作组应评估辨识出的危害事故、事件的风险。根据风险等级最终确定是否应提出建议措施。

工作组可用故障假设／检查表、HAZOP、FMEA等工艺危害分析方法在危害辨识、防护措施分析、危害分析等阶段，定性地确定每个危害事件发生的可能性，并运用此信息，结合危害事故、事件的后果分析，对每个事件的风险进行定性评估，确定该风险是否可接受。

（五）建议与报告

1.提出建议

提出工艺危害分析建议时应考虑这些关键因素：建议内容与工艺危害和危害事故、事件的控制直接相关；风险等级；建议明确且可行。解决方案的详细设计应指定完成建议任务的人员落实。工艺危害分析建议需经过企业领导审查，企业领导可采用完全接受、修改后接受或拒绝建议的方式做出书面回复。

2.PHA报告

PHA报告应文字简洁、内容详尽，便于相关人员清楚了解工艺危害、潜在的危害事故、事件，控制危害的防护措施和防护措施失效的后果；工作组提出建议的思路和依据可在报告的相关章节中完整的描述，并为制定解决方案的人员提供详细的信息，有助于在以后的工艺危害分析中避免重复工作。PHA报告应在装置的使用寿命期内存档备案，将PHA报告的相关内容与受影响的所有人员进行沟通，必要时进行培训。

3.追踪建议

建立建议落实的跟踪系统。对于运行设施的PHA建议，应定期发布报告公布尚未完成的建议，并提交给指定完成建议的人员及其主管；对于新建设施的工艺危害分析建议，应由项目负责人进行监督、跟踪。

三、HAZOP 分析管理

危险与可操作性分析（Hazard and operability analysis，HAZOP），在开展工艺危害分析工作中，通过使用"引导词"分析工艺过程中偏离正常工况的各种情形，从而发现危害源和操作问题的一种系统性方法。

（一）HAZOP分析概述

HAZOP分析的对象是指工艺或操作的特殊点（称为"分析节点"），可以是工艺单元，也可以是操作步骤。HAZOP分析组通过分析每个单元或操作步骤，识别出那些具有潜在危险的偏差，这些偏差通过引导词（也称关键词）引出。

引导词是用于定性或定量设计工艺指标的简单用语，引导识别工艺过程中的危险，使用引导词系统地对每个分析节点的工艺参数（如流量、压力等）进行分析，从而发现一系列偏离工艺指标的情况（如无流量、压力高等），偏差的形式通常是"工艺参数＋引导词"。

引导词用于两类工艺参数，一类是概念性的工艺参数，如反应、混合；另一类是具体的工艺参数，如压力、温度。对于概念性的工艺参数，当与引导词组合成偏差时，常发生歧义。因此，应拓展引导词的外延和内涵，如对"时间"引导词"异常"就是指"快"或"慢"；对"位置""来源""目的"引导词"异常"就是指"另一个"；对"液位""温度""压力"引导词"过量"就是指"高"和"低"。当工艺指标包括一系列的相互联系的工艺参数时（如温度、压力、反应速度、组成等），最好是对每一个工艺参数使用所有的关键词，即"引导词＋工艺参数"方式。

（二）HAZOP分析步骤

HAZOP分析方法可按准备工作、分析、编制分析结果报告等步骤进行。

1. 准备工作

准备工作对成功进行 HAZOP 分析是十分重要的，准备工作的工作量由分析对象的大小和复杂程度决定。

（1）确定分析的目的、对象和范围，必须尽可能地明确，由装置或项目的负责人确定并得到HAZOP分析组的帮助，应当考虑到哪些危险后果。

（2）成立分析组，危险分析组最少由4人组成，包括组织者、记录员、两名熟悉过程设计和操作的人员。

（3）搜集必要的资料，最重要的资料就是各种图纸，包括 PID 图、PFD 图、布置图等。此外，还包括操作规程、仪表控制图、逻辑图、计算机程序等，有时还应提供装置手册和设备制造手册。

（4）编制分析表格并拟定分析顺序，对连续过程，工作量最小；对间隙过程来说，准备工作量非常大。分析这些操作程序是间隙过程 HAZOP 分析的主要内容，分析组的组织者通常在分析会议开始之前要制定详细的计划，根据特定的分析对象确定最佳的分析程序。

（5）分析次数和时间，一般来说每个分析节点平均需要 20 ~ 30分钟。最好把装置划分成几个相对独立的区域。逐个区域地分析讨论。对于大型装置或工艺过程，可以考虑组成多个分析组同时进行。

2.分析

HAZOP分析需要将工艺图或操作程序划分为分析节点或操作步骤，然后用引导词找出过程中的危险。

分析组对每个节点或操作步骤使用引导词进行分析，得到偏差的原因、后果、保护装置、建议措施等结果，需要更多的资料才能对偏差进行进一步的分析。当发现危险情况后，组织者应当让每一位分析人员都明白问题所在。每个偏差的分析及建议措施完成之后再进行下一偏差的分析。在考虑采取某种措施以提高安全性之前应对与分析节点有关的所有危险进行分析。

在分析过程中，HAZOP组织者与分析组成员主要目的是发现问题，而不是解决问题。但是，如果解决方法是明确和简单的，应当作为意见或建议记录下来。

3.举例

对一个装置可以按如下步骤进行分析：

（1）为了便于分析，根据设计和操作规程将装置分成若干"单元操作AI"（如反应器、蒸馏塔、热交换器、粉碎机、储槽等）。

（2）每个"单元操作"又被划为若干辅助单元（如热交换器、接管、公用工程等）。

（3）明确规定每一个单元操作以及辅助单元的设计参数及操作规程（如AII的功能是将物料P以D的速率输送到反应器AI）。

（4）根据设计说明和操作规程的要求，仔细查找第一个单元和辅助单元可能的偏差，并用引导词逐一检查。

（5）将已分析到的单元操作和设备在流程图上画出，然后对没有分析到的单元逐步分析，直至装置全部被检查到。

（6）将识别的危险列入表中，并根据风险的大小采取安全对策，以使风险降低到安全水平。

HAZOP分析涉及过程的各个方面，包括工艺、设备、仪表、控制、环境等，HAZOP分析人员的知识及可获得的资料总是与HAZOP分析方法的要求有距离，因此，对某些具体问题可听专家的意见，必要时可延期进行分析。

4.编制分析结果报告

分析记录是HAZOP分析的一个重要部分，负责会议记录的人员应根据分析讨论过程提炼出恰当的结果。对不会产生严重后果的偏差不写入文件中，但一定要慎重。

四、设备设施管理

为加强和规范企业设备设施管理工作，提高设备设施管理水平，保障企业生产经营活动的连续性。设备设施管理应遵守国家有关方针政策和法律法规，从技术、经济、组织等方面采取措施，对设备设施的实物形态和价值形态进行管理，实现安全完好和经济高效的目标。

（一）设备设施前期管理

（1）设备设施的前期管理，是指设备设施全生命周期管理中的规划、设计、选型、购置、制造、安装、投运阶段管理工作。

（2）企业建立设备设施选型配置标准体系，对设备设施的适用性、可靠性、维修性、安全性和经济性提出明确要求。设备设施的设计、选型应遵循标准化、系列化、通用化的原则，不得选用国家和企业明令禁止和淘汰的设备设施。

（3）企业依据生产经营需要、设备设施选型配置标准以及经济技术可行性，制定设备设施发展规划和购置投资计划，并按照公司相关规定组织实施。

（4）企业负责权限范围内的涉及设备设施的基本建设、技改项目的设计审查，组织设备设施选型技术论证工作。重大设备设施的选型论证由专业分（子）公司组织或委托企业进行。

（5）设备设施购置应坚持质量第一、性能价格比最优、全生命周期综合成本最低的原则，按照公司有关规定组织采购。

（6）严格按照合同文件和相关规定开展设备设施验收，控制设备设施质量，并开展重大设备设施的监造工作。

（7）设备设施安装应严格执行相关安装作业规定，达到相关标准和技术规范，保证安装质量和运行安全，同时企业需组织设备设施安装验收、资料移交等工作。

（8）设备设施投入运营前，企业应制定试运行方案和安全防范预案，并对相关人员进行HSE教育和设备设施操作、维护技术培训。

（二）使用、维护和检修管理

（1）企业应对各级设备设施管理人员及操作维修人员按照岗位要求进行培

训，并监督检查关键装备岗位操作人员的培训及持证上岗等情况。设备设施管理人员、操作维修人员必须遵守装备操作、维护和检修制度，按照相关规程和标准进行装备操作及维护保养。特种设备管理人员、操作维修人员应按照国家《中华人民共和国特种设备安全法》等法律法规和企业相关规定，取得相关资格后方可从事相应工作。

（2）企业应对设备设施进行规范化管理，建立设备设施管理台账；企业应有专人负责管理各种安全设施以及检测与监测设备，定期检查维护并做好记录。企业应针对高温、高压和生产、使用、储存易燃易爆、有毒有害物质等高风险设备，以及海洋石油开采特种设备和矿山井下特种设备，建立运行、巡检、保养的专项安全管理制度，确保其始终处于安全可靠的运行状态。

（3）企业应建立设备设施检维修管理制度，制定综合检维修计划，加强日常检维修和定期检维修管理，落实"五定"原则，即定检维修方案、定检维修人员、定安全措施、定检维修质量、定检维修进度，并做好记录。

（4）检维修方案应包含作业安全风险分析、控制措施、应急处置措施、安全验收标准。检维修过程中应执行安全控制措施，隔离能量和危险物质，并进行监督检查，在检维修后应进行安全确认。

（5）特种设备应按照有关规定，委托具有专业资质的检测、检验机构进行定期检测、检验。涉及人身安全、危险性较大的海洋石油开采特种设备和矿山井下特种设备，应取得矿用产品安全标志或相关安全使用证。

（6）企业应加强设备设施检维修费用管理，按年度编制检维修费用使用计划，并纳入企业年度财务预算管理。

（三）设备设施的处置

企业应建立设备设施报废管理制度，设备设施报废时应办理审批手续，在报废设备设施拆除前应制订方案，并在现场设置明显的报废设备设施标志。报废、拆除涉及许可作业的，在作业前对相关作业人员进行培训和安全技术交底，并按方案和许可内容组织落实。

五、管道完整性管理

管道完整性管理是以管道的安全性、可靠性为目标，并持续改进的系统管理，其内容涉及管道设计、施工、运行、监护、维护维修的全过程，贯穿管道的整个生命周期。通过对管道进行必要的检验、检测、分析、评估和维护维修等管理，充分了解管道的安全状况及关键风险源，从而采取相对应的管理办法和防范措施，将事故后整治和抢修变为事前诊断和预防。

基本思路是不断改进和提高管道的完整性，以达到保证管道安全、经济运行的目的。可见，管道完整性管理最重要的有两点，一是通过技术和管理手段对管道风险大小，即管道事故发生的概率进行计算、分析和评估，通过必要措施予以预防，使管道事故风险始终处于可接受的范围内；二是完整性管理贯穿管道整个生命周期，并通过评估对管道的使用寿命给予预判。

（一）基本概念

管道完整性（Pipeline Integrity，PI），指管道始终处于可靠的服役状态。包括以下内涵：管道在结构上和功能上是完整的；管道处于受控状态；管道管理者已经并仍将不断采取措施防止管道事故的发生。

管道完整性管理（Pipeline Integrity Management，PIM），指管道管理者为保证管道的完整性而进行的一系列管理活动。具体指管道管理者针对管道不断变化的因素，对管道面临的风险因素进行识别和评价，不断消除识别到的不利影响因素，采取各种风险减缓措施，将风险控制在合理、可接受的范围内，最终达到持续改进、减少管道事故、经济合理地保证管道安全运行的目的。

高后果区（High Consequence Areas，HCAs），指如果管道发生泄漏会危及公众安全，对财产、环境造成较大破坏的区域。随着人口和环境资源的变化，高后果区的地理位置和范围也会随着改变。高后果区内的管段为实施风险评价和完整性评价的重点管段。

完整性评价（Integrity Assessment），指通过内检测、压力试验、直接评价或其他已证实的可以确定管道状态的等同技术，确定管道当前状况的过程。

线评价（Baseline Assessment），指管道建成投产后的第一次完整性评价。

（二）工作要点和原则

企业应设立或指定完整性管理部门，明确职责分工，规定完整性管理的工作流程与工作内容要求，应细化到完整性管理活动的职责分配和具体的技术方法，具有很强的可操作性。为提高数据管理与分析效率，应建立专门的完整性管理系统平台，对风险评价与完整性评价需要的数据进行统一管理，综合利用。

（1）管道完整性管理应从管道的规划和设计时期开始，并贯穿于管道的整个生命周期。

（2）管道完整性管理是一个持续改进的过程，应确定管道不同时期的管理重点。

（3）管道完整性管理平台应采用统一的数据库结构、数据平台，并保证完整性管理所采用的信息的准确性与完整性。

（4）风险评价作为管道完整性管理的重要环节之一应定期开展，应对发现的重要危害立即采取风险消减措施。

（5）管道完整性管理明确各部门职责，组织培训来不断提高员工素质。

（三）主要管理内容

开展管道完整性管理的核心内容包括数据采集与整合、高后果区识别、危害识别与风险评价、完整性评价、维修与维护、效能评价等六个环节。这六个环节是一个持续循环的过程，效能评价可根据需要进行，管道的安全状态在实施这一循环过程中不断得到提高。

1.数据收集与整合

企业按照管道完整性管理要求收集与整合数据，并建立中央数据库，用来统一存储管理完整性管理需要的所有数据，满足评价与维修的需要。数据包括管道属性数据、管道环境数据、运行管理数据等，所有数据都应按照管道数据模型统一录入数据库。

（1）管道属性数据主要指管道和设备的固有基础数据，多来源于设计和施工数据。

（2）管道环境数据主要指管道周边的地理信息、人文信息等。

（3）管道运行数据主要来源于管道管理，如阴极保护数据、巡线数据和维修维护数据等。

管道主管部门应通过现场测量、调查、检测等方法采集管道完整性管理所需的分析评价数据，所有数据都应按照管道数据模型统一录入数据库。

2.高后果区识别

高后果区（HCAs）是指如果管道发生泄漏会危及公众安全，对财产、环境造成较大破坏的区域。随着人口和环境资源的变化，高后果区的地理位置和范围也会随着改变。

高后果区内的管段为实施风险评价和完整性评价的重点管段。通过分析管道的基础数据，找出管道的高后果区，识别高后果区存在的威胁，明确完整性管理重点，各二级单位每年对所辖管道进行一次高后果区识别和更新。

3.风险评价

识别管道存在的危害，对可能诱发管道事故的具体事件位置及状况，进行系统的风险评价，找出管道的高风险段，确定事件发生的可能性和后果，并按风险评估的结果进行排序，优化管道的完整性评价工作。也可以进行专项风险评价，如地质灾害风险评价、第三方破坏风险评价等。当管道发生显著变化、外界条件发生变化以及操作情况发生变化时，都应再次进行风险评估，还需将完整性评价的结果作为风险再评估的因素予以考虑，以便反映管道的最新状况。

4.完整性评价

基于风险评价，通过内检测、压力试验、直接评价（外检测）等完整性评价方法来确定管道的状态，所选择的方法应结合管线实际情况、运行状况、评价方法应用范围、识别出的危害类型，评价结果可供今后的完整性评价参考比对。管道内检测、压力试验及直接评价结果是管道完整性评价的数据基础。

企业应定期对在役管道腐蚀控制系统进行检测和评价，按照评价结果采取必要的补救修复措施。检测和评价的范围包括阴极保护系统的效能、涂层的完整性、杂散电流控制、外部管道交叉点绝缘性能、套管与输送管的绝缘性能、内腐蚀控制措施的效能、管道腐蚀状况以及其他保护措施的效能。新建管道投运后，应在两年内进行腐蚀控制系统的全面评价，并建立周期性检测与评价程序。

5.维修与维护

企业根据风险评价结果，针对管道存在的危害，制定和执行预防性的风险削减措施。企业对完整性评价过程中所发现的缺陷采取措施，评估缺陷的严重程度，按照评估结果确定响应计划，对影响管道完整性的缺陷应进行修复。所采取的修复措施应能保证直到下一个评估时间不会对管道的完整性造成损害。

6.效能评价

企业针对整个完整性管理系统或某个单项进行效能评价，考察完整性管理工作的有效性，完整性管理各步骤应循环进行，持续改进。

企业在完成一次完整性管理工作流程后，根据高后果区识别、风险评价、完整性评价、维修结果和效能评价结果，制定再评价计划，计划内容包括再评价时间和再评价方法。定期对管道的完整性管理工作进行总结，并编制报告。

六、工艺与设备变更管理

工艺与设备变更管理是指涉及工艺技术、设备设施、工艺参数等超出现有设计范围的改变（如压力等级改变、压力报警值改变等）。确保所有的工艺与设备变更都能按照相关设计标准进行审查，对变更时所引入新的风险及隐患都能加以识别、控制及预防。

企业建立变更管理制度，管理和维护本企业的工艺和设备变更管理。变更应实施分类管理，基本类型包括工艺设备变更、微小变更和同类替换，所有的变更应按其内容和影响范围正确分类。微小变更和工艺设备变更管理执行变更管理流程，同类替换可不执行变更管理流程，变更所在部门负责组织技术力量，辨识、评价 HSE 风险并制定防控措施。

（一）变更管理范围

企业组织相关部门，结合企业实际，讨论后确定工艺与设备变更的范围，包括但不限于生产能力的改变；物料的改变（包括成分比例的变化）；化学药剂和催化剂的改变；设施负荷的改变；设备设计依据的改变；设备和工具的改变或改进；工艺参数的改变（如温度、流量、压力等）；安全报警设定值的改变；仪表控制系统及逻辑的改变；软件系统的改变；安全装置及安全联锁的改变；非标准的（或临时性的）维修；操作规程的改变；试验及测试操作；设备、原材料供货商的改变；运输路线的改变；装置布局的改变；产品质量的改变；设计和安装过程的改变；其他。

（二）变更的审批

指导企业按照变更管理制度的要求，由变更申请人提出变更申请，相关主管部门组织论证是否需要进行变更，如需进行变更，是否会发生连带变更，变更可能带来的风险有哪些，如何制定有效的控制措施等。经相关部门达成一致后审批，由变更申请人组织实施变更，并将变更后的相关材料提交主管部门。

变更实施分类分级管理，明确不同级别的批准人和授权批准人。企业在变更执行过程中，对部分内容的变更需要重点关注，且需要经过相关主管部门的审批，如变更目的；变更涉及的相关技术资料；变更内容；变更带来的健康安全环境影响（危害分析及风险削减措施）；涉及操作规程修改的，审批应提交修改后的操作规程；对人员培训和沟通的要求；变更的限制条件（如时间期限、物料数量等）；强制性批准和授权的要求。

企业评价确定变更管理审批的内容是否合适，流程是否清晰，必要时可组织相关管理部门讨论确定审批流程和内容，优化审批程序，提高审批效率。

（三）变更的实施

变更应严格按照变更审批确定的内容和范围实施，对变更过程实施跟踪，确保变更涉及的所有工艺安全相关资料以及操作规程都得到适当的审查、修改或更新，按照工艺安全信息管理相关要求执行。

企业在变更工艺、设备投用前，对变更影响或涉及的人员进行培训或沟通，培训内容包括变更的目的、作用、程序、变更内容、变更中可能的风险和影响以及同类事故案例。

变更影响或涉及的人员包括变更所在区域的人员，如维修人员、操作人员等；变更管理涉及的人员，如工艺管理人员、培训人员等；其他相关人员，如承包商、外来人员、供应商、相邻装置（单位）或社区的人员等。

七、启动前安全检查

启动前安全检查管理（Pre-Start-upSafetyReview，PSSR），工艺设备在启用前对所有相关危害因素进行检查确认，并将所有必改项整改完成，批准启用的过程。确保工艺设备启用之前工艺设备按照设计的要求建设安装；工艺设备安全运行的程序准备就绪；操作与维护工艺设备的人员得到足够的培训；必要的工艺设备安全信息得到更新；所有工艺安全分析提出的改进建议得到落实和合理的解决。

企业编制启动前安全检查管理制度，明确各职能部门分工及实施要求。结合启动前安全检查管理制度的发布，由企业主管部门组织培训，培训对象包括相关职能处室、各生产车间相关岗位人员。

（一）检查前准备

1.成立 PSSR 小组

为确保启动前安全检查的质量，根据项目的进度安排，组建 PSSR 小组。根据项目管理的级别，指定 PSSR 组长，组长选定并明确每个组员的分工。PSSR 小组成员可由工艺技术、设备、检维修、电器仪表、主要操作和安全环保专业人员组成，必要时可包括承包商及具有特定经验的外部专家。为保证检查不遗漏"一米管道、一台设备、一道焊口、一个垫片"，将所需检查的项目要细化至专业人员，建立相应的"项目实施职责分配表"，同时明确区域或单位负责人，便于启动前安全检查工作的协调推进。

2.编制 PSSR 清单

PSSR 清单是依据"设计文件""施工标准""安装标准""监理规范""设备采购技术协议""工艺包协议"等技术性文件和国家及行业相关工程、设备质量验收标准制定的检查内容。PSSR 小组要针对生产作业性质、工艺设备特点编制 PSSR 清单。

3.召开 PSSR 计划会

PSSR 组长召集所有组员召开计划安排会，组长介绍整个项目概况，审查并完善 PSSR 清单内容，明确组员任务分工，明确时间进度要求，确认其他相关方资源支持。

（二）检查实施

PSSR 组员根据任务分工，依据时间节点要求，按检查清单逐项实施检查并做好记录。

1.建立例会制度

为推进 PSSR 工作进度、协调解决 PSSR 工作中出现的问题，同时对 PSSR 工作中检查出的各项问题进行梳理、讨论，PSSR工作采取例会制度，根据工程建设情况和实际工作需要，定期召开例会，形成会议纪要，对于每项问题的整改详细记录。

2.PSSR 审议会

完成 PSSR 清单所有项目后，各小组汇报检查发现的问题。审议问题性质，分为必改项、待改项，对已经确定的 PSSR 问题，定负责处理单位和人员、定处理措施、定整改期限。

（三）批准和跟踪

所有必改项完成更改后，PSSR 组长将检查报告移交区域或单位负责人，根据项目权限，由相应责任人审查并批准启动。项目启动后，PSSR 组长和区域负责人还需跟踪待改项整改结果。

八、操作规程管理

企业应明确操作规程的管理要求，识别所有常规作业活动，在作业活动危害辨识和风险分析的基础上，建立完善操作规程，并采用工作循环分析（JCA）等方法定期评审，修订完善。同时，企业应及时对相关人员进行操作规程培训并考核合格，确保员工掌握相关内容并熟练操作。

（一）基本要求

1.操作规程管理范围

操作规程管理范围包括勘探开发、炼化、工程技术服务、工程建设、装备制造、天然气管道、销售和矿区服务等业务领域生产作业活动操作规程的管理。

根据生产活动确定生产装置、工艺流程、设备、仪器仪表数量、使用地点和操作者，了解现行操作规程是否涵盖全部管理内容，操作规程是否满足生产风险防控要求，进一步确认操作规程管理的范围和咨询服务方向，为操作人员提供准确、完整和清晰的生产作业活动工作指南。

2.操作规程管理原则

操作规程应当符合有关法律法规、标准、规章制度要求，应通俗易懂、简明扼要、针对性强，可以采用图片和图解等手段辅助表达操作规程的内容。

操作规程坚持以人为本、安全第一，在满足安全环保要求的前提下，将优化操作、节能减排、降低损耗、提高产品质量等要求结合起来，以利于提高装置和设备的生产效率，并持续改进。

3.操作规程管理依据

（1）有关法律法规、标准。

（2）工艺设备等原有使用说明或操作指导文件。

（3）经确认的试验或评审结果。

（4）相关事故案例及经验教训。

（5）上级公司和本公司的相关规定。

（6）技术专家、操作人员意见。

4.操作规程制修订需求调查

由项目负责人组织项目组，根据前期信息收集情况，采用查阅、访谈、勘察、验证等方法，了解企业需求，从管理单元、设备运行、操作步骤等逐层入手，划分操作规程制修订项目，并形成《操作规程清单》。

5.操作规程管理主要要素

以生产安全风险受控为出发点，确定操作规程管理的主要要素。

（1）主要风险提示。

（2）操作程序。

（3）操作内容、方法和技术要求（包括工艺参数）。

（4）操作过程存在风险。

（5）风险控制措施。

（6）辅助工具用具（包括安全防护器具）。

（7）应急处置程序。

（二）制修订流程

（1）确定管理单元。按专业组织管理人员、技术人员和操作员工，深入生产岗位开展操作项目分析，梳理岗位及与岗位具有关联的工作流程、设备设施，建立岗位管理单元。

（2）划分操作项目。将管理单元划分为最基本的操作项目，汇总形成岗位操作项目需求清单，确保各操作项目相对独立完整、不重叠和交叉，能识别操作风险并实施控制。

（3）编制工作计划。各专业依据操作项目需求清单，拟定操作规程编制工作计划，报标准化管理部门立项。

（4）成立编制组织。成立操作规程编制小组，明确职责、工作流程、进度与方法，成员包括管理、技术、操作三个层面有经验的人员。

（5）起草文本。由编制小组根据拟制修订提纲，共同起草操作规程文本，并进行文本初审。

（6）现场确认。由站队组织管理人员、技术人员和操作员工，按照新制修订的操作规程进行现场操作试验，确认达到预期目的。

（7）审批。由项目组对新制修订操作规程形成送审稿，形成编写说明，参加制修订人员签字，上报企业专业部门按规定程序审查。

（三）实施管理

（1）发布。按照规章制度管理要求，组织操作规程发布，确保基层岗位有其适宜有效的操作规程文本。

（2）培训。操作规程培训应纳入基层岗位 HSE 培训矩阵管理，操作规程发布实施后、日常管理期间，应按照企业培训的相关规定，组织员工培训、考核。

（3）评审。按照制度规定定期组织有关管理人员、技术人员和岗位员工，按照工作循环分析管理要求对操作规程符合性、有效性、适用性进行评审，对存在不符合的操作规程进行修订。

第六节　承包商安全管理

企业是建设单位也称业主或者甲方，承包商是承建单位也称乙方。企业为加强承包商安全监督管理工作，防止和减少承包商事故发生，保障人身和财产安全，对承包商安全监督管理工作实行监督、监管、负责的体制。企业是承包商的安全监管责任主体，应当严格把控承包商的单位资质关、HSE业绩关、队伍素质关、施工监督关和现场管理关，做到统一制度、统一标准、文化融合，承包商相对固定。

一、承包商准入

（一）资质审查

企业指导相关主管部门对承包商资质进行审查，审查主要内容包括安全生产许可证、安全监督管理机构设置、HSE管理体系、职业健康安全管理体系、安全生产资源保障和主要负责人、项目负责人、安全监督管理人员、特种作业人员安全资格证书，以及近三年安全生产业绩证明等相关资料。企业准入管理部门应当建立承包商安全业绩记录，按照有关程序清退不合格承包商，定期公布合格承包商名录。

（二）承包商招投标

企业招投标管理部门应当在招标文件中，提出承包商遵守的安全标准与要求、执行的工作标准、人员的专业要求、行为规范、安全工作目标，以及项目可能存在的安全风险。

审查承包商投标文件中是否包括施工作业过程中存在风险的初步评估、HSE作业计划书、安全技术措施、应急预案以及安全生产施工保护费用使用计划等内容。

招标工作完成后，企业应与承包商签订安全生产（HSE）合同，安全生产（HSE）合同中至少应当约定的内容包括工程概况；对项目作业内容、要求及其危害进行基本描述；企业安全生产权利和义务；承包商安全生产权利和义务；双方安全生产违约责任与处理；合同争议的处理；合同的效力以及其他有关安全生产方面的事宜。

建设项目实行总承包的，企业应当在与总承包单位签订的合同中明确分包单位的安全资质，分包单位的安全资质应当经甲方认可。审查总承包单位与分包单位签订工程服务合同的同时是否同时签订了安全生产（HSE）合同，是否约定双方在安全生产方面的权利和义务，并报送企业备案。

（三）安全教育与培训

企业审查承包商是否根据建设项目安全施工的需要，编制了有针对性的安全教育培训计划；入厂（场）前是否对参加项目的所有员工进行有关安全生产法律、法规、规章、标准和建设单位有关规定的培训；查看相应的培训记录，重点是需要现场执行的规章制度和标准、HSE 作业计划书、安全技术措施和应急预案等内容。

入厂（场）时企业对承包商的安全教育一般可以分为公司级、分厂级和车间级三个层次，承包商施工人员完成相应的安全教育培训，考试合格后发给入厂（场）许可证。

二、承包商现场监管

承包商现场监管是承包商安全管理的重点工作，可以采取定期检查、抽查等方式，监管的重点内容包括人员资质与配置、安全措施检查、隐患与违章查处。

（一）人员资质与配置

审查工程监理、工程监督等有关单位人员资格和安全监管人员配备等情况；应当核查承包商现场作业人员，是否与投标文件中承诺的管理人员、技术人员、特种作业人员和关键岗位人员一致，是否按规定持证上岗。

（二）安全措施检查

（1）检查项目安全技术措施和 HSE "两书一表"，人员安全培训、施工设备、安全设施、技术交底、开工证明、基本安全生产条件、作业环境等。

（2）检查现场施工过程中安全技术措施落实、规章制度与操作规程执行、作业许可办理、计划与人员变更等情况。

（3）对承包商作业过程中采用的工艺、技术、设备、材料等进行安全风险评估，对安全技术措施和应急预案的落实情况进行监督检查。

（三）隐患与违章查处

检查有关单位事故隐患整改、违章行为查处、安全生产施工保护费用使用、安全事故（事件）报告及处理等情况。

三、承包商业绩评估

每年组织相关部门对承包商业绩进行评估，建立承包商业绩评估管理制度，对承包商选择阶段的安全能力评估、使用阶段的日常安全工作评估、项目结束后的安全绩效综合评估。

（一）综合评估

结合企业实际制定相应的评估细则，对承包商安全能力、日常安全工作情况进行综合分析，形成承包商安全绩效的总体评估结果，并提交企业准入管理部门建立档案并动态更新。

（二）队伍清退

承包商如果存在下列情形，按照有关规定予以清退，取消准入资格，并及时向有关部门和单位公布承包商安全业绩情况及生产安全事故情况。

（1）提供虚假安全资质材料和信息，骗取准入资格的。

（2）现场管理混乱、隐患不及时治理，不能保证生产安全的。

（3）违反国家有关法律、法规、规章、标准及企业有关规定，拒不服从管理的。

（4）承包商安全绩效评估结果为不合格的。

（5）发生安全责任事故的。

第七节 基层站队 HSE 标准化建设

国家开展安全生产标准化活动总体部署，提出"专业达标"和"岗位达标"的要求，企业可在车间、站队等基层组织开展基层站队 HSE 标准化站队建设活动，进一步夯实安全环保基层基础管理，强化一线岗位员工执行力建设，控制或减少基层现场大量存在的"三违"现象，实现安全环保实现 HSE 体系建设运行与生产经营活动的紧密结合和深度融合，有效防范和控制安全环保风险。

一、基本要求

（一）建设思路

基层站队以强化风险管控为核心、以提升执行力为重点、以标准规范为依据、以达标考核为手段，采用企业组织实施、基层达标建设、员工积极参与的推进模式，建立实施基层站队 HSE 标准化建设达标工作机制，推进基层安全环保工作持续改进。

（二）建设目标

基层安全环保各项管理活动科学、规范、有效；基层现场装置、设备和工艺的完整可靠；所有专业的基层一线员工都能按照标准作业程序（SOP）实现标准化规范操作；所有的生产经营活动的风险得到识别和有效控制。

（三）遵循原则

（1）继承融合，优化提升。基层站队 HSE 标准化建设是对现有基层 HSE 工作的再总结、再完善、再提升，应与企业现行"三标"建设、"五型班组"建设、安全生产标准化专业达标和岗位达标等工作相融合，避免工作重复，内容矛盾。

（2）突出重点，简便易行。紧密围绕生产作业活动风险识别、管控和应

急处置工作主线，确定重点内容，突出专业要求，明确建设标准，严格达标考核，做到标准简洁明了，操作简便易行

（3）激励引导，持续改进。强化正向激励和示范引领，加大资源投入，加强服务指导，营造浓厚氛围，鼓励员工积极参与，推动基层对标建设，持续改进提升。

二、创建过程

基层站队HSE标准化建设工作涵盖"标准化管理""标准化现场"和"标准化操作"，即"三标"建设。

（一）标准化管理

通过明晰目标责任、健全制度文件、优化工作流程、整合基础资料、严格规范执行，进一步明确基层站队HSE管理的具体内容和工作要求，实现管理合规无漏洞。

突出风险管控、识别风险、排查隐患，对风险隐患记录清晰、事件上报分享及时、防范应急措施完善；落实"一岗双责"，加强履职考核，强化激励约束，落实属地管理，干部率先示范，员工积极参与；强化岗位培训，推广培训矩阵，开展能力评估，积极沟通交流，规范班组活动，员工能岗匹配，合格上岗；严格监管承包商，开展安全交底，落实安全措施，现场监管全覆盖，有效遏制"三违"行为；依法合规管理，制度简明严谨，执行严格规范，精简文件资料，优化生产受控流程，提高工作效率质量，减轻基层负担。细分为15个管理主题。

（1）风险管理：指导员工掌握危害辨识、风险评价等风险管理工具，并清楚危害辨识、风险评价等工作流程，掌握本岗位HSE风险及控制措施。

（2）责任落实：按照"一岗双责"和风险管控的要求，指导基层站队落实有感领导、直线责任和属地管理。

（3）目标指标：指导站队制定站队和各岗位HSE目标指标，并明确HSE目标指标的考核，如有必要，针对关键HSE目标指标制定实施方案。

（4）能力培训：指导制定岗位任职条件；指导制定培训矩阵并有效实施；指导能力评价工作的开展。

（5）沟通协商：指导站队开展安全例会、班组活动，指导开展安全经验分享、安全观察与沟通、合理化建议等。

（6）设备设施管理：指导站队完善设备设施基础资料；指导设备设施的检查确认；指导设备设施日常维护保养，定期检测。

（7）生产运行：指导站队完善工艺技术基础资料；指导编制、完善操作规程、作业指导书等；指导现场运行管理。

（8）承包商管理：指导站队开展承包商人员的培训教育工作和安全技术交底工作；指导站队开展承包商现场监督检查；指导站队开展承包商业绩评价。

（9）作业许可：指导站队人员掌握作业许可管理制度；指导作业前风险识别和分析（JSA 分析）；指导许可作业过程管理。

（10）职业健康：指导站队人员掌握职业健康管理要求和现场职业健康危害及防范措施；指导现场人员正确使用个人防护设备。

（11）环保管理：指导站队人员掌握环境因素识别及风险评价，岗位人员掌握本岗位风险及控制措施；指导站队人员掌握环境监测及污染物达标排放管理；指导放射源管理。

（12）变更管理：指导站队人员掌握变更管理程序，掌握变更前的风险识别及风险消减措施；指导人员掌握对变更后涉及的工艺安全信息、操作规程、文件记录等内容及时更新和沟通。

（13）应急管理：指导站队建立完善适用的应急预案或应急处置方案；指导应急培训和应急演练；指导应急物资配备及应急物资的动态管理；指导应急响应及善后。

（14）事故事件：指导站队人员掌握事故事件分类管理及事故事件的上报流程；指导站队人员掌握事故事件原因分析及预防措施；指导开展事故事件安全经验分享。

（15）检查改进：指导站队开展岗位巡检、日检、周检、专项检查等各类检查；指导问题项整改及验证；指导问题统计分析及结果应用。

（二）标准化现场

标准化现场通过确保设备设施完整、选用可靠工艺技术等方式，改善现场作业环境，消除基层现场"低、老、坏"，进一步明确生产场所应达到的安全生产条件，实现现场完好无隐患。

标准化现场应按标准配备齐全各类健康安全环保设施和生产作业设备，做到质量合格、规程完善、资料完整；严格在装置和设备投用前安全检查确认，做到检查标准完善、检查程序明确、检查合格投用；落实设备变更审批制度，及时停用和淘汰报废设备，设备变更风险得到有效管控。标准化现场的生产作业场地和装置区域布局应合理，办公、生产、生活区域的方向位置、区域布局、安全间距符合标准要求；装置和场地内设备设施、工艺管线和作业区域的目视化标识齐全醒目；现场人员劳保着装规范，内、外部人员区别标识；现场风险警示告知，作业场地通风、照明满足要求；作业场地环境整洁卫生，各类工器具和物品定置定位，分类存放，标识清晰。细分为三个管理主题。

1.健康安全环保设施

职业健康防护设施：洗眼器、淋浴器、呼吸器、防尘降噪设施等按照标准配备齐全，完好投用。

安全消防设施：消防设施、防雷防静电设施、安全监测设施、安全报警设施、放空泄压设施等按标准配置齐全，完好投用。

环境保护设施："三废"处理设施、三级防控设施、在线监测设施等按标准配置齐全，完好投用。

2.生产作业设备设施

特种设备：锅炉、压力容器、压力管道、起重机械等完好运行。

关键生产设备：机泵、压缩机、机床等完好运行。

3.生产作业场地环境

场地布置、安全间距、营地建设、通风照明、安全目视化、物品摆放等符合标准，场地整洁卫生。

（三）标准化操作

标准化操作是通过系统识别风险，完善操作规程，加强技能培训，强化岗位执行，明确岗位操作的具体内容和风险管控要求，做到"人人上标准岗、个个干标准活"，实现操作规范无违章。

完善常规作业操作规程，强化操作技能培训，严肃操作纪律，操作规范无误、运行平稳受控、污染排放达标、记录准确完整；严格非常规作业许可管理，规范办理作业票证，完善能量隔离措施，作业风险防控可靠；落实岗位交接班制，建立岗位巡检、日检、周检制度，及时发现整改隐患，杜绝违章行为；各类工艺技术资料齐全完整，开工、停工等操作变动及其他工艺技术变更履行审批程序，变更风险受控；各类突发事件应急预案和处置程序完善，应急物资完备，定期培训演练，员工熟练使用应急设施，熟知应急程序。

三、达标考核

(一) 基层申报

基层单位依据本专业基层站队HSE标准化建设标准，开展达标建设，自评达到标准后，向企业提出达标考核申请。凡是有关事故或事件指标超过上级下达控制指标的基层站队，不具有达标申报资格。

(二) 企业考评

企业应制定考评标准，对提出申报的基层站队，组织安全、环保、生产、技术、设备等方面人员，组成专家考评组，采取量化打分方式，对基层站队HSE标准化建设情况进行考核评审，根据考评结果确定基层单位是否达标。

(三) 达标管理

通过企业考评的基层站队，由企业公告和授牌，并给予适当奖励。对通过达标考评的基层单位，每三年再考评确认一次。凡发生事故或事件超过上级下达控制指标的基层站队，一律取消HSE标准化建设达标站队称号。

第四章

检查改进类技术与载体

第一节　HSE体系审核

为进一步规范和深化HSE审核工作，提高审核质量和效果，推动企业加快提升整体HSE管理水平，结合国家法规和企业年度重点工作要求，编制HSE管理体系量化审核标准。审核标准采取得分制的评分方式，引导企业积极展示HSE工作及成效，主动加强HSE管理，也有利于审核员与企业沟通交流，便于审核工作顺利进行。审核标准既考虑了HSE管理的系统性，又突出强调了各项管理活动的过程管控，有利于推动企业持续改进和不断完善HSE管理体系。根据审核管理流程，可以将审核关键控制环节分为，审核的策划与准备、现场审核实施（编制审核报告）、审核总结。

一、审核策划与准备

审核的策划与准备主要包括审核方案的策划、成立审核组、编制审核计划、审核工作文件准备、审核前培训。

（一）方案的策划

（1）方案编制依据主要包括HSE 管理体系审核工作要求；审核委托方工作要求；审核承担方的工作能力。

（2）审核方案内容主要包括项目实施的目的意义；审核依据；审核范围；审核组织形式；审核进度安排；审核工作要求；其他。

（二）成立审核组

根据工作准备中确定的事项，包括人员数量、专业等要求，成立审核组，确定审核组长，根据不同阶段的工作需求，聘请企业内外部相关专家作为审核组成员参与相关工作。

审核组中成员应覆盖受审核单位的主要专业，以确保审核组理解受审核方体系的有关要求，包括相关的过程与危害因素的控制措施。

审核组成员要包含健康、安全、环保、质量、设备、技术、生产等管理和专业技术人员，为保证审核的客观性和公正性，审核组成员与受审核方应不存在利害关系。

（三）编制审核计划

在对受审核方获得适当了解的基础上，审核组长应当负责审核计划的编制。审核计划应当便于审核活动的日程安排与协调，以提高工作效率；计划的详细程度应当反映审核的范围和复杂程序，审核计划应当有适当的灵活性，随着现场审核活动的进展，对审核范围的调整可能是必要的，如审核时间、审核范围等。

1.审核计划的内容

审核计划的内容主要包括审核目的，确定审核要完成的事项；审核准则和引用文件（审核依据）；审核范围，包括受审核的具体的组织单元和职能单元、过程和活动等；审核组成员及任务分工；审核日程安排；其他要求等。注意事项包括迎审要求、入场安全提示、个人 PPE 要求、其他注意事项等。考虑单位的专业、规模、距离等，审核基层单位、建设项目、作业现场等，抽样量一般不少于三个，审核组可结合企业规模和审核时间、人员等实际确定抽样量。

2.审核开展的方式

若有可能，审核计划中的审核日程安排应明确审核方式，审核方式主要包括如下几种：

（1）按审核主题审核。审核组可以根据具体情况分成若干小组，每个小组负责某几个审核主题，开展工作，审核方式以集中审核为主，部门验证为辅。各小组应重点列出与审核主题有关的主要部门、场所的审核内容和方法。

（2）按部门分工审核。审核组可以根据具体情况分成若干小组，每个小组负责某几个部门，开展工作，审核方式以分散式部门审核为主。审核小组应重点罗列出该部门或场所有关的审核主题，并做好相应审核工作文件。

（3）顺向追踪审核。按管理体系运行的顺序或事物发展的自然规律进行审核，从体系文件查到体系运行情况；从组织活动、产品、服务过程开始查到其最终实现；从危害因素的识别到运行控制等，直到风险程度得到有效的降低。

（4）逆向追踪审核。从体系运行的现场开始，即从体系实施情况查到文件，从活动、产品或服务过程中的结果到过程的开始，从事故风险的改善查证到危害因素的辨识。

（四）审核工作准备

1.工作文件做准备

审核工作文件准备是为确保审核工作的顺利开展，审核组各成员应根据审核工作任务，准备和编制的审核工作文件，按照现场审核工作需要，准备检查表；准备问题汇总清单（统一格式）；准备评分与统计表（统一格式）；准备首末次会议汇报材料。

2.审核前培训

在审核正式开始之前，审核组内应开展有针对性的内部培训，培训人可以是审核组长，也可以是经验丰富的审核组成员，培训内容主要包括受审核方的基本情况；受审核方的主要工艺流程；受审核方的主要风险及控制措施；受审核方的审核重点及难点；审核方法及审核技巧；审核工作任务分工（进一步明确）；审核工作要求。

二、现场审核实施

首次会议的召开代表着现场审核的开始，现场审核应是客观的、独立的和公正的，以事实为依据，以法规标准为准绳。在现场审核过程中，审核员把收集到的客观证据适时记录下来，通过对审核证据、审核发现的汇总和分析，得出审核结论，并经过受审核方确认，最后以末次会议结束现场审核。

（一）召开首次会议

首次会议是实施审核的开始，是审核组全体成员与受审核方领导共同参加的一次会议，必要时应包括受审核的过程、职能、场所、区域、活动的负责人。在许多情况下，首次会议可以是简单对即将实施的审核的沟通和对审核性质的解释。首次会是否召开，可根据现场工作情况定，有些情况双方可以简单对接，直接开展现场审核工作。

（二）过程中沟通交流

根据审核的范围和复杂程度，在审核中有必要对审核组内部以及审核组与受审核方、审核委托方之间的沟通作出安排。

1.审核组内部沟通

审核过程中，审核组通过采用审核组内部会议的方式定期进行沟通。沟通内容通常包括。

（1）审核活动的进展和计划执行完成情况，以及是否需要调整审核计划或重新分派审核组成员的工作。

（2）审核组成员从不同渠道收集到的信息，不同审核员之间相互协助补充印证的信息，或需要进一步追踪验证的信息。

（3）讨论过程中出现的异常情况，包括可能导致审核目的和审核范围发生变更的情况，商讨适用的措施。

（4）向审核组长报告，审核组成员在审核中发现超出审核范围以外的应关注的问题。

（5）解决审核员之间的问题分歧。

（6）收集信息的汇总和分析，确定审核证据并形成审核发现。

2.审核组外部沟通

审核组外部沟通交流，通过是指审核组与受审核方和审核委托方之间的沟通，沟通内容通常包括。

（1）与受审核方沟通审核日程安排，包括现场问题、路途问题等。

（2）受审核方沟通审核中出现的分歧。

（3）与受审核方沟通审核中发生的突发事件（不在日程安排中）向受审核方传达审核依据、方法、尺度等问题。

（4）与审核委托方保持联系，汇报审核进展及情况（若需要）。

（5）审核中发生紧急情况要及时与受审核方、审核委托方沟通。

（三）收集审核证据

在审核过程中与审核目的、范围和准则有关的信息，包括与职能、活动和过程间接口有关的信息，应当通过适当的抽样进行收集并验证。只有可证实的信息才可作为审核证据，审核证据应当予以记录。审核组成员需要到受审核方的相关部门和作业现场，通过查阅、访谈和现场观察等方法收集审核证据，以便判定受审核方的HSE 管理体系是否符合审核准则。

（四）审核过程控制

审核过程中审核组组长应对审核的全过程进行控制，审核组成员应对各自所审核的过程进行控制。控制的内容应包括以下几个方面。

1.审核计划执行情况的控制

（1）在审核过程中审核组组长应与审核员保持沟通，及时了解审核计划的执行情况，必要时应及时进行调整，调整的结果及时通知审核委托方和受计划调整影响的受审核方。

（2）审核员在审核过程中出现审核延期而影响下一个部门或单位的审核时，应及时通知审核组组长，由审核组组长进行协调。

（3）审核目标无法实现时，审核组组长应向委托方和受审核方报告原因，并采取适当措施，包括终止审核和变更审核目标。

2.审核范围的控制

（1）当审核过程中发现审核计划对重要内容有遗漏时，应及时通知审核组组长，由审核组组长调整审核计划进行弥补。

（2）当审核过程出现超范围的内容时，审核员可以根据审核时间的安排情况灵活变通，但必须确保审核范围要求的内容能按时审核完毕。

（3）对超范围审核部分中出现的不符合，宜直接以建议方式提交给受审核方，不宜开具不符合报告。

3.审核重点的控制

根据审核计划的安排，审核组内部应进行沟通，确定HSE管理体系审核的重点，包括但不限于以下方面：法律、法规及其他要求的遵守情况；危害因素辨识、风险评价和控制情况；目标、指标确定及目标实现情况的监视测量；运行控制的有效性；职责履行情况等。

4.审核气氛的控制

审核过程中审核员应尽量营造轻松、和谐、互动的气氛，尊重受审核方，正确对待受审核方的各种态度。当出现较为紧张的气氛影响审核正常进行时，审核员应报告审核组组长，由审核组组长出面沟通协调。

5.审核客观性的控制

审核组组长每天对审核组成员发现的审核证据进行审查，凡是不确定或不够明确的，不应作为审核证据予以记录；对受审核方不能确认的证据，应再审核核对。

审核组组长经常或定期与受审核方代表交换意见，以取得对方对审核证据的确认。做出审核结论之前，审核组组长应组织全组讨论，避免错误或不恰当的结论。

三、审核工作总结

审核组内部工作总结工作在审核开始之后，就已经开始了，如每天对审核问题的汇总、分析及判标。

（一）审核发现汇总

审核发现分为两个方面，一是企业HSE管理好的方面，即典型做法；二是企业HSE管理短板或缺陷。

审核组应提前策划审核问题汇总和审核问题确认的时间，根据审核工作量和审核问题数量，确定时间长短。审核问题的确认应关注以下几方面的要求。

（1）应审核组全体审核人员共同参与。

（2）审核问题应描述准确，语言通顺，审核问题的判标应准确。

（3）部分审核问题应有照片支持，及时关注审核委托方的其他要求。

为确保审核问题确认的有效开展，审核组应要求各审核员统一问题汇总清单格式，并严格按照格式要求填写，避免重复劳动。

（二）量化打分及评级

根据量化审核要求，针对审核发现的问题要根据相应的规则进行量化打分。为便于审核实施，针对每个评分项给出明确的评分说明，包括审核对象、评分内容、评分方式及相应分值等。四种类型的评分方式具体如下。

（1）是否型评分项，即做了或有，得满分；不做或没有，不得分。

（2）百分比型评分项，设置了两种得分情况，一是对于审核样本量较少的（如二级单位、基层单位等），视符合比例得分。二是对于审核样本量较多的（如人员、资料等），全部满足，得满分；50%及以上满足，得60%分；低于50%满足，不得分。

（3）频度型评分项，即根据开展工作频率的高低得分，频率高的得分高。

（4）程度型评分项，根据工作质量和效果，由审核员视情况判断得分。

同时，对于企业应遵守的守法合规红线要求和公司规定的最基本和关键的要求，设置了不同程度的否决项。特别是审核过程中如发现有资料造假，相应的"评分项"不得分。另外，为鼓励企业积极创新最佳实践，审核组在充分讨论并达成一致的基础上可以对运行3个月之上、值得推广的有效做法给予适当加分，但加分后的分值不能超过所在评分项的总分值，且对每个企业进行加分的最佳实践个数不能超过两个。

（三）审核分级与结论

审核组根据量化评分原则，对受审核方的HSE管理整体情况作出量化评价，审核的总分值最后折算到百分制，根据审核得分情况对企业HSE管理情况分成4级7档。

级别	优秀级（A级）		良好级（B级）		基础级（C级）		本能级（D级）
分值	95~100	90~95	85~90	80~85	70~80	60~70	低于60
档级	A1	A2	B1	B2	C1	C2	D
注：各分值均包含其下限起点。							

以下情况在 HSE 审核结果的基础上采取降级或降档：一是当企业在审核年度内发生生产安全亡人事故或对公司造成较大负面影响的事故事件，进行降一级处理；二是出现审核主题的得分率在 40% 以下的，进行降一档处理。

审核结论是审核组考虑了审核目的和所有审核发现后得出的审核结果。在审核过程中，审核组可以通过召开审核组内部会议的形式来总结所有的审核发现，形成审核结论，为末次会议做好准备。

（四）编制审核报告

末次会议多媒体汇报是对现场审核工作的初步总结，后续还需要编制更为详尽的审核报告。审核报告是对审核发现的汇总、分析、归纳、总结，应由审核组长编写，或在审核组长的指导下由审核组成员编写，审核组长对审核报告的准确性与完整性负责。

审核报告涉及的内容应是审核计划中所明确的信息，审核报告应当提供完整、准确和清晰的审核记录，包括或引用以下内容。

（1）审核目的，每次审核的目的可以有所不同，但应与审核计划保持一致。

（2）审核范围，尤其是应当明确受审核的组织单元和职能的单元或活动以及审核所覆盖的时期，以及列入审核范围，但未覆盖到的区域。

（3）审核组组成，明确审核组长和成员。

（4）受审核部门、单位和审核日期。

（5）审核准则。

（6）审核过程的简要介绍，包括所遇到的降低审核结论可靠性的不确定因素和障碍。

（7）审核发现，应包括正反两方面的发现，总结成绩与指出问题同样重要。

（8）审核结论，对受审核方的综合评价，应公正、客观地对受审核方的体系运行情况进行整体评价。

（9）改进的建议，针对审核发现的主要问题，提出有建设性的改进意见。

（10）附件，必要时可将量化打分汇总统计表和审核问题清单作为审核报告附件。

在现场审核结束后，要召开审核末次会议，向受审核方的管理层、受审核部门和单位相关人员通报审核结果和审核结论，并提出下一阶段的改进要求。末次会议是现场审核结束的标志。

第二节 HSE 管理评审

企业的最高管理者应按规定的时间间隔对HSE管理体系进行评审，以确保其持续的适宜性、充分性和有效性，评审包括评价改进的机会和对HSE管理体系进行修改的需求。由此可见，管理评审是标准对企业的最高管理者提出的一项重要HSE活动，是最高管理者实施HSE管理的重要手段。

管理评审通常是在体系审核评估基础上进行的，但它不是对体系审核评估结果的评审或复查，也不是每次体系审核评估后均要进行评审。体系审核与管理评审各有侧重，视角、层次不同，详略各异，互相补充，承前启后，各得其所。管理评审目的就是通过这种评价活动来总结管理体系的绩效，同时还应考虑任何可能改进的机会，从而找出自身的改进方向，实现企业对持续改进的承诺。

一、管理评审的准备

管理评审是企业有目的地针对HSE管理体系运行过程中存在问题，进行开放式的讨论和评价的平台，是对体系运行情况进行审视并识别改进机会和变更需要的良好机会。为了使管理评审能够达到预期的目的和效果，需要事先开展管理评审的策划和准备工作。

企业原有HSE委员会会议是带有管理评审的性质，不要脱离了原来的做法而另整一套，正确的做法是用管理评审的要求来改进和充实原有的HSE委员会会议。企业按管理评估输入的要求进一步明确各部门提交评审材料的相关内容，按管理评估输出的要求进一步明确会议形成决议的内容，并就会议中提出的改进决议，按PDCA要求，形成有效督办，实现闭环管理。

（一）评审形式和时机

最高管理者组织管理评审会议，高层管理者参加会议并认真进行评审，建议与HSE委员会会议一并进行。管理评估的时机如下。

（1）一般一年一次，可安排在年底或年初与HSE委员会一起进行。

（2）组织机构和职能分配发生重大调整时。

（3）外部环境发生重大变化时。

（4）发生较大健康、安全与环境事故时。

（5）法律、法规以及相关方的愿望与要求有重大变化时。

（6）采用新技术、新工艺，对健康、安全和环境将造成较大影响时。

（7）产品与活动发生重大变更时。

（二）管理评审计划

（1）明确评审的目的和内容。

（2）确定评审的形式和组织。

（3）要求参加管理评审的部门和人员作好充分准备。

（4）确定本次管理评审的时间、地点。

（三）管理评审的输入

选择以下内容中的部分作为管理评审的输入。

（1）内、外部HSE审核评估的结果，以及合规性评价的结果。

（2）和外部相关方的沟通信息，包括顾客、员工及社会的投诉和意见。

（3）企业的健康、安全与环境绩效。

（4）目标和指标的实现程度，以及适宜性。

（5）现行组织机构、文件体系的适宜性与充分性。

（6）事故、事件的调查和处理。

（7）纠正措施的实施状况。

（8）以前管理评审确定的后续改进措施及落实情况。

（9）客观环境的变化，包括与组织有关的法律法规和其他要求的发展变化。

（10）改进建议。

以上输入的内容可分别形成多个文件作为管理评审的资料，由主管领导和专业管理部门在管理评审会议上向最高管理者报告。

二、管理评审的实施

明确了管理评审的内容，完成了管理评审的准备，就是管理评审的实施。

需要了解管理评审会议的流程、评审报告的内容以及后续的跟踪验证过程。

（一）管理评审流程

（1）与会者签到。

（2）最高管理者主持管理评审会议。

（3）主管领导汇报体系运行情况。

（4）主要职能部门专题汇报。

（5）高层管理者就评审议题开展讨论与评审。

（6）最高管理者总结，形成结论。

会议组织部门作好会议记录，会后整理形成管理评审报告，也可以是HSE委员会纪要形式，由最高管理者批准、发放。

（二）管理评审报告

管理评审报告至少应包括以下内容。

（1）评审的目的和内容。

（2）主持人员和参加管理评审的人员。

（3）对每一个评审项目给予简要描述及形成的结论。

（4）对HSE管理体系的有效性和适宜性给予总结。

（5）改进事项，应确定责任部门并规定实施和验证的日期。

（三）跟踪验证

（1）将有关管理评审的资料收集、整理、保存。

（2）对管理评审提出的问题应进行原因分析，制定纠正措施并实施。

（3）对管理评审形成的决议，由责任部门组织实施。

（4）对纠正措施和决议执行情况实施跟踪验证，并对其进行有效性分析。

管理评审的完成并不意味着体系运行的终结，而是下一个运行过程的开始，在管理评审中形成新的目标和指标，制定新的方案，实现新一轮的持续改进。最高管理者一定要认清管理评审的对体系持续改进的重要意义并给予足够的重视。在评审过程中，一定要从实际出发，把管理评审视为对HSE管理进行全面"会诊"，并"对症下药"的有效评价手段，决不搞走过场，草草了事的形式主义。

第三节　HSE 绩效管理

　　HSE绩效考核是激励、引导和约束员工行为的一种手段，HSE 绩效管理不仅考核结果，更加注重对 HSE 管理过程的考核。企业通过HSE绩效管理，推动责任落实，持续提升绩效水平，通过建立HSE绩效考核机制，结合国家法律法规和企业HSE 管理要求，制定HSE 绩效考核管理办法、年度安全环保责任书和安全环保指标考核细则，结合实际设定结果性和过程性指标，对企业实施年度HSE业绩考核，提高制度的实用性和可操作性。HSE绩效考核结果应作为各级干部选拔任用的重要条件，并根据考核结果对先进单位和员工给予表彰奖励。同时，企业可积极开展安全卫士、无违章班组、零事故车间、无泄漏工厂等多种形式的评选活动，及时奖优罚劣。

一、HSE 目标设定

　　领导层应根据企业的发展战略规划设定 HSE 愿景、长远规划，依据 HSE 愿景，结合企业当前的 HSE 绩效，从风险影响程度和完善 HSE 系统的角度，设定每年的 HSE 目标和指标。根据风险程度的不同，设定的 HSE 目标和指标的权重可在10%~30%范围内，每年的权重可视 HSE 绩效等因素进行动态调整。

　　（1）各单位正职的目标指标，即本单位的目标指标，目标指标以业绩合同和安全责任书的形式签订；每个上级单位正职负责向下级单位正职分解目标指标；目标指标分解应采用结果性指标与过程性指标相结合，并与其管理职责和业务特性相匹配。

　　（2）各正职对其副职和非"领导"岗位的管理类、技术类、操作类员工分解指标时，以过程性指标为主，即保障措施和重要工作任务的分解。

　　（3）各级员工 HSE 目标和指标的设定应与个人的岗位职责密切结合，在进行 HSE 目标层层分解时，不同岗位 HSE 目标和指标的设定应因岗、因人、因时、因地等因素的不同而不同。

（4）过程性指标的权重要大于结果性指标，并根据不同岗位的风险差异，设定不同的过程性指标和结果性指标，以达到下属清楚地理解直线主管的HSE 期望的目的。

在设定过程性指标和结果性指标时，直线主管应通过逐一面谈，与其下属讨论所设定的指标，并就此指标达成共识。结果性指标在设定时，单位的结果性指标与直线主管的结果性指标是一致的；在设定过程性指标时，应结合实际情况，考虑本岗位风险和职责等因素。

二、HSE 绩效考核

（一）基本要求

HSE绩效考核的依据、标准、流程要事先公开，并且通过公告、文件、培训、解释等方式，确保员工充分理解。

（1）考核应充分体现奖励与惩罚并重的原则，不可一味偏重于处罚，对于同一事项，既要明确未达标者的处理办法，也要制定达标者和超标准完成者的奖励措施。

（2）考核应客观和公正，要依据统一标准，实事求是地考核评价被考核者的 HSE 绩效，避免主观因素影响。

（3）考核应由被考核者的直线主管负责，其他相关部门提供信息以供参考，由直线主管汇总被考核者的 HSE 绩效并做出最终评定。

（4）各考核单元的 HSE 绩效考核结果应符合正态分布特征。

（二）过程管理

直线主管对其下属的 HSE 绩效负有责任，应根据结果性指标和过程性指标的完成情况，定期对其下属进行考核打分、登记，结果由被考核者签字确认。

（1）直线主管应密切关注其下属的工作表现，运用安全观察与沟通的技巧，对下属的安全行为和优秀表现应当及时给予肯定和奖励。对于不安全行为，应当立即制止，并通过有效的沟通方式，加以引导和纠正。

（2）直线主管根据日常表现和考核结果，对表现不佳的员工，采用循序渐进的教育性惩戒并运用指导、培训、教育等形式来引导和纠正其态度、行为和习惯，帮助员工掌握正确的工作方式和方法。对屡教不改者，应视行为的严重程度和动机给予相应的处罚。

（3）直线主管应定期与其下属面谈，了解 HSE 目标、指标以及行动计划的完成情况，对于进度落后的事项，要查明原因并给予相应协助和资源支持。面谈的频次可以每月或每季度一次，可视安全风险程度而定，当 HSE 绩效出现波动时，应增加与员工面谈的频次。

每年应有一次正式的中期回顾，其内容应包括上半年工作小结、遇到的问题和困难、下半年工作建议等，当工作内容出现重大调整时，也可借此机会与直线主管讨论修改。根据 HSE 目标和指标的完成情况，也可相应地调整行动计划。中期回顾的结果应存档备案。

（三）年终考核

年终考核是对全年 HSE 绩效的正式评估，遵照严格的管理流程，同时也是为制定下一年的工作计划做准备，直线主管和其下属都应当做好充分的准备，以确保面谈的质量以及绩效考核的公正和公平性。

1.与考核者面谈

面谈主要包括以下内容。

（1）员工对照个人目标和工作计划简要阐述全年 HSE 工作的达标情况。

（2）直线主管针对员工的 HSE 绩效和日常表现给出初步的评定意见。

（3）双方讨论员工有待进一步完善和提升的方面以及员工希望得到更深入发展的方面，包括知识、技巧和能力等。

（4）共同确定下一年度的工作方向。

2.综合评价打分

（1）直线主管根据面谈的记录，结合其他相关部门提供的数据、信息以及定期的考核得分，为员工做最后的正式评定，HSE 绩效考核基准分为 100 分，考核得分最高不超过 130 分。

（2）评定结果应以书面的形式通知员工，若员工无异议，上报人事部门存档备案。考核结果贯穿个人的整个工作年限，以反映出员工 HSE 绩效的稳定性。

（四）结果应用

绩效考核的结果应与年度的奖金分配直接挂钩，绩效考核结果的不同应在奖金的分配上有明显的体现，使年度奖金的设置在鼓励员工 HSE 工作方面起到积极有效的作用。同时，要设定奖惩兑现的时限，体现及时性。

（1）对于绩效稳定并在连续年度考核中均能达到优良者，直线主管应在职务晋升、职称评聘、培训进修等方面给予优先考虑。

（2）对于表现欠佳的员工，直线主管应根据其偏离情况，与员工共同分析原因，制定有针对性的 HSE 绩效改进计划，经过一段时间仍没有改善的，应考虑让员工调任到其他能胜任的岗位。

（3）若是因为员工的态度问题，不采取任何改进措施，直线主管应酌情给予警告、记过等处分，情节严重者交人事部门按有关规定处理。

考核结果应由直线主管及时反馈给被考核者，被考核者若有异议，有权申述，在被核实后，应当更改考核结果。

（五）后续管理

（1）根据面谈中双方讨论得出有待改进的方面，由直线主管帮助员工制定短期或中长期的个人发展计划。

（2）直线主管可以针对员工感兴趣或希望发展的方面，让员工在适当的时候多参与一些相关的工作或项目，甚至可以考虑岗位轮换等形式，为员工开辟更广阔的发展空间。

（3）绩效考核的结果应作为设定次年 HSE 目标和指标的参照依据，实现持续改进。

三、目标统计与更新

各企业根据自身实际情况，选择其相应的 HSE 数据统计表现指标，建立本单位 HSE 表现统计表，并在内部公示。通过统计企业的过程性指标和结果性指标来反映 HSE 工作整体状况和发展趋势，使全体员工及时地了解到其他操作单元、队站、车间、作业区以及厂矿整体的 HSE 业绩，并积极地采用有效的措施来预防事故的发生。

（一）目标统计表

HSE 目标指标统计表包含的信息。

1.结果性指标

结果性指标可包含但不限于各类事故；损工事件；限工事件、医疗事件、急救箱事件、未遂事件、经济损失事件；损工天数总计；距离上次损工伤害的天数；员工医疗和赔偿费用总计；设备和财产损失总计。

2.过程性指标

过程性指标可包含但不限于。

（1）检查审核。安全检查和审核的频率、制度规章程序到期重新审查率、后续采取纠正措施的实施率、与上次检查与审核相同问题的数量。

（2）安全会议。安全会议按计划实施率、员工的出席率、安全会议的质量。

（3）HSE 培训。培训课程的按期完成率、参加培训的人数频次、实际出席率、专项培训的人员覆盖率、培训的效果。

（4）事故（事件）调查。事故（事件）的调查率、事故发生到完成事故调查的平均时间、全员分享率、后续采取的纠正措施的数量、未遂事件的调查率。

3.先导性指标

先导性指标可包含但不限于安全观察的频次；观察到的不安全行为频次；安全观察完成数量；未遂事件报告数；员工超时工作的小时数。

（二）统计与更新

企业HSE部门负责统计和更新整个企业的HSE表现统计表，各级 HSE 部门负责统计和更新本单位的 HSE 表现统计表，报上级 HSE 部门，将HSE表现统计表定期公布，使员工及时掌握最近动态。

各部门主管、基层单位领导应负责更新和维护本单位的HSE表现统计表，并定期在会议上公布 HSE 表现统计表的结果，确保本单位员工均能及时了解到整个单位HSE绩效的动态情况，并指导员工改进工作。

企业应定期在HSE委员会会议上，公布并讨论HSE表现统计表上所反映的HSE管理状态，与各部门主管、各基层单位领导依据HSE表现统计表的信息定期进行讨论，总结好的做法，针对薄弱环节制定整改措施。

（三）持续改进

在各种安全培训中组织参与人员针对HSE表现统计表的情况进行讨论，相互分享好的经验和做法，提出改进措施，HSE部门负责整理讨论记录，并将好的建议呈报给管理层。

HSE部门负责根据HSE表现统计表，进行趋势分析，向管理层发出预警信号以及提供改进建议供管理层参考。各单位应将每年的HSE表现统计表存档，以供长期趋势分析，同时将上年的 HSE 表现统计信息作为下年设定HSE目标和指标的重要参考依据，以实现持续改进。

第四节 环境事件管理

为推动环境保护工作持续改进，企业应做好环境事件管理工作，对已经发生的环境事件进行调查、分析、总结，能够落实环境事件责任、汲取事件经验教训。

一、环境事件分类分级

环境事件包括突发环境事件和环境保护违法违规事件。

突发环境事件是指由于污染物排放或者自然灾害、生产安全事故等因素，导致污染物或者放射性物质等有毒有害物质进入大气、水体、土壤等环境介质，突然或可能造成环境质量下降，危及公众身体健康和财产安全，或造成生态环境破坏，或造成重大社会影响，需要采取紧急措施予以应对的事件。

环境保护违法违规事件是指所属企业在生产、建设或经营活动中，因违反国家环境保护法律法规规定，虽未引发突发环境事件，但受到刑事追究或行政处罚，造成或可能造成社会影响的事件。任何单位和个人不得迟报、漏报、谎报、瞒报环境事件，不得伪造、篡改相关资料数据。

（一）突发环境事件分级

突发环境事件按照事件严重程度分为特别重大、重大、较大、一般四级。

1.特别重大环境事件

凡符合下列情形之一的为特别重大环境事件。

（1）因环境污染直接导致30人以上死亡或100人以上中毒或重伤的。

（2）因环境污染疏散、转移人员5万人以上的。

（3）因环境污染造成直接经济损失1亿元以上的。

（4）因环境污染造成区域生态功能丧失或该区域国家重点保护物种灭绝的。

（5）因环境污染造成设区的市级以上城市集中式饮用水水源地取水中

断的。

（6）Ⅰ、Ⅱ类放射源丢失、被盗、失控并造成大范围严重辐射污染后果的；放射性同位素和射线装置失控导致3人以上急性死亡的；放射性物质泄漏，造成大范围辐射污染后果的。

（7）造成重大跨国境影响的境内环境事件。

2.重大环境事件

凡符合下列情形之一的为重大环境事件。

（1）因环境污染直接导致10人以上30人以下死亡或50人以上100人以下中毒或重伤的。

（2）因环境污染疏散、转移人员1万人以上5万人以下的。

（3）因环境污染造成直接经济损失2000万元以上1亿元以下的。

（4）因环境污染造成区域生态功能部分丧失或该区域国家重点保护野生动植物种群大批死亡的。

（5）因环境污染造成县级城市集中式饮用水水源地取水中断的。

（6）Ⅰ、Ⅱ类放射源丢失、被盗的；放射性同位素和射线装置失控导致3人以下急性死亡或者10人以上急性重度放射病、局部器官残疾的；放射性物质泄漏，造成较大范围辐射污染后果的。

（7）造成跨省级行政区域影响的环境事件。

3.较大环境事件

凡符合下列情形之一的为较大环境事件。

（1）因环境污染直接导致3人以上10人以下死亡或10人以上50人以下中毒或重伤的。

（2）因环境污染疏散、转移人员5000人以上1万人以下的。

（3）因环境污染造成直接经济损失500万元以上2000万元以下的。

（4）因环境污染造成国家重点保护的动植物物种受到破坏的。

（5）因环境污染造成乡镇集中式饮用水水源地取水中断的。

（6）Ⅲ类放射源丢失、被盗的；放射性同位素和射线装置失控导致10人以下急性重度放射病、局部器官残疾的；放射性物质泄漏，造成小范围辐射污染后果的。

（7）造成跨设区的市级行政区域影响的环境事件。

4.一般环境事件

凡符合下列情形之一的为一般环境事件。

（1）因环境污染直接导致3人以下死亡或10人以下中毒或重伤的。

（2）因环境污染疏散、转移人员5000人以下的。

（3）因环境污染造成直接经济损失500万元以下的。

（4）因环境污染造成跨县级行政区域纠纷，引起一般性群体影响的。

（5）Ⅳ、Ⅴ类放射源丢失、被盗的；放射性同位素和射线装置失控导致人员受到超过年剂量限值的照射的；放射性物质泄漏，造成厂区内或设施内局部辐射污染后果的。

（6）对环境造成一定影响，尚未达到较大环境事件级别的。

上述分级标准有关数量的表述中，"以上"含本数，"以下"不含本数。

（二）违法违规事件分级

环境保护违法违规事件视情节轻重，分为重大、较大、一般三级。

1.重大环境保护违法违规事件

凡符合下列情形之一的为重大环境保护违法违规事件。

（1）因违反环境保护法律法规，受到刑事追究的。

（2）被处以按日连续处罚，不及时整改或整改不力的。

（3）造成重大社会影响的其他情形。

2.较大环境保护违法违规事件

凡符合下列情形之一的为较大环境保护违法违规事件。

（1）因违反环境保护法律法规，被国务院环境保护主管部门或同级其他部门处以行政处罚的。

（2）被处以按日连续处罚的。

（3）因违反环境保护法律法规，被国家级媒体或其他有重要影响力的媒体报道，造成较大社会影响并经查证属实的。

（4）造成较大社会影响的其他情形。

3.一般环境保护违法违规事件

凡符合下列情形之一的为一般环境保护违法违规事件。

（1）因违反环境保护法律法规，被省级环境保护主管部门或同级其他部门处以行政处罚的。

（2）污染物超标排放不及时整改的。

（3）因违反环境保护法律法规，被媒体报道，造成一般社会影响并经查证属实的。

（4）造成一般社会影响的其他情形。

企业应当严格按照环境保护法律法规要求，落实环境保护责任，识别评估环境保护违法违规事件风险，杜绝环境保护违法违规行为。如果被处以按日连续处罚是因外部客观原因造成的，可视情节对环境违法违规事件责任人从轻、减轻或者免除处罚。

二、突发环境事件应急响应

企业应当开展环境风险评估，采取有效的环境风险防控措施，制定突发环境事件应急预案，并按照相关要求备案、演练。

（1）造成或可能造成突发环境事件时，企业应当立即启动应急预案，采取关闭、停产、封堵、围挡、喷淋、转移等措施，切断和控制污染源，防止污染蔓延扩散，做好有毒有害物质和消防废水、废液等的收集、清理和安全处置工作，组织开展现场环境应急监测。

（2）造成或可能造成突发环境事件时，企业应当及时通报可能受到危害的单位和居民，根据规定判断事件等级，按信息工作管理的有关规定报送事件信息，并按照国家有关规定向当地环境保护主管部门报告。

（3）当地政府启动应急预案后，企业应当服从当地政府统一领导，在现场救援指挥部统一指挥下，与其他应急救援力量相互协同、密切配合，共同实施环境应急和紧急处置行动。应急处置期间，企业应当全面、准确地提供本单位与应急处置相关的技术资料，协助维护应急秩序，保护与突发环境事件相关的各项证据。

突发环境事件应急状态解除后，企业应当按照国家和地方相关部门要求，妥善处置应急过程产生的固体废物、废液，防止二次污染；危险废物应当委托有资质的单位进行处理。协助国家和地方相关部门开展污染损害评估，并按照国家和地方相关部门要求开展环境修复和生态恢复重建。

三、环境事件调查

造成或者可能造成突发环境事件时，企业应按照信息工作管理的有关规定报送事件信息，并按照国家有关规定向当地环境保护主管部门报告。

（一）事件调查程序

企业在接到环境事件信息报送后，应成立事件调查组、组织现场调查、召开事件分析会、进行责任追究、形成调查报告并按规定存档。

1.成立调查组织

按照环境事件分级成立事件调查组，一般事件由企业分管领导主持调查，调查组成员由企业管理和生产技术等专家组成，调查组可根据调查工作需要，聘请行业内有关专业技术专家参加事件调查。调查组成员和受聘协助调查人员应与被调查的环境事件无利害关系。

2.进行现场调查

调查组成立后，应立即开展现场调查，可采取以下方式。

（1）现场勘察。通过拍照、录像、现场笔录等方法记录现场情况，根据需要，进行相关采样监测分析，提取相关证据材料。

（2）查看资料。进入环境事件发生或涉及的企业，查阅生产经营合规性、设施运营、环境监测、应急处置等相关文件、资料、数据、记录等。

（3）询问笔录。对事件涉及企业有关领导、管理人员、基层操作人员、参与应急处置、舆情控制等人员进行询问，制作询问笔录。

相关负责人和有关人员在调查期间应当积极配合调查工作，接受调查组的询问，并如实提供相关文件、资料、数据、记录原件等。因客观原因确实无法提供的，可以提供相关复印件、复制品，或者证明该原件、原物的照片、录像等其他证据，并由有关人员签字确认。

（二）事件调查报告

事件调查组织部门组织召开事件分析会，本着事件原因未查明不放过、责任人未处理不放过、整改措施未落实不放过、有关人员未受到教育部放过的"四不放过"原则。对事件发生原因进行分析、对事件责任认定进行讨论，并在事件分析会后，事件调查组应完善事件调查报告。

1.突发环境事件调查报告

（1）突发环境事件发生单位的概况和发生经过。

（2）事件造成的人身伤亡、直接经济损失，环境污染和生态破坏的情况。

（3）事件发生的原因和性质。

（4）事件发生单位对环境风险的防范、隐患整改和处置情况。

（5）事件发生单位日常监管和应急处置情况。

（6）应急废物处置情况。

（7）对相关责任人的责任认定。

（8）事件防范和整改措施建议。

（9）其他内容。

（10）相关附件（各类证明材料、调查笔录、相片等）。

2.环境保护违法违规事件调查报告

（1）环境保护违法违规事件发生经过。

（2）事件调查过程描述。

（3）事件核实情况。

（4）事件原因分析。

（5）整改及舆情控制情况。

（6）对相关责任人的责任认定。

（7）事件防范和整改措施建议。

（8）其他内容。

（9）相关附件（各类证明材料、调查笔录、相片等）。

环境事件处理结案后，环保、监察等有关部门负责对相关资料进行登记、统计并存档，涉密资料存档按照保密管理相关规定执行。

（三）事件调查要求

应紧密围绕与环境事件相关的生产经营管理全过程，组织开展全方位调查工作，查清事件的直接原因、间接原因及管理原因等。

1.突发环境事件调查查明情况

（1）事件发生单位基本情况。

（2）事件发生的时间、地点、原因和事件经过。

（3）事件造成的人身伤亡、直接经济损失情况，环境污染和生态破坏情况。

（4）建立环境应急管理制度、明确责任人和职责的情况。

（5）定期开展环境风险评估及环境安全隐患整改的情况。

（6）环境风险防范设施建设及运行情况。

（7）环境应急预案的编制、备案、管理及实施情况。

（8）突发环境事件发生后信息报告或者通报情况。

（9）突发环境事件发生后，启动环境应急预案，并采取控制或者切断污染源防止污染扩散的情况。

（10）突发环境事件发生后，服从应急指挥机构统一指挥，并按要求采取预防、处置措施的情况。

（11）生产安全事故、交通事故、自然灾害等其他突发事件发生后，采取预防次生环境事件措施的情况。

（12）突发环境事件发生后，是否存在伪造、故意破坏事发现场，或者销毁证据妨碍调查的情况。

（13）其他有必要查明的情况。

2.环境保护违法违规事件调查查明情况

（1）事件发生的原因、过程，整改措施实施情况，造成的社会影响。

（2）违法违规行为决策过程和责任人。

（3）环境保护职责分工及责任落实情况。

（4）开展环境保护合法合规评价、制定整改计划的情况。

（5）环境保护"三同时"措施审批及落实情况。

（6）环境隐患整改项目审批及建设情况。

（7）污染治理设施运行管理职责分工及落实情况。

（8）环境保护日常监测、监督情况。

（9）异常或紧急工况下污染控制方案制定及落实情况。

（10）是否存在篡改、伪造环境监测数据，或者销毁证据妨碍调查的情况。

（11）其他有必要查明的情况。

将环境事件的主要领导责任、重要领导责任、直接责任、主要责任落实到相关领导、管理部门工作人员、操作服务人员。

（四）各类不合规行为

（1）对所属企业领导，应重点调查其是否存在下列不合规行为。

——发布指令、决定或者制定的规章制度，违反国家环境保护法律法规及集团公司环保管理规定的。

——未建立健全或落实本单位环境保护责任制、环境保护管理规章制度和操作规程的。

——未保证本单位环境保护投入的有效实施。

——未按规定设置环保监管机构或配备专职环保监管人员的。

——在建设项目决策管理中，未依法履行环境影响评价文件审批程序，擅自下令开工建设，或者经责令停止建设、限期补办环境影响评价审批手续而逾期不办的。

——在建设项目建设管理中，未依法履行建设项目环境保护"三同时"制度，或者未依法履行工程竣工环境保护验收手续，擅自下令投产运行的。

——在生产经营管理中，被依法责令停产、停业、关闭后仍继续生产，或者违章指挥引发环境事件的。

——未按有关规定制定突发环境事件应急预案，或者在环境事件发生后，不及时组织抢救或者采取控制措施的。

——批准建设或者引进国家明令淘汰污染严重的工艺、技术和设备的。

——批准建设或者引进不能达标排放的污染治理工艺、技术和设备、环保助剂的。

——批准不具备环境保护条件的单位从事生产经营和工程建设的。

——对资产没有进行环保评估或环保评估不合格而进行收购、兼并、租赁的。

——授意下属瞒报、谎报或故意拖延报告环境事件，或者组织故意破坏事故现场、拒绝接受调查组查询和提供与事件有关资料的。

——未经政府有关部门同意，擅自批准停用、闲置或拆除污染治理设施造成污染物超标排放的。

——擅自同意在环境敏感区域范围内开展生产作业活动的。

——在重污染天气预警期间，违反国家规定批准排放有毒物质或其他有害物质的。

——授意下属偷排乱排、对监测数据弄虚作假的。

——有其他环境保护违纪违规行为的。

（2）对所属企业生产、技术、工程、设备、采购、应急、规划计划、合同管理、人事、舆情控制等相关管理部门，应重点调查其工作人员是否存在以下行为。

——在生产经营管理中，违章指挥引发环境事件的。

——同意建设或者引进国家明令淘汰污染严重的工艺、技术和设备，同意购买、采购、使用不符合国家环境保护标准的设备、仪器和材料的。

——建设项目未执行环境影响评价程序擅自同意开工建设，或者建设项目未执行环境保护"三同时"制度擅自同意投产运行的。

——未制定生产作业过程中的环境保护措施或者措施未得到有效落实，造成重大环境因素失控的。

——未按规定组织对设备设施进行检验、检修，设备有缺陷或超期运行造成环境事件发生的。

——批准或者同意将废水、废气、固体废物处理处置等任务委托给不具备相应资质的单位和个人的。

——在工程设计、施工、验收管理中，擅自批准或者同意不符合环境保护标准规范的工程技术文件、方案的。

——未按规定制定、落实员工环境保护培训计划的。

——对环境事件的信息接收、报送、协调处理、动态跟踪以及新闻发布的组织协调工作不力的。

——对舆情控制不力的。

——未按照国家规定将环保纳入企业发展规划、计划或者环保规划、计划执行不力的。

——环保机构的设置和人员配备明显不能满足企业环保管理需要的。

——未按国家规定，组织环境监测人员、污染源在线监控设施运维人员、涉及放射源的操作和管理人员等进行培训取证的。

——未根据重大环保风险评估意见，组织生产运行协调的。

——未对制约生产运行的生产设施瓶颈、可能造成环保风险的问题提出措施建议的。

——组织、指挥或强令生产数据、仪表数据、监测数据等弄虚作假的。

——组织、指挥或强令污染物排放不达标生产运行的。

——组织、指挥或强令偷排、乱排污染物的。

——操作规程缺失环保内容或环保操作规程存在重大缺陷、错误的。

——未组织开展环保普法宣传教育、环保规章制度的宣贯，员工对环保工作的认识普遍存在误区的。

——合同范本或签订的合同没有环保约束条款，或合同条款违反国家环保法律法规和集团公司环保规定的。

——工程质量监督检查不到位，导致环保设施工程质量不合格的。

——环保项目工艺、设备选择不合理、标准错误等导致污染物排放不达标的。

——未编制环保专项应急预案并组织演练的。

——环保应急物资储备不足，补充不及时的。

——安排未按规定取得相应资质的员工上岗的。

——有其他环境保护违纪违规行为的。

（3）企业环保管理部门，应重点调查其工作人员是否存在下列行为。

——在环境保护管理中，违章指挥引发环境事件的。

——未按规定职责落实有关环境保护法律法规和规章制度的。

——未按要求全面开展环境因素识别与评价，未对重大环境因素制定环境管理方案的。

——未按要求开展环境风险评估，未对重大环境风险采取防控措施的。

——拒报、虚报、瞒报、篡改应依法报送的环境保护统计资料、监测数据，或者强令、授意篡改统计资料，编造虚假数据的。

——污染源在线监测设施运维管理不规范，在线监测数据弄虚作假的。

——未按规定职责和程序报告环境事件的。

——未按授权制止、纠正、报告违反环境保护法律法规和规章制度的行为，造成严重后果的。

——未按规定程序和标准对重大环境安全隐患进行排查，或者未能实施隐患整改督查责任的。

——未按规定职责组织制定、实施重点污染源监测计划的。

——环保综合监督管理不到位，没有及时发现企业偷排、乱排、监测数据弄虚作假等环境违法行为的。

——未及时分析研究企业污染物排放达标情况，未及时提出预警信息、环保管控措施的。

——环保规章制度不健全，标准执行有错误或缺失。

——未组织开展环保业绩过程指标的考核工作，或考核指标存在明显缺漏项的。

——有其他环境保护违纪违规行为的。

（4）对所属企业操作服务人员，应重点调查其是否存在下列行为。

——违章指挥或操作引发环境事件的。

——无证或者未按规定持有效资格证擅自上岗操作的。

——发现环境事件未按规定及时报告，或者未按规定职责和指令采取应急措施的。

——在生产作业过程中不按规程操作随意排放、偷排、乱排污染物的。

——拒报、虚报、瞒报、篡改应依法报送的环境保护统计资料，或者篡改统计资料、编造虚假数据的。

——环境监测数据、污染源在线监测数据弄虚作假的。

——不按照生产组织、不听生产指挥，擅自生产运行造成环境事件发生的。

——违反劳动纪律，擅离职守，造成环境事件发生的。

——有其他环境保护违纪违规行为的。

第五节　安全生产事故事件管理

企业应把防范化解安全风险摆在更加突出位置，加强生产安全事故事件管理，防止和减少生产安全事故事件的发生。同时要深刻吸取以往事故事件教训，盯住关键环节，抓住重点部位，压紧压实各方责任，落实落细各项措施，严格安全监督检查，提高全员安全意识。

一、事故与事件分类

（一）事故分类

生产安全事故是指在生产经营活动中发生的造成人身伤亡或者直接经济损失的事故，包括工业生产安全事故和道路交通事故。

（1）工业生产安全事故是指在所属企业内发生的，或者所属企业在属地外进行生产经营活动过程中发生的，或者因所管辖的设备设施原因导致的事故。

（2）道路交通事故是指所属企业在生产经营活动中，所管理的自有或者租赁的机动车在道路上发生的交通事故。

（二）事件分类

生产安全事件是指在生产经营活动中发生的，严重程度未达到生产安全事故管理办法所规定事故等级的人身伤害、健康损害或经济损失等情况的事件。生产安全事件分为工业生产安全事件、道路交通事件、火灾事件和其他事件四类。

（1）工业生产安全事件是指在生产场所内，从事生产经营活动过程中发生造成企业员工和企业外人员轻伤以下或直接经济损失小于1000元的情况。

（2）道路交通事件是指企业车辆在道路上，因过错或者意外造成的人员轻伤以下或直接经济损失小于1000元的情况。

（3）火灾事件是指在企业生产、办公以及生产辅助场所内，发生的意外燃烧或燃爆现象，造成人员轻伤以下或直接经济损失小于1000元的情况。

（4）其他事件是指上述三类事件以外的，造成人员轻伤以下或直接经济损失小于1000元的情况。

二、事故与事件分级

（一）事故分级

根据生产安全事故造成的人员伤亡或者直接经济损失，将事故分为以下等级。

（1）特别重大生产安全事故是指造成30人以上死亡，或者100人以上重伤（包括急性工业中毒，下同），或者1亿元以上直接经济损失的事故。

（2）重大生产安全事故是指造成10人以上30人以下死亡，或者50人以上100人以下重伤，或者5000万元以上1亿元以下直接经济损失的事故。

（3）较大生产安全事故是指造成3人以上10人以下死亡，或者10人以上50人以下重伤，或者1000万元以上5000万元以下直接经济损失的事故。

（4）一般生产安全事故是指造成3人以下死亡，或者10人以下重伤，或者1000万元以下直接经济损失的事故。具体细分为三级。

—— 一般A级生产安全事故是指造成3人以下死亡，或者3人以上10人以下重伤，或者10人以上轻伤，或者100万元以上1000万元以下直接经济损失的事故。

—— 一般B级生产安全事故是指造成3人以下重伤，或者3人以上10人以下轻伤，或者10万元以上100万元以下直接经济损失的事故。

—— 一般C级生产安全事故是指造成3人以下轻伤，或者1000元以上10万元以下直接经济损失的事故。

本条所称的"以上"包括本数，所称的"以下"不包括本数。

（二）事件分级

生产安全事件分为限工事件、医疗处置事件、急救箱事件、经济损失事件和未遂事件等五级。

（1）限工事件是指人员受伤后下一工作日仍能工作，但不能在整个班次完成所在岗位全部工作，或临时转岗后可在整个班次完成所转岗位全部工作的情况。

（2）医疗处置事件是指人员受伤需要专业医护人员进行治疗，且不影响下一班次工作的情况。

（3）急救箱事件是指人员受伤仅需一般性处理，不需要专业医护人员进行治疗，且不影响下一班次工作的情况。

（4）经济损失事件是指没有造成人员伤害，但导致直接经济损失小于1000元的情况。

（5）未遂事件是指已经发生但没有造成人员伤害或直接经济损失的情况。

三、事故与事件报告

企业主要负责人是生产安全事故报告的第一责任人。发生事故后，事故单位应当第一时间报告事故信息，企业接到事故信息后，应当按规定及时、如实报告事故信息。

（一）事故书面报告

工业生产安全事故发生后，所属企业应当向事故发生地县级以上人民政府的有关部门报告。道路交通事故发生后，所属企业应当向事故发生地公安机关交通管理部门报告。生产安全事故书面报告应当包括以下内容。

（1）事故发生单位概况。

（2）事故发生的时间、地点、事故现场及周边环境情况。

（3）事故的简要经过。

（4）事故已经造成的伤亡人数、失踪人数和初步估计的直接经济损失。

（5）已经采取的措施。

（6）媒体关注情况及舆情。

（7）其他应当报告的情况。

（二）事故书面续报

生产安全事故情况发生变化的，所属企业应当及时续报，续报采用书面的形式，主要内容包括。

（1）人员伤亡、救治和善后处置情况。

（2）现场处置和生产恢复情况。

（3）舆情监测和媒体沟通情况。

（4）次生灾害及处置情况。

（5）其他应当续报的情况。

工业生产安全事故伤亡人数自事故发生之日起30日内发生变化的，或者因火灾造成的工业生产安全事故和道路交通事故伤亡人数7日内发生变化的，企业应当及时补报。

（三）事件报告要求

（1）发生任何生产安全事件，当事人或有关人员应视现场实际情况及时处置，防止事件扩大，并立即向属地主管报告。

（2）生产安全事件发生后，基层单位或车间（站队）应在5个工作日内将事件信息录入HSE信息系统，需整改验证的应在整改工作完成后及时补录。

（3）应对生产安全事件报告情况进行奖惩，对及时发现和报告事件的单位和个人进行奖励，对隐瞒生产安全事件的单位和个人进行处罚。

四、事故调查与处理

企业应当积极配合当地人民政府和内部调查组开展的事故调查工作，并针对事故原因分析，制定并落实相应的防范措施。

（一）事故调查

生产安全事故内部调查组成员应当具有事故调查所需要的专业知识，并与所调查的事故没有直接利害关系。根据事故需要，事故内部调查组可以聘请有关专家参与调查。

1.调查组职责

生产安全事故内部调查组成员在事故调查过程中应当诚信公正、恪尽职守，遵守事故调查组的纪律，履行下列职责。

（1）查明事故发生的经过、原因、人员伤亡情况及直接经济损失。

（2）认定事故的性质和事故责任。

（3）提出对事故责任单位和人员的处理建议。

（4）总结事故教训，提出防范和整改措施建议。

（5）提交事故调查报告。

事故内部调查组有权向有关单位和个人了解事故有关情况，并要求其提供相关文件、资料，有关单位和个人不得拒绝。

2.事故调查报告

事故内部调查组负责起草初稿，经调查组全体成员讨论同意、签字后，形成事故调查报告，事故内部调查组成员应当在事故调查报告上签名，事故内部调查报告应当包括下列内容。

（1）事故相关单位概况。

（2）事故发生经过和事故救援情况。

（3）事故造成的人员伤亡等。

（4）事故发生的原因和事故性质。

（5）事故责任的认定及对相关责任人的处理建议。

（6）事故防范和整改措施。

（二）事故处理

生产安全事故应当按照事故原因未查明不放过，责任人员未处理不放过，整改措施未落实不放过，有关人员未受到教育不放过的"四不放过"原则进行处理。

（1）企业应当认真吸取生产安全事故教训，落实防范和整改措施，落实情况应当接受工会和员工的监督，防止类似事故再次发生。安全环保和监察委应当对事故发生单位防范和整改措施落实、责任追究执行等事故处理情况进行监督检查。

（2）按照干部管理权限，企业应当依据地方人民政府批复的事故调查报告和事故内部调查报告，在15个工作日内落实事故处理意见，并报上级部门备案。对事故责任人员的处理不得低于政府批复的事故调查报告和事故内部调查报告的处理建议。

（3）企业应当对生产安全事故进行分析，举一反三，汲取事故教训，采取预防措施，防止类似事故发生。生产安全事故处理结案后，所属企业应当建立事故档案，并分级保存。

（4）生产安全事故档案应当包括，事故内部调查报告；地方政府批复的事故调查报告；对事故责任单位和责任人的处理文件。

（5）生产安全事件发生后，企业应制定并落实纠正和预防措施，告知员工和相关方。建立事故分享机制和渠道，将事故事件作为安全经验分享的重要资源，汲取教训，督促基层员工主动分享熟知了解的典型事故。

第六节 非生产亡人事件管理

近年来，企业员工因病、意外死亡人数在上升，因此企业要加大在职员工健康管理力度。在安全生产管理工作中，要突出员工健康管理，提高员工健康水平，坚持把员工生命安全和身心健康放在第一位，高度重视员工健康工作，进一步完善公共卫生和职业健康防控体系，做好员工健康风险评估，进一步掌握员工非生产亡人事件发生规律和变化趋势，提高员工健康水平，切实减少非生产亡人事件。企业应加强员工非生产亡人事件管理，具体体现在：一是在职员工非工作时间因病死亡的，要高度关注并统计报告；二是在职员工在岗期间因病死亡的，特别是发生在工作场所和作业场所的，要认真组织开展调查和责任追究，不得让员工带病上岗。

一、概念与分类

非生产亡人事件是指员工因各类疾病和暴力伤害、游泳溺水、自然灾害等因素导致的意外死亡事件，不包含生产安全亡人事件和突发环境亡人事件。

（一）基本原则

员工非生产亡人事件管理坚持统一领导、齐抓共管，预防为主、分类施策，落实责任、增强意识的原则。

（1）统一领导、齐抓共管。员工非生产亡人事件坚持统一领导、分工负责，各级办公室、财务、人事、生产、健康安全、设备、宣传、工会等职能部门分工负责、齐抓共管，形成完善的公共卫生和职业健康管理体制。

（2）预防为主、分类施策。企业应当严格执行劳动安全卫生相关规定，建设符合标准的作业场所，抓实全员定期健康检查，对患心脑血管等高风险疾病人群采取干预措施，落实休息休假制度，保护员工健康。

（3）落实责任、增强意识。企业是员工健康管理的责任主体，谁用工谁负责，谁属地谁负责，员工是自己健康的第一责任人。所属企业和员工应当增强健康责任意识，主动关注健康、重视健康。

（二）事件分类

员工非生产亡人事件包括员工工作中非生产亡人事件和员工其他非生产亡人事件两类。

（1）员工工作中非生产亡人事件包括工作时间和工作场所内或上下班途中（含因公外出期间），因突发疾病或受到暴力伤害、自然灾害等导致的意外死亡事件。

（2）员工其他非生产亡人事件包括在非工作时间或者非工作场所，因各类疾病和暴力伤害、游泳溺水、自然灾害等因素导致的意外死亡事件。

工作场所是指员工进行职业活动，并由所属企业直接或者间接控制的所有工作地点。

（三）事件分级

员工非生产亡人事件根据发生的时间、地点、原因不同，以及可能造成的安全风险，划分为A、B、C、D以下四级：

（1）A级员工非生产亡人事件。在工作时间、工作场所内，员工作业过程中因争执、惊吓、过劳等外部因素影响突发疾病死亡或者48小时内经抢救无效死亡的事件。

（2）B级员工非生产亡人事件。除A级以外，在工作时间、工作场所内，员工作业过程中因突发疾病死亡或者48小时内经抢救无效死亡的事件。

（3）C级员工非生产亡人事件。除A级、B级外，在工作时间、工作场所内，员工因突发疾病死亡或者48小时内经抢救无效死亡的事件。

（4）D级员工非生产亡人事件。除上述员工非生产亡人事件以外的其他事件，包括其他的员工工作中非生产亡人事件和员工其他非生产亡人事件。

二、事件报告与调查

所有员工非生产亡人事件均应报告、统计和分析。工作场所发生员工非生产亡人事件，现场人员应当立即向主管领导报告，事件发生单位应当妥善处置，并做好家属安抚、转运等善后工作。

（1）事件发生单位应当填写非生产亡人事件报告单，并及时报送企业主管部门。A级、B级、C级员工非生产亡人事件应当在1个工作日内，D级事件应当在5个工作日内通过HSE信息系统准确，完整填报。

（2）A级、B级、C级员工非生产亡人事件应当根据管理权限组织或者授权专业公司开展调查。

（3）调查报告应当包括事件发生单位概况、事件发生的时间、地点、事件现场及周边环境情况、事件简要经过、应急处置情况、原因分析、纠正预防措施等。

（4）事件调查报告应在15个工作日内完成并提交，特殊情况下，经上一级主管部门批准，报告完成时限可以适当延长，最长不超过30个工作日。

（5）发生员工非生产亡人事件的单位应当查找管理原因，举一反三，制定、落实纠正和预防措施。企业应当定期对上报的员工非生产亡人事件进行综合统计分析，研究事件发生规律，提出预防措施。

（6）任何单位和个人不得迟报、漏报、谎报、瞒报员工非生产亡人事件，不得伪造、篡改统计资料。

三、监督考核

企业应将员工非生产亡人事件管理工作作为年度健康安全环保考核的重点内容，考核结果纳入健康安全环保绩效考核。企业应当对下属单位上报的员工非生产亡人事件进行复核，对事件管理工作进行监督检查，并纳入年度考核。

对在事件管理工作中表现突出或者全面准确报告、统计、调查事件的单位和个人，给予表彰奖励。对存在以下情况的单位和个人，按照集团公司有关规定进行问责。

（1）直线责任部门或属地单位健康管理职责未落实的。

（2）未按规定开展员工健康体检和健康风险评估与干预的。

（3）劳动组织不合理的。

（4）工作场所职业病危害因素检测不合格且未采取整改措施的。

（5）存在迟报、漏报、谎报、瞒报的或者未按规定开展调查及纠正措施落实的。

第七节　安全生产应急管理

安全生产应急管理是指应对事故灾难类突发事件（以下称突发生产安全事件）而开展的应急准备、应急监测与预警、应急处置与救援、应急评估等全过程管理。同时适用于自然灾害、公共卫生事件和社会安全事件等可能引发突发生产安全事件的应急管理。

一、应急管理概述

安全生产应急管理坚持应急准备为主，应急准备与应急救援相结合的原则，落实所属企业安全生产应急主体责任和主要负责人的安全生产应急管理第一责任人责任。

（一）管理基本要求

（1）安全生产应急管理实行统一领导、分类管理、分级负责、属地为主、相关方协调联动的管理体制。

（2）在企业负责的工作模式，建立统一指挥、分工负责、部门联动、协调有序、反应灵敏、运转高效的安全生产应急工作机制。

（3）按照事件性质、危害程度、可控程度和社会影响程度，突发生产安全事件分为Ⅰ、Ⅱ、Ⅲ、Ⅳ四级，Ⅰ级最高。

（二）应急组织体系

企业安全生产应急组织体系由安全生产应急领导小组、有关部门、应急调控中心、现场工作组、应急专家组、应急信息组、现场应急指挥部以及企业专兼职应急救援队伍组成。

企业安全生产应急领导小组组长由HSE（安全生产）委员会主任担任，HSE（安全生产）委员会各成员单位按照职责履行本部门安全生产应急管理职责，负责组织或参与制修订并实施有关应急管理制度和相关应急预案。

二、应急准备

企业应当针对重大危险源、重要生产装置、重点工程建设项目、要害部位、关键生产环节、危险生产与作业场所、公共聚集场所及重大活动，开展风险辨识和评估，制定突发生产安全事件预防和控制措施，并组织实施。

（一）应急预案编制

企业应当依据风险辨识和评估结果，针对可能发生的突发生产安全事件，编制生产安全综合应急预案、专项应急预案、现场处置方（预）案和应急处置卡，并建立应急预案的制修订、培训、演练和审核备案等管理制度。

（1）企业按照有关规定编制突发事件总体应急预案的，可以不再单独编制生产安全综合应急预案。

（2）企业根据安全生产应急管理工作实际，指导承包商制定安全生产应急预案，并纳入企业应急预案体系管理。

（二）应急物资准备

企业应当按照有关法律法规和标准，结合企业实际工作需要，购置和储备与应急处置救援需求相适应的应急物资装备，及时更新和补充并分区域设置或建立应急物资装备储备库（点）。

企业应当鼓励和支持应急管理方法、应急技术、应急装备的研究与推广应用。同时鼓励各所属企业之间、所属企业与政府及社会组织签订协议，建立应急物资装备联合储备及使用机制，保障应急救援物资、应急处置装备的生产、供给。

（三）应急救援队伍

企业按照规划组织建设本企业专兼职应急救援队伍，应急救援队伍应当按照规定并结合实际工作需要，配备必要的应急救援装备和物资，定期组织训练。

（1）不具备应急救援队伍建设条件的企业，应当与周边应急救援力量签订协议，为本企业应急救援提供保障。

（2）企业应急救援队伍的应急救援人员应当具备必要的专业知识、技能、身体素质和心理素质。

（3）企业应当按照突发生产安全事件应急需求建立应急专家队伍（库），有计划地开展应急专家业务培训与技术交流。

（四）应急资源保障

（1）企业应当加强生产安全应急管理信息化工作，依托应急平台和HSE信息系统，持续完善生产安全应急模块功能，及时录入和维护应急预案、救援队伍、物资装备等基础信息，为突发生产安全事件应急提供及时、准确、有效的信息支持。

（2）企业应当根据突发生产安全事件应急需求建设应急通信系统，并加强日常运行管理与维护，确保应急状态下通信联络畅通。

（3）企业应当保障应急资金列支渠道畅通，确保应急物资装备和应急救援响应资金及时到位，足额保障；企业还应当为专业应急救援人员购买人身意外伤害保险。

（4）企业及应急救援队伍应建立应急值班制度，配备应急值班人员。从事易燃易爆物品、危险化学品等危险物品的生产、经营、储存、运输，且企业经营规模属于中型（含）以上的，应当成立应急处置技术组，实行24小时应急值班。

（五）全员应急培训

企业应当有计划、分层次地开展全员应急培训，通过多种形式培训和针对性训练，使从业人员具备必要的应急知识和技能，提高全员的应急意识和能力。

（1）应急决策指挥人员应当重点加强应急意识、管理知识及应急指挥决策能力等方面的培训。

（2）专兼职应急救援人员应重点加强应急预案和应急救援技能培训，培训合格后方可参加应急救援工作。

（3）岗位员工应当加强安全操作、应急反应、自救互救。以及第一时间初期处置与紧急避险能力培训。

（4）新上岗、转岗人员必须经过岗前应急培训并考核合格。

三、应急响应

（一）应急监测与预警

企业应当对可能危及周边居民生命财产安全，或产生次生环境损害的生产环节、关键设备设施、重大危险源等建立监视监测系统，对可能导致突发生产安全事件的异常状况进行重点监测，并保存监测记录。

（1）企业应当定期开展隐患排查，对于发现的重大生产安全事故隐患及高后果风险因素，应当及时组织开展隐患治理工作，加强事故防范措施，完善应急预案，做好应急监测预警。

（2）企业应当密切关注突发生产安全事件预报预警信息，对可预警的井喷失控着火、炼化装置着火爆炸、储油罐区泄漏着火、长输管道火灾爆炸、天然气储存设施和下游业务泄漏着火爆炸，有毒有害介质泄漏引发的次生灾害等突发生产安全事件，及时发布相应级别警报，并做好沟通、上报及跟踪等后续工作。

（3）企业应当认真落实应急值班制度，接报信息后应当按照规定时限报送有关领导签批，落实领导批示，协调有关部门、单位开展应急准备，并做好事态跟踪工作和后续工作。

（4）企业应当建立新闻舆论监测机制，发生突发生产安全事件时，企业应当立即监测社会舆情和新闻媒体动态，及时上报有关情况，积极组织引导和处置。

（二）应急处置与救援

企业应当明确并落实生产现场带班人员、班组长和调度人员突发紧急状况下的直接处置权和指挥权。在发现直接危及人身安全的紧急情况时，应当立即下达停止作业指令、采取可能的应急措施或组织撤离作业场所。

突发事件发生后，事发单位应启动本层级的应急响应程序，迅速控制危险源，组织抢救遇险人员，根据事故危害程度，组织现场人员撤离或者采取可能的应急措施后撤离，及时通知可能受到事故影响的单位和人员。必要时，请求邻近的应急救援队伍参加救援。

事发单位应当在不影响应急处置的前提下，采取有效措施保护事故现场，及时收集现场照片、监控录像、工艺设备运行参数、作业指令、班报表，以及应急处置过程等资料，任何人不得涂改、毁损或隐瞒事故有关资料。

突发事件可能对周边造成影响时，所属企业应当根据事故应急救援需要划定警戒区域，配合当地政府有关部门及时疏散和安置事故可能影响的周边居民和群众，劝离与救援无关的人员，对现场周边及有关区域实行交通疏导。在必要时，应当对事故现场实行隔离保护，重要部位、危险区域应当实行专人值守。

现场应急指挥部是突发生产安全事件现场应急处置最高决策指挥机构，实行总指挥负责制。现场应急指挥部应当充分发挥应急专家组、企业现场管理人员、专业技术人员以及救援队伍指挥员的作用，实行科学决策。在确保安全的前提下组织抢救遇险人员，控制危险源，封锁危险场所，杜绝盲目施救，防止事态扩大。

现场应急指挥部应当依法依规、及时如实向当地应急管理部门和负有安全生产监督管理职责的有关部门持续报告事故情况，不得瞒报、谎报、迟报、漏报。现场应急指挥部会议、重大决策事项等应当指定专人记录，指挥命令、会议纪要和图纸资料等应当妥善保存。

当地方人民政府或上级组织开展现场应急救援时，现场应急指挥部应当接受地方人民政府或上级组织的统一指挥，并持续做好应急处置工作。

企业具有为其他企业及社会公众提供应急救援的义务。有关单位、各类安全生产应急救援队伍接到地方人民政府应急救援指令或有关企业请求后，应当及时响应参加事故救援，并按照业务权限向上级主管部门报告有关情况。

四、应急评估与总结

现场应急处置工作完成后，经现场应急指挥部确认引发事故的风险已经排除，按照程序终止应急处置与救援工作。

（一）应急演练

企业应当定期或有计划地组织生产安全应急预案演练，并对演练工作进行总结评估。应急预案演练一年不得少于四次，每三年演练覆盖本单位所有应急预案，新制定或修订的应急预案应当及时组织演练，并按照相关规定将演练情况报送地方人民政府负有安全生产监督管理职责的部门。

（1）企业应当针对不同内部条件和外部环境，分层级、分类别开展桌面推演、实战演练及综合演练等多种形式的生产安全应急演练活动。

（2）基层站队应当结合实际工况，进行现场处置方（预）案和应急处置卡实战演练活动；管理层可以采取情景构建或模拟方式，组织桌面推演活动；集团公司及所属企业通过基层站队实战演练与管理层桌面推演相结合的方式，举办生产安全应急综合演练活动。

（3）企业应加强与地方政府、相关企业之间的应急救援联动，有针对性地组织开展联合应急演练。

（二）应急评估

事发单位应当对恢复生产过程中的安全风险进行评估，制定和实施有效防控措施，对现场危险因素进行持续监测，防止发生次生事故。

（1）企业应当按照合规、客观、公正、科学的原则，对应急准备、应急处置与救援工作进行评估，应急评估的结论及建议应当作为修订应急预案和加强应急管理的依据。

（2）应急准备评估可以自行组织或委托具有资质能力的第三方技术机构实施，上级安全生产应急管理部门应当对下属单位应急准备评估进行监督检查。

（3）应急准备评估内容主要包括应急制度与预案体系、物资装备储备、费用保障、队伍与能力建设、应急演练、应急培训、监测预警及信息系统建设等。

（三）应急总结

事发单位应当及时对事故应急处置与救援工作过程进行总结，并将总结报告报事故调查组和上级主管部门。事故应急处置与救援工作总结报告主要内容包括。

（1）事故基本情况。

（2）事故信息接收与报送情况。

（3）应急处置组织与领导。

（4）应急预案执行情况。

（5）应急救援队伍工作情况。

（6）主要技术措施及其实施情况。

（7）救援成效、经验教训。

（8）相关建议等。

企业事故调查组负责事故应急处置与救援评估工作，并在事故调查报告中对应急处置与救援工作做出评估结论。

第五章
健康安全环境法律法规

　　本章节主要系统介绍我国的健康安全环境法律法规体系构成，对重要的健康安全环境法律法规进行介绍，系统讲述了立法的目的、基本要求、主要内容和法律责任等内容。健康安全环境法律法规体系是指在一定的范围内，按其内在的联系将有关保护劳动者安全健康，保障生产安全，开发、利用、保护和改善环境的法律规范构成的一个有机的整体，这有助于各种法律规范间相互配合，有层次而又相互协调，更好地发挥保护劳动安全健康、生产安全和自然环境保护作用。

第一节　健康安全环境法律法规体系

我国目前建立了由法律、国务院行政法规、政府部门规章、地方性法规、地方政府规章、各类标准、国际条约组成的完整的健康安全环境法律法规体系。我国健康安全环境法律法规体系的构成主要包括三大类内容，分别是职业健康法律法规、安全生产法律法规、环境保护法律法规。还有保护员工利益的劳动法，以及其他法律法规中有关健康安全与环境的条款，如刑法、劳动合同法等。我国的健康安全环保法律法规体系如图5-1所示。

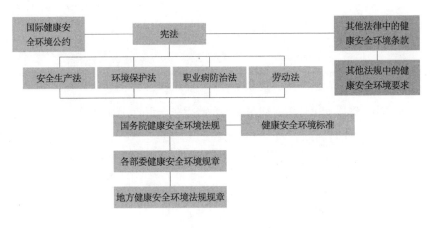

图5-1　我国健康安全环保法律法规体系

如图所示，根据法的不同层级和效力位阶，可以分为上位法与下位法，法的层级不同，其法律地位和效力也不同。上位法是指法律地位、法律效力高于其他相关法的立法；下位法相对于上位法而言，是指法律地位、法律效力低于相关上位法的立法。不同的立法对同一类或者同一个行为作出不同法律规定的，以上位法的规定为准，适用上位法的规定，上位法没有规定的，可以适用下位法，且下位法的数量一般多于上位法。

1.法律

法律是安全生产法律体系中的上位法，居于整个体系的最高层级，其法律地位和效力高于行政法规、地方性法规、部门规章、地方政府规章等下位法。国家现行的有关安全生产的专门法律有《中华人民共和国安全生产法》《中华人民共和国消防法》《中华人民共和国道路交通安全法》《中华人民共和国海上交通安全法》《中华人民共和国矿山安全法》；与安全生产相关的法律主要有《中华人民共和国劳动法》《中华人民共和国职业病防治法》《中华人民共和国工会法》《中华人民共和国矿产资源法》《中华人民共和国铁路法》《中华人民共和国公路法》《中华人民共和国民用航空法》《中华人民共和国港口法》《中华人民共和国建筑法》《中华人民共和国煤炭法》和《中华人民共和国电力法》等。

2.法规安全生产法规分为行政法规和地方性法规

（1）行政法规。安全生产行政法规的法律地位和法律效力低于有关安全生产的法律，高于地方性安全生产法规、地方政府安全生产规章等下位法。国家现有的安全生产行政法规有《安全生产许可证条例》《生产安全事故报告和调查处理条例》《危险化学品安全管理条例》《建设工程安全生产管理条例》《煤矿安全监察条例》等。

（2）地方性法规。地方性安全生产法规的法律地位和法律效力低于有关安全生产的法律、行政法规，高于地方政府安全生产规章。经济特区安全生产法规和民族自治地方安全生产法规的法律地位和法律效力与地方性安全生产法规相同。安全生产地方性法规有《北京市安全生产条例》《天津市安全生产条例》《河南省安全生产条例》等。

3.规章安全生产行政规章分为部门规章和地方政府规章

（1）部门规章。国务院有关部门依照安全生产法律、行政法规的规定或者国务院的授权制定发布的安全生产规章与地方政府规章之间具有同等效力，在各自的权限范围内施行。

（2）地方政府规章。地方政府安全生产规章是最低层级的安全生产立法，其法律地位和法律效力低于其他上位法，不得与上位法相抵触。

一、《中华人民共和国宪法》

《中华人民共和国宪法》中对健康权作出了保障，指出健康权作为公民享有的最基本人权，是公民享有一切权利的基础之一，如果健康权得不到保障，那么公民的其他权利就无法实现或很难实现。因此，健康权存在于世界各国的国家宪法、诸多国际和区域人权条约之中。各国政府都在积极创造各种条件使人人尽可能的享有健康权，这些条件包括确保获得卫生服务，健康和安全的工作条件，适足的住房和有营养的食物等。

我国《中华人民共和国宪法》在第一章总纲中明确指出，国家要发展医疗卫生事业，举办各种医疗卫生设施，开展群众性的卫生活动，保护人民健康；国家保护和改善生活环境和生态环境，防治污染和其他公害；国家组织和鼓励植树造林，保护林木。在第二章公民的基本权利和义务中指出，公民有劳动的权利和义务；国家通过各种途径，创造劳动就业条件，加强劳动保护，改善劳动条件，并在发展生产的基础上，提高劳动报酬和福利待遇；国家对就业前的公民进行必要的劳动就业训练；员工有休息的权利；国家发展员工休息和休养的设施，规定职工的工作时间和休假制度；国家保护妇女的权利和利益，实行男女同工同酬，培养和选拔妇女干部。宪法中所有这些规定，是我国职业安全健康与环境立法的法律依据和指导原则。

二、法律

法律分为基本法律和一般法律（专门法）两类。基本法律是由全国人民代表大会制定的调整国家和社会生活中带有普遍性的社会关系的规范性法律文件的统称，如刑法、民法、诉讼法以及有关国家机构的组织法等法律。一般法律是由全国人民代表大会常务委员会制定的调整国家和社会生活中某种具体社会关系或其中某一方面内容的规范性文件的统称。其调整范围较基本法律小，内容较具体，是我国法律的重要组成部分，主要的HSE法律法规如下所示：

《中华人民共和国安全生产法》（主席令〔2021〕第88号）

《中华人民共和国环境保护法》（主席令〔2014〕第9号）

《中华人民共和国职业病防治法》（主席令〔2018〕第24号）

《中华人民共和国劳动法》（主席令〔2018〕第24号）

《中华人民共和国劳动合同法》（主席令〔2007〕第65号）

《中华人民共和国特种设备安全法》（主席令〔2015〕第4号）

《中华人民共和国矿山安全法》（主席令〔2009〕第18号）

《中华人民共和国消防法》（主席令〔2021〕第81号）

《中华人民共和国道路交通安全法》（主席令〔2021〕第81号）

《中华人民共和国突发事件应对法》（主席令〔2007〕第69号）

《中华人民共和国工会法》（主席令〔2021〕第107号）

《中华人民共和国防洪法》（主席令〔2016〕第48号）

《中华人民共和国建筑法》（主席令〔2019〕第29号）

《中华人民共和国电力法》（主席令〔2015〕第24号）

《中华人民共和国防震减灾法》（主席令〔2008〕第7号）

《中华人民共和国海洋环境保护法》（主席令〔2017〕第81号）

《中华人民共和国石油天然气管道保护法》（主席令〔2010〕第30号）

《中华人民共和国固体废物污染环境防治法》（主席令〔2020〕第43号）

《中华人民共和国放射性污染防治法》（主席令〔2003〕第6号）

《中华人民共和国传染病防治法》（主席令〔2013〕第5号）

《中华人民共和国水污染防治法》（主席令〔2017〕第70号）

《中华人民共和国噪声污染防治法》（主席令〔2021〕第104号）

三、行政法规

国家性行政法规是由国务院组织制定并批准公布的，为实施HSE法律或规范HSE管理制度及程序而颁布的"条例"，其效力仅次于宪法和法律。常用的HSE行政法规如下：

《安全生产许可证条例》（国务院令〔2014〕第653号）

《危险化学品安全管理条例》（国务院令〔2011〕第591号）

《生产安全事故应急条例》（国务院令〔2019〕第708号）

《使用有毒物品作业场所劳动保护条例》（国务院令〔2002〕第352号）

《工伤保险条例》（国务院令〔2010〕第586号）

《生产安全事故报告和调查处理条例》（安监总局令〔2015〕第77号）

《城镇燃气管理条例》（国务院令〔2016〕第666号）

《突发公共卫生事件应急条例》（国务院令〔2010〕第588号）

《建设工程安全生产管理条例》（国务院〔2003〕第393号）

《电力设施保护条例》（国务院〔2011〕第638号）

《建设项目环境保护管理条例》（国务院〔2017〕第682号）

《大型群众性活动安全管理条例》（国务院令〔2007〕第505号）

《民用爆炸物品安全管理条例》（国务院令〔2014〕第653号）

《易制毒化学品管理条例》（国务院令〔2014〕第653号）

《放射性同位素与射线装置安全和防护条例》（国务院令〔2014〕第653号）

地方性法规是指依法由有地方立法权的地方人民代表大会及其常委会就地

方性事务以及根据本地区实际情况执行法律、行政法规的需要所制定的规范性文件。有权制定地方性法规的地方人大及其常委会包括省、自治区、直辖市人大及其常委会、较大的市的人大及其常委会。地方性法规只在本辖区内有效，如《河南省安全生产条例》《深圳市职业病报告暂行管理办法》等。

四、部门规章

部门规章是由国务院各部委以及各省、自治区、直辖市的人民政府和省、自治区所在地的市以及设区市的人民政府制定和发布的为加强职业安全健康工作的规范性文件。内容限于执行法律、行政法规以及相关的具体行政管理事项。卫生部门根据《职业病防治法》的规定建立健全了职业病防治法配套规章，如《职业健康检查管理办法》《职业健康监护管理办法》等，常用的HSE行政法规如下：

《突发事件应急预案管理办法》（国办发〔2013〕101号）

《生产安全事故应急预案管理办法》（应急管理部令〔2019〕第2号）

《生产安全事故信息报告和处置办法》（安监总局令〔2009〕第21号）

《特种作业人员安全技术培训考核管理规定》（安监总局令〔2015〕第80号）

《特种设备事故报告和调查处理规定》（市场监管总局〔2022〕第50号

《工作场所职业卫生管理规定》（卫健委令〔2020〕第5号）

《职业健康检查管理办法》（卫计委令〔2015〕第5号）

《职业健康监护管理办法》（卫生部令〔2002〕第23号）

《职业病危害因素分类目录》（国卫疾控发〔2015〕92号）

《职业病危害项目申报管理办法》（安全总局令〔2012〕第48号）

《突发公共卫生事件与传染病疫情监测信息报告管理办法》（卫生部令〔2003〕第37号）

《企业劳动防护用品管理规范》（安监总厅安健〔2015〕124号）

《突发环境事件应急管理办法》（环境保护部令〔2015〕第34号）

《企业安全培训规定》（国家安监总局令〔2015〕第80号）

《安全生产培训管理办法》（国家安监总局令〔2015〕第80号）

《危险化学品建设项目安全许可实施办法》（安监总局令〔2006〕第8号）

《建设项目安全设施"三同时"监督管理暂行办法》（安监总局令〔2011〕第36号）

《废弃危险化学品污染环境防治办法》(国家环境保护总局令〔2005〕第27号)

《危险性较大的分部分项工程安全管理规定》(住建部令〔2018〕第37号)

《安全生产事故隐患排查治理暂行规定》(安监总局令〔2008〕第16号)

《非煤矿矿山企业安全生产许可证实施办法》(安监总局令〔2009〕第20号)

《危险化学品企业重大危险源安全包保责任制办法（试行）》(应急厅〔2021〕第12号)

《危险化学品重大危险源监督管理暂行规定》(安监总局〔2015〕第79号)

《生产安全事故信息报告和处置办法》(安监总局令〔2009〕第21号)

《危险化学品登记管理办法》(国家安全监管总局令〔2012〕第53号)

《危险货物道路运输安全管理办法》(交通运输部令〔2019〕年第29号)

《国家危险废物名录（2021年版）》(2020年11月5日经生态环境部部务会议审议通过)

五、规范和标准

技术规范与标准是我国HSE法律法规体系中的一个重要组成部分，也是HSE法制管理的基础和重要依据。

1.强制性标准和推荐性标准

依据《中华人民共和国标准化法》第十四条，强制性标准，必须执行；不符合强制性标准的产品，禁止生产、销售和进口；推荐性标准，国家鼓励企业自愿采用。

（1）对保障人身健康和生命财产安全、国家安全、生态环境安全以及满足经济社会管理基本需要的技术要求，应当制定强制性标准。

（2）对于满足基础通用、与强制性国家标准配套、对各有关行业起引领作用等需要的技术要求，可以制定推荐性标准。

2.国家标准和行业标准

《安全生产法》第十条指出国务院有关部门应当按照保障安全生产的要求，依法及时制定有关的国家标准或者行业标准，并根据科技进步和经济发展适时修订。企业必须执行依法制定的保障安全生产的国家标准或者行业标准。

（1）国家标准。国家标准是指国家标准化行政主管部门依照《标准化法》制定的在全国范围内适用的技术规范。

（2）行业标准。行业标准是指国务院有关部门和直属机构依照《标准化法》制定的技术规范。行业标准对同一事项的技术要求，可以高于国家标准，但不得与其相抵触。

我国很多法律法规中没有规定的有关技术性内容，通过标准进行规范，同时在法律法规中明确了标准的法律地位，也就是说安全生产标准，无论是国家标准，还是行业标准，都具有法律效力。从某种意义上讲，安全生产标准是安全生产法律的延伸，是重要的技术性法律规定，由于各类HSE标准规范的数量巨大，应设置专门的人员收集、建立和维护起现行有标准规范清单和文件。

六、国际条约

国际条约指我国与外国缔结、参加、签订、加入、承认的双边、多边的条约、协定和其他具有条约性质的文件（国际条约的名称，除条约外还有公约、协议、协定、议定书、宪章、盟特殊要求约、换文和联合宣言等）。中国对缔结或参加的条约确认其效力，在处理涉外案件中，凡是中国参加或缔结的条约应当适用。如与国内法规定不一致的，适用国际条约规定，但对未曾缔结或参加的国际条约，以及声明保留的条款除外。

目前，中国已加入涉及职业健康方面的《国际劳工组织公约》《经济、社会及文化权利国际公约》《作业场所安全使用化学品公约》《三方协商促进履行国际劳动标准公约》《消除就业和职业歧视公约》等五个公约，是中国承担全球职业安全卫生健康义务的承诺。

第二节　重要安全生产法律法规

一、安全生产法

《中华人民共和国安全生产法》是为了加强安全生产工作，防止和减少生产安全事故，保障人民群众生命和财产安全，促进经济社会持续健康发展而制定的。2021年6月10日，中华人民共和国第十三届全国人民代表大会常务委员会第二十九次会议通过《全国人民代表大会常务委员会关于修改〈中华人民共和国安全生产法〉的决定》，自2021年9月1日起施行。

（一）立法目的

《安全生产法》作为我国安全生产领域的基础性、综合性法律，立法目的具有较强的综合性和概括性，主要体现在加强安全生产工作、防止和减少生产安全事故、保障人民群众生命和财产安全、促进经济社会持续健康发展等方面。

1.加强企业安全生产工作

安全生产是指在生产经营活动中，为避免发生造成人员伤害和财产损失的事故，有效消除或控制危险和有害因素而采取一系列措施，使生产经营过程在符合规定的条件下进行，以保证从业人员的人身安全与健康、设备和设施免受损坏、环境免遭破坏，保证生产经营活动得以顺利进行的相关活动。企业为了追求利益的最大化，在生产经营活动中往往都是以营利为目的，这是符合市场经济规律的。但是，追求利益绝不能以牺牲从业人员甚至公众的生命安全为代价。

2.防止和减少生产安全事故

生产安全事故是指企业在生产经营活动中突然发生的，伤害人身安全和健康、损坏设备设施或者造成直接经济损失的意外事件。如果在生产经营活动中对各种潜在的危害因素缺乏认识，或者没有采取有效的预防、控制措施，这种潜在的危险就会造成诸如触电、火灾、爆炸、中毒、窒息等导致人身伤害和财产损失的生产安全事故。因此，保证生产安全、预防和减少事故发生，成为生产经营活动中最重要的主题。虽然有些事故还难以做到完全避免，但只要对安全生产高度重视，加大投入，严格遵守法律、法规、规章和操作规程，事故是可防可控的。

3.保障人民群众生命和财产安全

安全生产关系人民群众的生命财产安全，关系改革发展和社会稳定大局。制定和修改完善安全生产法，强化企业的主体责任，重视安全生产，固树立人民至上、生命至上的理念，始终把安全生产放在重中之重的位置，始终把保障人民群众生命财产安全放在首位，要严格落实全员安全生产责任制，绝不能以牺牲人的生命为发展的代价。

4.促进经济和社会持续健康发展

安全生产是安全与生产的统一，其宗旨是安全促进生产，生产必须安全，安全是生产的前提条件，没有安全就无法生产。搞好安全工作，改善劳动条件，可以调动职工的生产积极性；减少职工伤亡，可以减少劳动力的损失；减少财产损失，可以增加企业效益，无疑会促进生产的发展。只有加强基础建设，加强责任落实，加强依法监管，全面推进安全生产各项工作，才能保障经济社会全面、协调、可持续健康发展。

（二）基本要求

1.安全生产基本理念与原则

安全生产工作应当以人为本，坚持人民至上、生命至上，把保护人民生命安全摆在首位，树牢安全发展理念，坚持安全第一、预防为主、综合治理的方针，从源头上防范化解重大安全风险。

安全生产工作实行管行业必须管安全、管业务必须管安全、管生产经营必须管安全，完善安全生产责任制，坚持党政同责、一岗双责、失职追责。强化和落实企业主体责任与政府监管责任，建立企业负责、职工参与、政府监管、行业自律和社会监督的机制。

2.安全生产的责任主体

企业作为安全生产责任主任，必须遵守本法和其他有关安全生产的法律、法规，加强安全生产管理，建立健全全员安全生产责任制和安全生产规章制度，加大对安全生产资金、物资、技术、人员的投入保障力度，改善安全生产条件，加强安全生产标准化、信息化建设，构建安全风险分级管控和隐患排查治理双重预防机制，健全风险防范化解机制，提高安全生产水平，确保安全生产。

3.主要负责人的安全责任

企业的主要负责人是本单位安全生产第一责任人，对本单位的安全生产工作全面负责。企业的主要负责人必须具备与本单位所从事的生产经营活动相应的安全生产知识和管理能力，并履行如下责任：

（1）建立健全并落实本单位全员安全生产责任制，加强安全生产标准化建设。

（2）组织制定并实施本单位安全生产规章制度和操作规程。

（3）组织制定并实施本单位安全生产教育和培训计划。

（4）保证本单位安全生产投入的有效实施。

（5）组织建立并落实安全风险分级管控和隐患排查治理双重预防工作机制，督促、检查本单位的安全生产工作，及时消除生产安全事故隐患。

（6）组织制定并实施本单位的生产安全事故应急救援预案。

（7）及时、如实报告生产安全事故。

企业发生生产安全事故时，单位的主要负责人应当立即组织抢救，并不得在事故调查处理期间擅离职守。如果企业主要负责人不履行法定义务，构成安全生产违法行为或者发生生产安全事故的，根据有责必究、有罪必罚的原则，将依照法律规定追究责任。对重大、特别重大生产安全事故负有责任的，终身不得担任本行业企业的主要负责人。

4.安全管理机构与人员要求

建筑施工、运输单位和危险物品的生产、经营、储存、装卸单位，应当设置安全生产管理机构或者配备专职安全生产管理人员。

（1）从业人员超过一百人的，应当设置安全生产管理机构或者配备专职安全生产管理人员；从业人员在一百人以下的，应当配备专职或者兼职的安全生产管理人员。

（2）企业可以设置专职安全生产分管负责人，协助本单位主要负责人履行安全生产管理职责。

（3）企业的安全生产管理机构以及安全生产管理人员应当恪尽职守，依法履行职责。

（4）企业作出涉及安全生产的经营决策，应当听取安全生产管理机构以及安全生产管理人员的意见。

（5）企业的安全生产管理人员必须具备与本单位所从事的生产经营活动相应的安全生产知识和管理能力考核合格。

（6）危险物品的生产、储存、装卸单位应当有注册安全工程师从事安全生产管理工作，鼓励其他企业聘用注册安全工程师从事安全生产管理工作。

企业不得因安全生产管理人员依法履行职责而降低其工资、福利等待遇或者解除与其订立的劳动合同。

5.安全生产机构与人员责任

企业的安全生产管理机构以及安全生产管理人员履行下列职责。

（1）组织或者参与拟订本单位安全生产规章制度、操作规程和生产安全事故应急救援预案。

（2）组织或者参与本单位安全生产教育和培训，如实记录安全生产教育和培训情况。

（3）组织开展危险源辨识和评估，督促落实本单位重大危险源的安全管理措施。

（4）组织或者参与本单位应急救援演练。

（5）检查本单位的安全生产状况，及时排查生产安全事故隐患，提出改进安全生产管理的建议。

（6）制止和纠正违章指挥、强令冒险作业、违反操作规程的行为。

（7）督促落实本单位安全生产整改措施。

企业可以设置专职安全生产分管负责人，协助本单位主要负责人履行安全生产管理职责。

（三）单位要求

1.安全生产条件

企业应当具备本法和有关法律、行政法规和国家标准或者行业标准规定的安全生产条件；不具备安全生产条件的，不得从事生产经营活动。

2.安全生产责任制

企业的全员安全生产责任制应当明确各岗位的责任人员、责任范围和考核标准等内容。应当建立相应的机制，加强对全员安全生产责任制落实情况的监督考核，保证全员安全生产责任制的落实。

3.安全生产投入

企业应当具备的安全生产条件所必需的资金投入，按照规定提取和使用安全生产费用，专门用于改善安全生产条件。安全生产费用在成本中据实列支。对由于安全生产所必需的资金投入不足导致的后果承担责任。企业应当安排用于配备劳动防护用品、进行安全生产培训的经费。

4.安全教育和培训

企业应当对从业人员（含被派遣员工）进行安全生产教育和培训，保证从业人员具备必要的安全生产知识，熟悉有关的安全生产规章制度和安全操作规程，掌握本岗位的安全操作技能，了解事故应急处理措施，知悉自身在安全生产方面的权利和义务。

未经安全生产教育和培训合格的从业人员，不得上岗作业。企业应当建立安全生产教育和培训档案，如实记录安全生产教育和培训的时间、内容、参加人员、考核结果等情况。

企业采用新工艺、新技术、新材料或者使用新设备，必须了解、掌握其安全技术特性，采取有效的安全防护措施，并对从业人员进行专门的安全生产教育和培训。

企业必须为从业人员提供符合国家标准或者行业标准的劳动防护用品，并监督、教育从业人员按照使用规则佩戴、使用。

企业的特种作业人员必须按照国家有关规定经专门的安全作业培训，取得相应资格，方可上岗作业。

企业应当关注从业人员的身体、心理状况和行为习惯，加强对从业人员的心理疏导、精神慰藉，严格落实岗位安全生产责任，防范从业人员行为异常导致事故发生。

5.安全设施"三同时"

企业新建、改建、扩建工程项目（以下统称建设项目）的安全设施，必须与主体工程同时设计、同时施工、同时投入生产和使用。安全设施投资应当纳入建设项目概算中。

矿山、金属冶炼建设项目和用于生产、储存、装卸危险物品的建设项目竣工投入生产或者使用前，应当由建设单位负责组织对安全设施进行验收；验收合格后，方可投入生产和使用。

6.安全设施设置

企业应当在有较大危险因素的生产经营场所和有关设施、设备上，设置明显的安全警示标志。

安全设备的设计、制造、安装、使用、检测、维修、改造和报废，应当符合国家标准或者行业标准。

企业必须对安全设备进行经常性维护、保养，以及定期检测，保证正常运转。维护、保养、检测应当作好记录，并由相关人员签字。

企业不得关闭、破坏直接关系生产安全的监控、报警、防护、救生设备、设施，或者篡改、隐瞒、销毁其相关数据、信息。

7.危险物品

企业使用的危险物品的容器、运输工具，以及涉及人身安全、危险性较大的海洋石油开采特种设备和矿山井下特种设备，必须检测、检验合格，取得安全使用证或者安全标志，方可投入使用。

国家对严重危及生产安全的工艺、设备实行淘汰制度，企业不得使用应当淘汰的危及生产安全的工艺、设备。

企业生产、经营、运输、储存、使用危险物品或者处置废弃危险物品，必须执行有关法律、法规和国家标准或者行业标准，建立专门的安全管理制度，采取可靠的安全措施。

生产、经营、储存、使用危险物品的车间、商店、仓库不得与员工宿舍在同一座建筑物内，并应当与员工宿舍保持安全距离。

8.重大危险源

企业对重大危险源应当登记建档，进行定期检测、评估、监控，并制定应急预案，告知从业人员和相关人员在紧急情况下应当采取的应急措施。

企业应当按照国家有关规定将本单位重大危险源及有关安全措施、应急措施报有关地方人民政府应急管理部门和有关部门备案。

9.风险分级防控与隐患排查治理

企业应当建立安全风险分级管控制度，按照安全风险分级采取相应的管控措施。企业应当建立健全并落实生产安全事故隐患排查治理制度，采取技术、管理措施，及时发现并消除事故隐患。

生产经营场所和员工宿舍应当设有符合紧急疏散要求、标志明显、保持畅通的出口、疏散通道。禁止占用、锁闭、封堵生产经营场所或者员工宿舍的出口、疏散通道。

企业在进行爆破、吊装、动火、临时用电以及规定的其他危险作业时，应当安排专门人员进行现场安全管理，确保操作规程的遵守和安全措施的落实。

企业应当教育和督促从业人员严格执行本单位的安全生产规章制度和安全操作规程；并向从业人员如实告知作业场所和工作岗位存在的危险因素、防范措施以及事故应急措施。

企业的安全生产管理人员应当根据本单位的生产经营特点，对安全生产状况进行经常性检查；对检查中发现的安全问题，应当立即处理；不能处理的，应当及时报告本单位有关负责人，有关负责人应当及时处理。

企业的安全生产管理人员在检查中发现重大事故隐患应向本单位有关负责

人报告，有关负责人不及时处理的，安全生产管理人员可以向主管的负有安全生产监督管理职责的部门报告，接到报告的部门应当依法及时处理。

两个以上企业在同一作业区域内进行生产经营活动，可能危及对方生产安全的，应当签订安全生产管理协议，明确各自的安全生产管理职责和应当采取的安全措施，并指定专职安全生产管理人员进行安全检查与协调。

10.发包与出租

企业不得将生产经营项目、场所、设备发包或者出租给不具备安全生产条件或者相应资质的单位或者个人。

企业应当与承包单位、承租单位签订专门的安全生产管理协议，或者在承包合同、租赁合同中约定各自的安全生产管理职责。

企业对承包单位、承租单位的安全生产工作统一协调、管理，定期进行安全检查，发现安全问题的，应当及时督促整改。

用于生产、储存、装卸危险物品的建设项目的施工单位应当加强对施工项目的安全管理，不得倒卖、出租、出借、挂靠或者以其他形式非法转让施工资质，不得将其承包的全部建设工程转包给第三人或者将其承包的全部建设工程支解以后以分包的名义分别转包给第三人，不得将工程分包给不具备相应资质条件的单位。

11.工伤保险

企业必须依法参加工伤保险，为从业人员缴纳保险费。国家鼓励企业投保安全生产责任保险；属于高危行业、领域的企业，应当投保安全生产责任保险。

12.应急管理

企业应当制定适用于本单位生产安全事故的应急救援预案，并与所在地县级以上地方人民政府组织制定的生产安全事故应急救援预案相衔接，定期组织演练。

危险物品的生产、经营、储存单位以及建筑施工单位应当建立应急救援组织。生产经营规模较小的，可以不建立应急救援组织，但应当指定兼职的应急救援人员。

危险物品的生产、经营、储存、运输单位以及建筑施工单位应当配备必要的应急救援器材、设备和物资，并进行经常性维护、保养，保证正常运转。

企业发生生产安全事故后，事故现场有关人员应当立即报告本单位负责人。单位负责人接到事故报告后，应当迅速采取有效措施，组织抢救，防止事故扩大，减少人员伤亡和财产损失，并立即如实报告当地政府部门，不得隐瞒不报、谎报或者迟报，不得故意破坏事故现场、毁灭有关证据。

（四）权利义务

企业与从业人员订立的劳动合同，应当载明有关保障从业人员劳动安全、防止职业危害的事项，以及依法为从业人员办理工伤保险等事项。不得以任何形式免除或者减轻依法应承担的责任。

从业人员有权了解其作业场所和工作岗位存在的危险因素、防范措施及事故应急措施，有权对本单位的安全生产工作提出建议。

从业人员有权对本单位安全生产工作中存在的问题提出批评、检举、控告；有权拒绝违章指挥和强令冒险作业。

从业人员发现直接危及人身安全的紧急情况时，有权停止作业或者在采取可能的应急措施后撤离作业场所。

企业发生生产安全事故后，应当及时采取措施救治有关人员。因生产安全事故受到损害的从业人员，除依法享有工伤保险外，依照民事法律有获得赔偿的权利，有权提出赔偿要求。

从业人员在作业过程中，应当严格落实岗位安全责任，遵守本单位的安全生产规章制度和操作规程，服从管理，正确佩戴和使用劳动防护用品。

从业人员应当接受安全生产教育和培训，掌握本职工作所需的安全生产知识，提高安全生产技能，增强事故预防和应急处理能力。

从业人员发现事故隐患或者其他不安全因素，应当立即向现场安全生产管理人员或者本单位负责人报告；接到报告的人员应当及时予以处理。

（五）法律责任

法律责任是国家管理社会事务所采用的强制当事人依法办事的法律措施。依照《中华人民共和国安全生产法》的规定，各类安全生产法律关系的主体必须履行各自的安全生产法律义务，保障安全生产。执法机关将依照有关法律规定，追究安全生产违法犯罪分子的法律责任，对有关企业给予法律制裁。

1.安全生产法律责任的形式

追究安全生产违法行为法律责任的形式有三种，即行政责任，民事责任和刑事责任。在现行有关安全生产的法律法规中，安全生产法采用的法律责任形式最全，设定的处罚种类最多，实施处罚的力度最大。

《中华人民共和国安全生产法》针对安全生产违法行为设定的行政处罚，共有责令改正，责令限期改正，责令停产停业整顿，责令停止建设，停止使用，责令停止违法行为，罚款，没收违法所得，吊销证照，行政拘留，关闭等11种。

《中华人民共和国安全生产法》中首先设定民事责任的法律，企业发生生产安全事故造成人员伤亡，他人财产损失的，应当依法承担赔偿责任。为了制裁那些严重的安全生产违法犯罪分子，《中华人民共和国安全生产法》设定了刑事责任。

2.安全生产违法行为的责任主体

安全生产违法行为的责任主体，是指依照安全生产法的规定享有安全生产权利，负有安全生产义务和承担法律责任的社会组织和公民，责任主体主要包括4种。

（1）有关人民政府和负有安全生产监督管理职责的部门及其领导人，负责人。

（2）企业及其负责人，有关主管人员。

（3）企业的从业人员。

（4）安全生产中介服务机构和安全生产中介服务人员。

3.安全生产违法行为行政处罚的决定机关

安全生产违法行为行政处罚的决定机关亦称行政执法主体，是指法律法规授权履行法律实施职权和负责追究有关法律责任的国家行政机关。鉴于安全生产法是安全生产领域的基本法律，它的实施涉及多个行政机关，在目前的安全生产监督管理体制下，执法主体不是一个，而是多个，依法实施行政处罚是有关行政机关的法定职权，行政责任是采用最多的法律责任形式，具体地说，安全生产法规定的行政执法主体有4种。

（1）县级以上人民政府负责安全生产监督管理职责的部门。

（2）县级以上人民政府。对经停产整顿仍不达标的企业，规定由负责安全生产监督管理的部门报请县级以上人民政府按照国务院规定的权限决定予以关闭。

（3）公安机关。为了保证对限制人身自由行政处罚执法主体的一致性，对违反《中华人民共和国安全生产法》有关规定需要予以拘留的，除公安机关以外的其他部门、单位和公民，都无权擅自实施。

（4）法定的其他行政机关。为了保持法律执法主体的连续性。《中华人民共和国安全生产法》规定，有关法律、行政法规对行政处罚的决定另有规定的，依照其规定。履行某些行政处罚权力的，主要有公安、工商、交通、建筑、质检、安全监察等专项安全生产监管部门和机构，在有关法律行政法规授权的范围内，有权决定相应的行政处罚。

4.企业的安全生产违法行为

安全生产违法行为是指安全生产法律关系主体违反安全生产法律规定所从事的非法生产经营活动，安全生产违法行为是危害社会和公民人身安全的行为，是导致生产事故多发和人员伤亡的直接原因，安全生产违法行为，分为作为和不作为，作为是指责任主体实施了法律禁止的行为而触犯法律，不作为是指责任体不履行法定义务而触犯法律。《中华人民共和国安全生产法》关于安全生产法律关系主体的违法行为的界定，对于规范政府部门依法行政和企业依法生产经营，追究违法者的法律责任，具有重要意义。

《中华人民共和国安全生产法》规定追究法律责任的企业的安全生产违法行为有27种，设定的法律责任分别是：处以罚款，没收违法所得，责令限期改正，停产停业整顿，责令停止建设，责令停止违法行为，吊销证照，关闭的行政处罚；导致发生生产安全事故给他人造成损害或者其他违法行为造成他人损害的，承担赔偿责任或者连带赔偿责任，构成犯罪的，依法追究刑事责任。

5.从业人员的安全生产违法行为

《中华人民共和国安全生产法》规定追究法律责任的企业有关人员的安全生产违法行为有7种。对这7种安全生产违法行为设定的法律责任分别是：处以降职，撤职，罚款，拘留的行政处罚，构成犯罪的，依法追究刑事责任。

6.安全生产中介机构的违法行为

《中华人民共和国安全生产法》规定追究法律责任的安全生产中介服务违法行为，主要是承担安全评价，认证，检测，检验的机构，出具虚假证明的，对该种安全生产违法行为设定的法律责任是处以罚款，没收违法所得，撤销资格的行政处罚，给他人造成损害的，与企业承担连带赔偿责任，构成犯罪的，依法追究刑事责任。

7.负有安全生产监督管理职责部门工作人员的违法行为

《中华人民共和国安全生产法》规定追究法律责任的负有安全生产监督管理职责的部门工作人员失职，渎职的违法行为。对上述安全生产违法行为设定的法律责任是给予：行政降级，撤职等行政处分，构成犯罪的，依照刑法有关规定追究刑事责任。

8.民事赔偿的强制执行

民事责任的执法主体是各级人民法院，按照我国民事诉讼法的规定，只有人民法院是受理民事赔偿案件，确定民事责任，裁判追究民事赔偿责任的唯一的法律审判机关。如果当事人各方不能就民事赔偿和连带赔偿的问题协商一致，即可通过民事诉讼主张权利，获得赔偿。

《中华人民共和国安全生产法》第一次在安全生产立法中设定了民事赔偿责任，依法调整当事人之间在安全生产方面的人身关系和财产关系，重视对财产权利的保护，这是一大特色和创新，并根据民事违法行为的主体、内容的不同，将民事赔偿具体分为连带赔偿和事故损害赔偿并分别作出了规定。

连带赔偿责任的特点是有两个以上民事主体从事了一个或者多个民事违法行为给受害方造成损害即人身伤害、财产损失或经济损失，责任双方均有对受害方进行民事赔偿的义务和责任，受害方可以向其中一方或者各方追索民事赔偿。

事故损害赔偿专指因企业的过错，即安全生产违法行为而导致生产安全事故，造成人员伤亡，他人财产损失所应承担的赔偿责任。事故损害赔偿与连带赔偿的区别在于，事故损害赔偿只有一个主体，单独实施了一个或者多个民事违法行为，其损害后果只能是一个，即导致生产安全事故。这里应当注意两点，一是过错方必须是企业，即企业有安全生产违法行为而引发事故。二是事故造成了本单位从业人员的伤亡或者不特定的其他人的财产损失。

《中华人民共和国安全生产法》为了保护公民、法人或其他组织的合法民事权益，专门对有关民事赔偿问题规定了强制执行措施。一是确定企业发生生产安全事故造成人员伤亡，他人财产损失的，应当依法承担赔偿责任。二是规定了强制执行措施，企业发生生产安全事故造成人员伤亡，他人财产损失，拒不承担赔偿责任或者其负责人逃匿的，由人民法院强制执行。三是规定了继续或者随时履行赔偿责任。生产安全事故的责任人未依法承担赔偿责任，经人民法院依法采取执行措施后，仍不能对受害人给予足额赔偿的，应当继续履行赔偿义务。受害人发现责任人有其他财产的，可以随时请求人民法院执行。

二、消防法

《中华人民共和国消防法》是为了预防火灾和减少火灾危害，加强应急救援工作，保护人身、财产安全，维护公共安全而制定的。1998年4月29日第九届全国人民代表大会常务委员会第二次会议通过，2019年4月23日第十三届全国人民代表大会常务委员会第十次会议修订。

（一）火灾预防

消防工作贯彻"预防为主、防消结合"的方针，按照政府统一领导、部门依法监管、单位全面负责、公民积极参与的原则，实行消防安全责任制。任何单位和个人都有维护消防安全、保护消防设施、预防火灾、报告火警的义务。任何单位和成年人都有参加有组织的灭火工作的义务。

1.消防设计要求

建设工程的消防设计、施工必须符合国家工程建设消防技术标准。建设、设计、施工、工程监理等单位依法对建设工程的消防设计、施工质量负责。对按照国家工程建设消防技术标准需要进行消防设计的建设工程，实行建设工程消防设计审查验收制度。

2.建筑消防要求

同一建筑物由两个以上单位管理或者使用的，应当明确各方的消防安全责任，并确定责任人对共用的疏散通道、安全出口、建筑消防设施和消防车通道进行统一管理。住宅区的物业服务企业应当对管理区域内的共用消防设施进行维护管理，提供消防安全防范服务。

3.大型活动要求

举办大型群众性活动，承办人应当依法向公安机关申请安全许可，制定灭火和应急疏散预案并组织演练，明确消防安全责任分工，确定消防安全管理人员，保持消防设施和消防器材配置齐全、完好有效，保证疏散通道、安全出口、疏散指示标志、应急照明和消防车通道符合消防技术标准和管理规定。

4.动火作业要求

禁止在具有火灾、爆炸危险的场所吸烟、使用明火。因施工等特殊情况需要使用明火作业的，应当按照规定事先办理审批手续，采取相应的消防安全措施；作业人员应当遵守消防安全规定。进行电焊、气焊等具有火灾危险作业的人员和自动消防系统的操作人员，必须持证上岗，并遵守消防安全操作规程。

5.消防设施要求

任何单位、个人不得损坏、挪用或者擅自拆除、停用消防设施、器材，不得埋压、圈占、遮挡消火栓或者占用防火间距，不得占用、堵塞、封闭疏散通道、安全出口、消防车通道。人员密集场所的门窗不得设置影响逃生和灭火救援的障碍物。

（二）消防责任

1.专（兼）职消防队

生产、储存易燃易爆危险品的大型企业，储备可燃的重要物资的大型仓库、基地，以火灾危险性较大、距离国家综合性消防救援队较远的其他大型企业；应当建立单位专职消防队，承担本单位的火灾扑救工作。

企业根据需要建立志愿消防队等多种形式的消防组织，开展群众性自防自救工作。

2.一般企业消防职责

单位的主要负责人是本单位的消防安全责任人，企业应当履行下列消防安全职责。

（1）落实消防安全责任制，制定本单位的消防安全制度、消防安全操作规程，制定灭火和应急疏散预案。

（2）按照国家标准、行业标准配置消防设施、器材，设置消防安全标志，并定期组织检验、维修，确保完好有效。

（3）对建筑消防设施每年至少进行一次全面检测，确保完好有效，检测记录应当完整准确，存档备查。

（4）保障疏散通道、安全出口、消防车通道畅通，保证防火防烟分区、防火间距符合消防技术标准。

（5）组织防火检查，及时消除火灾隐患。

（6）组织进行有针对性的消防演练。

（7）法律、法规规定的其他消防安全职责。

3.重点防火单位职责

消防安全重点单位除应当履行上述规定的职责外，还应当履行下列消防安全职责。

（1）确定消防安全管理人，组织实施本单位的消防安全管理工作。

（2）建立消防档案，确定消防安全重点部位，设置防火标志，实行严格管理。

（3）实行每日防火巡查，并建立巡查记录。

（4）对职工进行岗前消防安全培训，定期组织消防安全培训和消防演练。

（三）灭火救援

任何人发现火灾都应当立即报警。任何单位、个人都应当无偿为报警提供便利，不得阻拦报警，严禁谎报火警。

1.火灾应急处置

人员密集场所发生火灾，该场所的现场工作人员应当立即组织、引导在场人员疏散。任何单位发生火灾，必须立即组织力量扑救。邻近单位应当给予支援。消防队接到火警，必须立即赶赴火灾现场，救助遇险人员，排除险情，扑灭火灾。

2.消防指挥权限

消防救援机构统一组织和指挥火灾现场扑救，应当优先保障遇险人员的生命安全。火灾现场总指挥根据扑救火灾的需要，有权决定下列事项。

（1）使用各种水源。

（2）截断电力、可燃气体和可燃液体的输送，限制用火用电。

（3）划定警戒区，实行局部交通管制。

（4）利用邻近建筑物和有关设施。

（5）为了抢救人员和重要物资，防止火势蔓延，拆除或者破损毗邻火灾现场的建筑物、构筑物或者设施等。

（6）调动供水、供电、供气、通信、医疗救护、交通运输、环境保护等有关单位协助灭火救援。

3.消防车通行

消防车、消防艇前往执行火灾扑救或者应急救援任务，在确保安全的前提下，不受行驶速度、行驶路线、行驶方向和指挥信号的限制，其他车辆、船舶以及行人应当让行，不得穿插超越；收费公路、桥梁免收车辆通行费。

4.补偿与抚恤

单位专职消防队、志愿消防队参加扑救外单位火灾所损耗的燃料、灭火剂和器材、装备等，由火灾发生地的人民政府给予补偿。对因参加扑救火灾或者应急救援受伤、致残或者死亡的人员，按照国家有关规定给予医疗、抚恤。

5.火灾事故调查

火灾扑灭后，发生火灾的单位和相关人员应当按照消防救援机构的要求保护现场，接受事故调查，如实提供与火灾有关的情况。消防救援机构根据火灾现场勘验、调查情况和有关的检验、鉴定意见，及时制作火灾事故认定书，作为处理火灾事故的证据。

三、特种设备安全法

为了加强特种设备安全工作，预防特种设备事故，保障人身和财产安全，促进经济社会发展颁发实施《中华人民共和国特种设备安全法》，该法于2013年6月29日第十二届全国人民代表大会常务委员会第三次会议表决通过了，自2014年1月1日起施行。

（一）基本要求

特种设备，是指对人身和财产安全有较大危险性的锅炉、压力容器（含气瓶）、压力管道、电梯、起重机械、客运索道、大型游乐设施、场（厂）内专用机动车辆，以及法律、行政法规规定的其他特种设备。

特种设备生产、经营、使用单位应当遵守本法和其他有关法律、法规，建立、健全特种设备安全和节能责任制度，加强特种设备安全和节能管理，确保特种设备生产、经营、使用安全，符合节能要求。

（二）责任要求

特种设备生产、经营、使用单位及其主要负责人对其生产、经营、使用的特种设备安全负责。单位应配备特种设备安全管理人员、检测人员和作业人员，并对其进行必要的安全教育和技能培训，取得相应资格，方可从事相关工作。

特种设备生产、经营、使用单位对其生产、经营、使用的特种设备应当进行自行检测和维护保养，对国家规定实行检验的特种设备应当及时申报并接受检验。

（三）特种设备的使用

1.特种设备安全管理

特种设备使用单位应当使用取得许可生产并经检验合格的特种设备。禁止使用国家明令淘汰和已经报废的特种设备。

特种设备使用单位应当在特种设备投入使用前或者投入使用后30日内，向负责特种设备安全监督管理的部门办理使用登记，取得使用登记证书。登记标志应当置于该特种设备的显著位置。

特种设备使用单位应当建立岗位责任、隐患治理、应急救援等安全管理制度，制定操作规程，保证特种设备安全运行。

特种设备使用单位应当建立特种设备安全技术档案。

2.维护保养与定期检验

特种设备使用单位应当对其使用的特种设备，以及安全附件、安全保护装置进行经常性维护保养和定期自行检查，并作出记录。

特种设备使用单位应当按照安全技术规范的要求，在检验合格有效期届满前一个月向特种设备检验机构提出定期检验要求。并将定期检验标志置于该特种设备的显著位置。

3.隐患排查与故障处理

特种设备安全管理人员应当对特种设备使用状况进行经常性检查，发现问题应当立即处理。

特种设备进行改造、修理，按照规定需要变更使用登记的，应当办理变更登记，方可继续使用。

特种设备存在严重事故隐患，无改造、修理价值，或者达到安全技术规范规定的其他报废条件的，特种设备使用单位应当依法履行报废义务，采取必要措施消除该特种设备的使用功能，并向原登记部门办理使用登记证书注销手续。

4.移动式压力容器与气瓶充装

压力容器、气瓶充装单位，应当具备下列条件，并经负责特种设备HSE监督管理的部门许可，方可从事充装活动：一是有与充装和管理相适应的管理人员和技术人员；二是有与充装和管理相适应的充装设备、检测手段、场地厂房、器具、安全设施；三是有健全的充装管理制度、责任制度、处理措施。

充装单位应当建立充装前后的检查、记录制度，禁止对不符合安全技术规范要求的移动式压力容器和气瓶进行充装。

气瓶充装单位应当向气体使用者提供符合安全技术规范要求的气瓶，对气体使用者进行气瓶安全使用指导，并按照安全技术规范的要求办理气瓶使用登记，及时申报定期检验。

（四）法律责任

特种设备生产、经营、使用单位有下列情形之一的，责令限期改正；逾期未改正的，责令停止使用有关特种设备或者停产停业整顿，并根据严重程度进行罚款。

（1）使用特种设备未按照规定办理使用登记的。

（2）未建立特种设备安全技术档案或者安全技术档案不符合规定要求，或者未依法设置使用登记标志、定期检验标志的。

（3）未对其使用的特种设备进行经常性维护保养和定期自行检查，或者未对其使用的特种设备的安全附件、安全保护装置进行定期校验、检修，并作出记录的。

（4）未按照安全技术规范的要求及时申报并接受检验的。

（5）未按照安全技术规范的要求进行锅炉水（介）质处理的。

（6）未制定特种设备事故应急专项预案的。

（7）使用未取得许可生产，未经检验或者检验不合格的特种设备，或者国家明令淘汰、已经报废的特种设备的。

（8）特种设备出现故障或者发生异常情况，未对其进行全面检查、消除事故隐患，继续使用的。

（9）特种设备存在严重事故隐患，无改造、修理价值，或者达到安全技术规范规定的其他报废条件，未依法履行报废义务，并办理使用登记证书注销手续的。

（10）未配备具有相应资格的特种设备安全管理人员、检测人员和作业人员的。

（11）使用未取得相应资格的人员从事特种设备安全管理、检测和作业的。

（12）未对特种设备安全管理人员、检测人员和作业人员进行安全教育和技能培训的。

四、危险化学品管理条例

为加强危险化学品的安全管理，预防和减少危险化学品事故，保障人民群众生命财产安全，保护环境，颁发实施《危险化学品安全管理条例》，该条例于2002年1月26日中华人民共和国国务院令第344号公布。根据2013年12月7日《国务院关于修改部分行政法规的决定》修订。

（一）基本要求

危险化学品是指具有毒害、腐蚀、爆炸、燃烧、助燃等性质，对人体、设施、环境具有危害的剧毒化学品和其他化学品。

危险化学品安全管理，应当坚持安全第一、预防为主、综合治理的方针，强化和落实企业的主体责任。

生产、储存、使用、经营、运输危险化学品的单位（以下统称危险化学品单位）的主要负责人对本单位的危险化学品安全管理工作全面负责。

危险化学品单位应当具备法律、行政法规规定和国家标准、行业标准要求的安全条件，建立、健全安全管理规章制度和岗位安全责任制度，对从业人员进行安全教育、法制教育和岗位技术培训，考核合格后上岗作业，对有资格要求的岗位，应当配备依法取得相应资格的人员。

（二）建设与施工

1.建设项目

新建、改建、扩建生产、储存危险化学品的建设项目，应当由安全生产监督管理部门进行安全条件审查。

建设单位应当对建设项目进行安全条件论证和安全评价，并将安全条件论证和安全评价的情况报告报建设项目所在地安全生产监督管理部门。

生产、储存危险化学品的单位，应当对其铺设的危险化学品管道设置明显标志，并对危险化学品管道定期检查、检测。

2.施工作业

进行可能危及危险化学品管道安全的施工作业，施工单位应当在开工的7日前书面通知管道所属单位，并与管道所属单位共同制定应急预案，采取相应的安全防护措施。管道所属单位应当指派专门人员到现场进行管道安全保护指导。

（三）生产与储存

1.生产管理

生产企业进行生产前，应当取得危险化学品安全生产许可证。

生产企业应当提供与其生产的危险化学品相符的化学品安全技术说明书，并在危险化学品包装上粘贴或者拴挂与包装内危险化学品相符的化学品安全标签。

危险化学品的包装应当符合法律标准的要求。危险化学品包装物、容器的材质以及危险化学品包装的型式、规格、方法和单件质量（重量），应当与所包装的危险化学品的性质和用途相适应。

对重复使用的危险化学品包装物、容器，使用单位在重复使用前应当进行检查；发现存在安全隐患的，应当维修或者更换。

2.储存管理

危险化学品生产装置或者储存数量构成重大危险源的危险化学品储存设施，与人员密集场所、重要设施、敏感区域的安全距离应当符合国家有关规定。

已建的危险化学品生产装置或者储存数量构成重大危险源的危险化学品储存设施不符合安全距离规定的，所属单位在规定期限内进行整改或转产、停产、搬迁、关闭的。

生产、储存危险化学品的单位，应当根据危险化学品的种类和危险特性，在作业场所设置相应的监测、监控、通风、防晒、调温、防火、灭火、防爆、泄压、防毒、中和、防潮、防雷、防静电、防腐、防泄漏以及防护围堤或者隔离操作等安全设施、设备，并经常性维护、保养，保证正常使用。

生产、储存危险化学品的单位，应当在其作业场所和安全设施、设备上设置明显的安全警示标志，在其作业场所设置通信、报警装置，并保证处于适用状态。

生产、储存危险化学品的企业，应当委托具备资质的机构，对本企业的安全生产条件每3年进行一次安全评价，提出安全评价报告，报告的内容应当包括对安全生产条件存在的问题进行整改的方案。

3.仓库管理

危险化学品应当储存在专用仓库、专用场地或者专用储存室（以下统称专用仓库）内，并由专人负责管理；剧毒化学品以及储存数量构成重大危险源的其他危险化学品，应当在专用仓库内单独存放，并实行双人收发、双人保管制度。

危险化学品的储存方式、方法以及储存数量应当符合国家标准或者国家有关规定。储存危险化学品的单位应当建立危险化学品出入库核查、登记制度。

对剧毒化学品以及储存数量构成重大危险源的其他危险化学品，储存单位应当将其储存数量、储存地点以及管理人员的情况，报当地主管部门和公安机关备案。

危险化学品专用仓库应当符合国家标准、行业标准的要求，并设置明显的标志。储存剧毒化学品、易制爆危险化学品的专用仓库，应当设置相应的技术防范设施。并对其专用仓库的安全设施、设备定期进行检测、检验。

（四）使用安全

使用危险化学品的单位，其使用条件（包括工艺）应当符合法律标准的要求，并根据所使用的危险化学品的种类、危险特性以及使用量和使用方式，建立、健全使用危险化学品的安全管理规章制度和安全操作规程，保证危险化学品的安全使用。

使用危险化学品从事生产并且使用量达到规定数量的化工企业（属于危险化学品生产企业的除外），应当依照本条例的规定取得危险化学品安全使用许可证。

（五）经营安全

国家对危险化学品经营（包括仓储经营）实行许可制度。依法设立的危险化学品生产企业在其厂区范围内销售本企业生产的危险化学品，不需要取得危险化学品经营许可。

从事危险化学品经营的企业应当具备下列条件。

（1）有符合国家标准、行业标准的经营场所，储存危险化学品的，还应当有符合国家标准、行业标准的储存设施。

（2）从业人员经过专业技术培训并经考核合格。

（3）有健全的安全管理规章制度。

（4）有专职安全管理人员。

（5）有符合国家规定的危险化学品事故应急预案和必要的应急救援器材、设备。

（6）法律、法规规定的其他条件。

危险化学品经营企业不得向未经许可从事危险化学品生产、经营活动的企业采购危险化学品，不得经营没有化学品安全技术说明书或者化学品安全标签的危险化学品。

（六）道路运输安全

从事危险化学品道路运输的企业应当依照有关道路运输的法律、行政法规的规定，取得危险货物道路运输许可。危险化学品道路运输企业应当配备专职安全管理人员。

（1）危险化学品道路运输企业的驾驶人员、装卸管理人员、押运人员应当经交通运输主管部门考核合格，取得从业资格。

（2）危险化学品的装卸作业应当遵守安全作业标准、规程和制度，并在装卸管理人员的现场指挥或者监控下进行。

（3）运输危险化学品应当根据危险化学品的危险特性采取相应的安全防护措施，并配备必要的防护用品和应急救援器材。

（4）用于运输危险化学品的槽罐以及其他容器应当封口严密，能够防止危险化学品在运输过程中因温度、湿度或者压力的变化发生渗漏、洒漏；槽罐以及其他容器的溢流和泄压装置应当设置准确、启闭灵活。

（5）运输危险化学品的驾驶人员、装卸管理人员、押运人员应当了解所运输的危险化学品的危险特性及其包装物、容器的使用要求和出现危险情况时的应急处置方法。

（6）危险化学品运输车辆应当符合国家标准要求的安全技术条件，并按照国家有关规定定期进行安全技术检验，悬挂或者喷涂符合国家标准要求的警示标志，不得超载。保证所运输的危险化学品处于押运人员的监控之下。

（7）运输危险化学品途中因住宿或者发生影响正常运输的情况，需要较长时间停车的，驾驶人员、押运人员应当采取相应的安全防范措施；运输剧毒化学品或者易制爆危险化学品的，还应当向当地公安机关报告。

（8）托运危险化学品的，托运人应当向承运人说明所托运的危险化学品的种类、数量、危险特性以及发生危险情况的应急处置措施，并对所托运的危险化学品妥善包装，在外包装上设置相应的标志。

（9）托运人不得在托运的普通货物中夹带危险化学品，不得将危险化学品匿报或者谎报为普通货物托运。

（七）危险化学品登记

国家实行危险化学品登记制度，危险化学品生产企业、进口企业，应当向国务院安全生产监督管理部门办理危险化学品登记。

危险化学品登记包括下列内容：分类和标签信息；物理、化学性质；主要用途；危险特性；储存、使用、运输的安全要求；出现危险情况的应急处置措施。

对同一企业生产、进口的同一品种的危险化学品，不进行重复登记。危险化学品有新的危险特性的，应当及时向危险化学品登记机构办理登记内容变更手续。

（八）事故应急救援

危险化学品单位应当制定本单位危险化学品事故应急预案，配备应急救援人员和必要的应急救援器材、设备，并定期组织应急救援演练。

危险化学品单位应当将其危险化学品事故应急预案报所在地设区的市级人民政府安全生产监督管理部门备案。

发生危险化学品事故，事故单位主要负责人应当立即按照本单位危险化学品应急预案组织救援，并向当地安全生产监督管理部门和环境保护、公安、卫生主管部门报告。

道路运输过程中发生危险化学品事故的，驾驶人员或者押运人员还应当向事故发生地交通运输主管部门报告。

五、安全生产事故隐患排查治理暂行规定

为了建立安全生产事故隐患排查治理长效机制，强化安全生产主体责任，加强事故隐患监督管理，防止和减少事故。2007年12月28日，国家安全生产

监督管理总局制定公布《安全生产事故隐患排查治理暂行规定》（总局令第16号），自2008年2月1日起施行。

（一）基本要求

1.事故隐患定义

安全生产事故隐患（以下简称事故隐患），是指企业违反安全生产法律、法规、规章、标准、规程和安全生产管理制度的规定，或者因其他因素在生产经营活动中存在可能导致事故发生的物的危险状态、人的不安全行为和管理上的缺陷。

2.事故隐患的分级

事故隐患分为一般事故隐患和重大事故隐患。一般事故隐患，是指危害和整改难度较小，发现后能够立即整改排除的隐患。重大事故隐患，是指危害和整改难度较大的隐患，或者因外部因素影响致使企业自身难以排除的隐患。

3.各方安全责任

企业是事故隐患排查、治理和防控的责任主体，应当建立健全事故隐患排查治理制度，企业主要负责人对本单位事故隐患排查治理工作全面负责，建立并落实从主要负责人到每个从业人员的隐患排查治理和监控责任制。任何单位和个人发现事故隐患，均有权向安全监管监察部门和有关部门报告。

企业将生产经营项目、场所、设备发包、出租的，应当与承包、承租单位签订安全生产管理协议，并在协议中明确各方对事故隐患排查、治理和防控的管理职责。企业对承包、承租单位的事故隐患排查治理负有统一协调和监督管理的职责。

（二）隐患排查

企业应当定期组织安全生产管理人员、工程技术人员和其他相关人员排查本单位的事故隐患。对排查出的事故隐患，应当按照事故隐患的等级进行登记，建立事故隐患信息档案，并按照职责分工实施监控治理。

企业应当建立事故隐患报告和举报奖励制度，鼓励、发动职工发现和排除事故隐患，鼓励社会公众举报。对发现、排除和举报事故隐患的有功人员，应当给予物质奖励和表彰。

（三）统计上报

企业应当每季、每年对本单位事故隐患排查治理情况进行统计分析，并向安全监管监察部门和有关部门报送书面统计分析表。统计分析表应当由企业主要负责人签字。

对于重大事故隐患，企业除依照前款规定报送外，应当及时向安全监管监察部门和有关部门报告。重大事故隐患报告内容应当包括。

（1）隐患的现状及其产生原因。

（2）隐患的危害程度和整改难易程度分析。

（3）隐患的治理方案。

（四）隐患整改

对于一般事故隐患，由企业（车间、分厂、区队等）负责人或者有关人员立即组织整改。

对于重大事故隐患，由企业主要负责人组织制定并实施事故隐患治理方案。重大事故隐患治理方案应当包括以下内容。

（1）治理的目标和任务。

（2）采取的方法和措施。

（3）经费和物资的落实。

（4）负责治理的机构和人员。

（5）治理的时限和要求。

（6）安全措施和应急预案。

企业应当保证事故隐患排查治理所需的资金，建立资金使用专项制度。

企业在事故隐患治理过程中，应当采取相应的安全防范措施。事故隐患排除前或者排除过程中无法保证安全的，应当从危险区域内撤出作业人员，设置警戒标志，暂时停产停业或者停止使用；对暂时难以停产或者停止使用的相关生产储存装置、设施、设备，应当加强维护和保养，防止事故发生。

企业应当加强对自然灾害的预防。对于因自然灾害可能导致事故灾难的隐患，应当按照有关法律、法规、标准和本规定的要求排查治理，采取可靠的预防措施，制定应急预案。

（五）法律责任

企业及其主要负责人未履行事故隐患排查治理职责，导致发生生产安全事故的，依法给予行政处罚。企业违反本规定，有下列行为之一的，由安全监管监察部门给予警告，并处以罚款。

（1）未建立安全生产事故隐患排查治理等各项制度的。

（2）未按规定上报事故隐患排查治理统计分析表的。

（3）未制定事故隐患治理方案的。

（4）重大事故隐患不报或者未及时报告的。

（5）未对事故隐患进行排查治理擅自生产经营的。

（6）整改不合格或者未经安全监管监察部门审查同意擅自恢复生产经营的。

六、生产安全事故应急条例

为了解决生产安全事故应急工作中存在的突出问题，提高生产安全事故应急工作的科学化、规范化和法治化水平，2019年2月17日，国务院总理李克强签署第708号国务院令，公布《生产安全事故应急条例》，自2019年4月1日起施行。

（一）应急预案与演练

企业应当加强生产安全事故应急工作，建立、健全生产安全事故应急工作责任制，其主要负责人对本单位的生产安全事故应急工作全面负责。

1.应急预案

企业应当针对本单位可能发生的生产安全事故的特点和危害，进行风险辨识和评估，制定相应的生产安全事故应急救援预案，并向本单位从业人员公布。

生产安全事故应急救援预案应当符合有关法律、法规、规章和标准的规定，具有科学性、针对性和可操作性，明确规定应急组织体系、职责分工以及应急救援程序和措施。

有下列情形之一的，生产安全事故应急救援预案制定单位应当及时修订相关预案。

（1）制定预案所依据的法律、法规、规章、标准发生重大变化。

（2）应急指挥机构及其职责发生调整。

（3）安全生产面临的风险发生重大变化。

（4）重要应急资源发生重大变化。

（5）在预案演练或者应急救援中发现需要修订预案的重大问题。

（6）其他应当修订的情形。

2.应急演练

易燃易爆物品、危险化学品等危险物品的生产、经营、储存、运输单位，应当至少每半年组织1次生产安全事故应急救援预案演练，并将演练情况报送所在地县级以上地方人民政府负有安全生产监督管理职责的部门。

3.应急培训

企业应当对从业人员进行应急教育和培训，保证从业人员具备必要的应急知识，掌握风险防范技能和事故应急措施。

（二）应急队伍与装备

易燃易爆物品、危险化学品等危险物品的生产、经营、储存、运输单位，应当建立应急救援队伍；其中，小型企业或者微型企业等规模较小的企业，可以不建立应急救援队伍，但应当指定兼职的应急救援人员，并且可以与邻近的应急救援队伍签订应急救援协议。

应急救援队伍的应急救援人员应当具备必要的专业知识、技能、身体素质和心理素质。企业应当按照国家有关规定对应急救援人员进行培训，应急救援人员经培训合格后，方可参加应急救援工作。应急救援队伍应当配备必要的应急救援装备和物资，并定期组织训练。

易燃易爆物品、危险化学品等危险物品的生产、经营、储存、运输单位，应当根据本单位可能发生的生产安全事故的特点和危害，配备必要的灭火、排水、通风以及危险物品稀释、掩埋、收集等应急救援器材、设备和物资，并进行经常性维护、保养，保证正常运转。

（三）应急值班

危险物品的生产、经营、储存、运输单位、建筑施工单位，应当建立应急值班制度，配备应急值班人员。

规模较大、危险性较高的易燃易爆物品、危险化学品等危险物品的生产、经营、储存、运输单位应当成立应急处置技术组，实行24小时应急值班。

（四）应急救援

发生生产安全事故后，企业应当立即启动生产安全事故应急救援预案现场指挥部实行总指挥负责制，参加生产安全事故现场应急救援的单位和个人应当服从现场指挥部的统一指挥。采取下列一项或者多项应急救援措施，并按规定报告事故情况。

（1）迅速控制危险源，组织抢救遇险人员。

（2）根据事故危害程度，组织现场人员撤离或者采取可能的应急措施后撤离。

（3）及时通知可能受到事故影响的单位和人员。

（4）采取必要措施，防止事故危害扩大和次生、衍生灾害发生。

（5）根据需要请求邻近的应急救援队伍参加救援，并向参加救援的应急救援队伍提供相关技术资料、信息和处置方法。

（6）维护事故现场秩序，保护事故现场和相关证据。

（7）法律、法规规定的其他应急救援措施。

在生产安全事故应急救援过程中，发现可能直接危及应急救援人员生命安全的紧急情况时，现场指挥部应当立即采取相应措施消除隐患，降低或者化解风险，必要时可以暂时撤离应急救援人员。

（五）法律责任

本条例对企业、有关人员等下列多种违法行为进行制裁，并与《安全生产法》和《突发事件应对法》等法律进行了衔接。

（1）企业未制定生产安全事故应急救援预案。

（2）未定期组织应急救援预案演练。

（3）未对从业人员进行应急教育和培训。

（4）企业的主要负责人在本单位发生生产安全事故时不立即组织抢救。

（5）企业未对应急救援器材、设备和物资进行经常性维护、保养，导致发生严重生产安全事故或者危害扩大。

（6）在本单位发生生产安全事故后，未立即采取相应的应急救援措施，造成严重后果。

（7）企业未将生产安全事故应急救援预案报送备案。

（8）未建立应急值班制度或者配备应急值班人员的。

第三节　重要职业健康法律法规

一、职业病防治法

2001年10月27日第九届全国人民代表大会常务委员会第二十四次会议通过。根据2018年12月29日第十三届全国人民代表大会常务委员会第七次会议《关于修改等七部法律的决定》第四次修正。

（一）立法目的

1.预防、控制和消除职业病危害

预防指预先采取防范措施，包括为控制和消除职业病危害因素所采取的一切措施，特别是前期预防，强调从职业病危害源头采取措施。对新建、扩建、改建建设项目和技术改造、技术引进项目可能产生职业病危害的，实施职业病危害评价，对建设项目的职业病防护设施，必须与主体工程同时设计、同时施工、同时投入生产使用，从预防的角度，将职业病危害从源头截断，避免职业病危害的产生。

控制指对工作场所或者职业活动过程中产生或者可能产生的职业病危害因素的识别、评价、干预措施，目的是保证工作场所职业病危害因素的浓度或强度符合国家职业卫生标准和卫生要求。

消除是指依靠科技进步，产业结构调整，技术改造和其他治理措施，用无毒害材料、工艺代替有毒害材料、工艺，根除工作场所已经存在的职业病危害。

2.防治职业病

防治职业病是指预防、治理和治疗。防，在于预防、控制和消除职业病危害，为员工创造良好的工作环境和劳动条件，保障员工获得职业卫生保护，防止职业病的发生；治，首先是对职业病危害进行积极治理，其次是保障职业病病人的医治、疗养和康复，包括职业健康、职业能力在内的职业素质尽可能地恢复。

3.保护员工健康及其相关权益

职业病是严重危害员工健康的疾病。制定职业病防治法就是要依法让企业在保护员工的健康及其相关权益上负起责任，为员工维护自己的合法权益，同不预防、不控制和不消除职业病危害的违法行为作斗争，并为其提供法律的保障。

（二）基本规定

1.职业病的界定

本法所称职业病，是指企业、事业单位和个体经济组织（以下统称企业）的员工在职业活动中，因接触粉尘、放射性物质和其他有毒、有害物质等职业病危害因素而引起的疾病。其中，职业病危害是指对从事职业活动的员工可能导致职业病的各种危害。职业病危害因素是指职业活动中存在的各种有害的化学、物理、生物因素以及在作业过程中产生的其他职业有害因素。

职业禁忌是指员工从事特定职业或者接触特定职业病危害因素时，比一般职业人群更易于遭受职业病危害和罹患职业病或者可能导致原有自身疾病病情加重，或者在从事作业过程中诱发可能导致对他人生命健康构成危险的疾病的个人特殊生理或者病理状态。

2.职业病防治工作的方针

预防为主：所谓预防为主，就是在整个职业病防治过程中，要把预防措施作为根本措施和首要环节放在先导地位，控制职业病危害源头，并在一切职业活动中尽可能控制和消除职业病危害因素的产生，使工作场所职业卫生防护符合国家职业卫生标准和卫生要求。

防治结合：职业病防治工作坚持预防为主、防治结合的方针，必须正确处理"防"与"治"的关系，既不能轻"防"重"治"，不"防"只"治"，更不允许采取临时工、轮换工、季节工等用工形式或者其他手段逃避不"防"不"治"的法律责任，也不能只防不治，或者轻视对职业病危害的治理或者对员工职业病的检查诊断与治疗康复；不能把"防"与"治"对立起来或者相互分离。

3.员工依法享有职业卫生保护的权利

这是员工的基本权利，也是制定职业病防治法的前提，或者说是这部法律产生的基础，最充足的理由。员工参与职业活动，创造社会财富，有理由要求其健康受到保护，从国家来说，保护员工的健康，让员工获得一个符合国家职业卫生标准和卫生要求的工作环境和条件，是合理的而且是必要的，有利于社会的发展进步，有利于保障各种合法的职业活动正常进行，因此制定职业病防治法，使员工享有职业卫生保护的权利，是这部法律的中心内容。

4.实行企业职业病防治责任制

职业病防治责任制的核心是企业对职业病防治负有法定的责任。因为职业活动是以企业为基础组织的，企业对其职业活动有支配作用，在职业活动中创造出来的成果首先由企业来体现，职业活动中职业病危害因素是企业能控制的。所以，对于职业病的防治首先的责任应当由企业承担，并建立相应的制度。企业应当建立、健全职业病防治责任制，加强对职业病防治的管理，提高职业病防治水平，对本单位产生的职业病危害承担责任。

5.依法参加工伤社会保险

这是职业病防治中保护员工的一项基本措施。工伤是指员工因工作原因受到事故伤害和职业病伤害的总称，将职业病列入工伤的直接理由就是员工在企业中引致的疾病和蒙受的损害。将职业病纳入工伤社会保险，不仅有利于保障职业病病人的合法权益，同时也分担了企业的风险，有利于生产经营的稳定。

6.加强社会监督

职业病危害在社会中许多地方都存在，在加强卫生行政部门监督管理的同时，还要依靠社会的力量，尤其是对分散存在于城乡各地的有职业病危害的现象，更需要社会各界的监督，鼓励员工、知情者、主张社会公正的人进行检举和控告，对违法者施加压力，在社会力量的支持下加大查处力度，任何单位和个人有权对违法的行为进行检举和控告。

（三）前期预防

企业应当依照法律、法规要求，严格遵守国家职业卫生标准，落实职业病预防措施，从源头上控制和消除职业病危害。

1.工作场所要求

产生职业病危害的企业的设立除应当符合法律、行政法规规定的设立条件外，其工作场所还应当符合下列职业卫生要求。

（1）职业病危害因素的强度或者浓度符合国家职业卫生标准。

（2）有与职业病危害防护相适应的设施。

（3）生产布局合理，符合有害与无害作业分开的原则。

（4）有配套的更衣间、洗浴间、孕妇休息间等卫生设施。

（5）设备、工具、用具等设施符合保护员工生理、心理健康的要求。

（6）法律、行政法规和国务院卫生行政部门关于保护员工健康的其他要求。

企业工作场所存在职业病目录所列职业病的危害因素的，应当及时、如实向所在地卫生行政部门申报危害项目，接受监督。

2.建设项目管理要求

（1）新建、扩建、改建建设项目和技术改造、技术引进项目（以下统称建设项目）可能产生职业病危害的，建设单位在可行性论证阶段应当进行职业病危害预评价。

（2）职业病危害预评价报告应当对建设项目可能产生的职业病危害因素及其对工作场所和员工健康的影响作出评价，确定危害类别和职业病防护措施。

（3）建设项目的职业病防护设施所需费用应当纳入建设项目工程预算，并与主体工程同时设计，同时施工，同时投入生产和使用。

（4）建设项目的职业病防护设施设计应当符合国家职业卫生标准和卫生要求。建设项目在竣工验收前，建设单位应当进行职业病危害控制效果评价。

（5）建设项目的职业病防护设施应当由建设单位负责依法组织验收，验收合格后，方可投入生产和使用。

（四）防治措施

1.管理措施

企业应当采取下列职业病防治管理措施。

（1）设置或者指定职业卫生管理机构或者组织，配备专职或者兼职的职业卫生管理人员，负责本单位的职业病防治工作。

（2）制定职业病防治计划和实施方案。

（3）建立、健全职业卫生管理制度和操作规程。

（4）建立、健全职业卫生档案和员工健康监护档案。

（5）建立、健全工作场所职业病危害因素监测及评价制度。

（6）建立、健全职业病危害事故应急救援预案。

2.资源投入

企业应当保障以下方面的资源投入。

（1）保障职业病防治所需的资金投入，不得挤占、挪用，并对因资金投入不足导致的后果承担责任。

（2）采用有效的职业病防护设施，并为员工提供个人使用的职业病防护用品。

（3）为员工个人提供的职业病防护用品必须符合防治职业病的要求；不符合要求的，不得使用。

（4）优先采用有利于防治职业病和保护员工健康的新技术、新工艺、新设备、新材料，逐步替代职业病危害严重的技术、工艺、设备、材料。

（5）按照职业病防治要求，用于预防和治理职业病危害、工作场所卫生检测、健康监护和职业卫生培训等费用，按照国家有关规定，在生产成本中据实列支。

（6）对可能发生急性职业损伤的有毒、有害工作场所，企业应当设置报警装置，配置现场急救用品、冲洗设备、应急撤离通道和必要的泄险区。

3. 危害公示

（1）产生职业病危害的企业，应当在醒目位置设置公告栏，公布有关职业病防治的规章制度、操作规程、职业病危害事故应急救援措施和工作场所职业病危害因素检测结果。

（2）对产生严重职业病危害的作业岗位，应当在其醒目位置，设置警示标识和中文警示说明。警示说明应当载明产生职业病危害的种类、后果、预防以及应急救治措施等内容。

（3）对采用的技术、工艺、设备、材料，应当知悉其产生的职业病危害，对有职业病危害的技术、工艺、设备、材料隐瞒其危害而采用的，对所造成的职业病危害后果承担责任。

4. 维护与检测

（1）对放射工作场所和放射性同位素的运输、贮存，必须配置防护设备和报警装置，保证接触放射线的工作人员佩戴个人剂量计。

（2）对职业病防护设备、应急救援设施和个人使用的职业病防护用品，应当进行经常性的维护、检修，定期检测其性能和效果，确保其处于正常状态，不得擅自拆除或者停止使用。

（3）当实施由专人负责的职业病危害因素日常监测，并确保监测系统处于正常运行状态。

（4）应当定期对工作场所进行职业病危害因素检测、评价。检测、评价结果存入职业卫生档案，定期向所在地卫生行政部门报告并向员工公布。

（5）职业病危害因素检测、评价由资质认可的职业卫生技术服务机构进行。发现工作场所职业病危害因素不符合国家职业卫生标准和卫生要求时，应当立即采取相应治理措施，仍然达不到国家职业卫生标准和卫生要求的，必须停止存在职业病危害因素的作业。

（6）任何单位和个人不得将产生职业病危害的作业转移给不具备职业病防护条件的单位和个人。不具备职业病防护条件的单位和个人不得接受产生职业病危害的作业。

5.劳动合同签订

（1）企业与员工订立劳动合同（含聘用合同，下同）时，应当将工作过程中可能产生的职业病危害及其后果、职业病防护措施和待遇等如实告知员工，并在劳动合同中写明，不得隐瞒或者欺骗。

（2）员工在已订立劳动合同期间因工作岗位或者工作内容变更，从事与所订立劳动合同中未告知的存在职业病危害的作业时，企业应向员工履行如实告知，并协商变更原劳动合同相关条款。

6.职业卫生培训

（1）主要负责人和职业卫生管理人员应当接受职业卫生培训，遵守职业病防治法律、法规，依法组织本单位的职业病防治工作。

（2）应当对员工进行上岗前的职业卫生培训和在岗期间的定期职业卫生培训，普及职业卫生知识，督促员工遵守职业病防治法律、法规、规章和操作规程，指导员工正确使用职业病防护设备和个人使用的职业病防护用品。

（3）员工应当学习和掌握相关的职业卫生知识，增强职业病防范意识，遵守职业病防治法律、法规、规章和操作规程，正确使用、维护职业病防护设备和个人使用的职业病防护用品，发现职业病危害事故隐患应当及时报告。

7.职业健康体检

对从事接触职业病危害的作业的员工，应当按照规定组织上岗前、在岗期间和离岗时的职业健康检查，并将检查结果书面告知员工。职业健康检查费用由企业承担。

（1）不得安排未经上岗前职业健康检查的员工从事接触职业病危害的作业。

（2）不得安排有职业禁忌的员工从事其所禁忌的作业。

（3）对在职业健康检查中发现有与所从事的职业相关的健康损害的员工，应当调离原工作岗位，并妥善安置。

（4）对未进行离岗前职业健康检查的员工，不得解除或者终止与其订立的劳动合同。

8.职业健康监护档案

（1）企业应当为员工建立职业健康监护档案，并按照规定的期限妥善保存。

（2）职业健康监护档案应当包括员工的职业史、职业病危害接触史、职业健康检查结果和职业病诊疗等有关个人健康资料。

（3）员工离开企业时，有权索取本人职业健康监护档案复印件，企业应当如实、无偿提供，并在所提供的复印件上签章。

9.应急救援

（1）发生或者可能发生急性职业病危害事故时，应当立即采取应急救援和控制措施，并及时报告所在地卫生行政部门和有关部门。

（2）对遭受或者可能遭受急性职业病危害的员工，应当及时组织救治、进行健康检查和医学观察，所需费用由企业承担。

（五）法律责任

建设单位、企业、职业卫生技术服务机构和医疗卫生机构有违反本法规定的行为的，由卫生行政部门依法给予处分；构成犯罪的，依法追究刑事责任。

1.建设单位违反本法规定行为

（1）未按照规定进行职业病危害预评价的。

（2）建设项目的职业病防护设施未按照规定与主体工程同时设计、同时施工、同时投入生产和使用的。

（3）建设项目的职业病防护设施设计不符合国家职业卫生标准和卫生要求，或者医疗机构放射性职业病危害严重的建设项目的防护设施设计未经卫生行政部门审查同意擅自施工的。

（4）未按照规定对职业病防护设施进行职业病危害控制效果评价的。

（5）建设项目竣工投入生产和使用前，职业病防护设施未按照规定验收合格的。

2.企业违反本法规定行为

（1）未按照规定公布有关职业病防治的规章制度、操作规程、职业病危害事故应急救援措施的。

（2）未按照规定组织员工进行职业卫生培训，或者未对员工个人职业病防护采取指导、督促措施的。

（3）未按照规定及时、如实向卫生行政部门申报产生职业病危害的项目的。

（4）订立或者变更劳动合同时，未告知员工职业病危害真实情况的。

（5）未按照规定组织职业健康检查、建立职业健康监护档案或者未将检查结果书面告知员工的。

（6）工作场所职业病危害因素的强度或者浓度超过国家职业卫生标准的。

（7）未提供职业病防护设施和个人使用的职业病防护用品，或者提供的设施和防护用品不符合国家职业卫生标准和卫生要求的。

（8）对职业病防护设备、应急救援设施和个人使用的职业病防护用品未按照规定进行维护、检修、检测，或者不能保持正常运行、使用状态的。

（9）未按照规定对工作场所职业病危害因素进行检测、评价的。

（10）工作场所职业病危害因素经治理仍然达不到国家职业卫生标准和卫生要求时，未停止存在职业病危害因素的作业的。

（11）未按照规定安排职业病病人、疑似职业病病人进行诊治的。

（12）发生或者可能发生急性职业病危害事故时，未立即采取应急救援和控制措施或者未按照规定及时报告的。

（13）未按照规定在产生严重职业病危害的作业岗位醒目位置设置警示标识和中文警示说明的。

（14）未按照规定承担职业病诊断、鉴定费用和职业病病人的医疗、生活保障费用的。

（15）将产生职业病危害的作业转移给没有职业病防护条件的单位和个人，或者没有职业病防护条件的单位和个人接受产生职业病危害的作业的。

（16）擅自拆除、停止使用职业病防护设备或者应急救援设施的。

（17）安排未经职业健康检查的员工、有职业禁忌的员工、未成年工或者孕期、哺乳期女职工从事接触职业病危害的作业或者禁忌作业的。

（18）违章指挥和强令员工进行没有职业病防护措施的作业的。

二、企业劳动防护用品管理规范

为规范企业劳动防护用品的使用和管理，保障员工安全健康及相关权益。国家安全监管总局办公厅《企业劳动防护用品管理规范》。

（一）基本要求

劳动防护用品是由企业提供的，企业应当健全管理制度，加强劳动防护用品配备、发放、使用等管理工作。应当安排专项经费，该经费计入生产成本，据实列支。企业应当为员工提供不低于我国国家标准或者行业标准的劳动防护用品。员工在作业过程中，正确佩戴和使用劳动防护用品。企业使用的劳务派遣工、接纳的实习学生应当纳入本单位人员统一管理，并配备相应的劳动防护用品。

（二）选择与配置

企业应按照识别、评价、选择的程序，结合员工作业方式和工作条件及不同的危险、有害因素，并考虑其个人特点及劳动强度，选择防护功能和效果适用的劳动防护用品。

同一工作地点存在不同种类的危险、有害因素的，应当为员工同时提供防御各类危害的劳动防护用品。需要同时配备的劳动防护用品，还应考虑其可兼容性。

员工在不同地点工作，并接触不同的危险、有害因素，或接触不同的危害程度的有害因素的，为其选配的劳动防护用品应满足不同工作地点的防护需求。

劳动防护用品的选择还应当考虑其佩戴的合适性和基本舒适性，根据个人特点和需求选择适合号型、式样。

企业应当在可能发生急性职业损伤的有毒、有害工作场所配备应急劳动防护用品，放置于现场邻近位置并有醒目标识。

应当为巡检等流动性作业的员工配备随身携带的个人应急防护用品。

（三）采购与使用

企业应当根据员工工作场所中存在的危险、有害因素种类及危害程度、劳动环境条件、劳动防护用品有效使用时间制定适合本单位的劳动防护用品配备标准。

企业应当根据劳动防护用品配备标准制定采购计划，购买符合标准的合格产品。当查验并保存劳动防护用品检验报告等质量证明文件的原件或复印件。

企业应当对员工进行劳动防护用品的使用、维护等专业知识的培训。应当督促员工在使用劳动防护用品前，对劳动防护用品进行检查，确保外观完好、部件齐全、功能正常。

企业应当定期对劳动防护用品的使用情况进行检查，确保员工正确使用。劳动防护用品应当按照要求妥善保存，及时更换，保证其在有效期内。

安全帽、呼吸器、绝缘手套等安全性能要求高、易损耗的劳动防护用品，应当按照有效防护功能最低指标和有效使用期，到期强制报废。

三、企业职业病危害告知与警示标识管理规范

为规范企业职业病危害告知与警示标识管理工作，预防和控制职业病危害，保障员工职业健康，根据《中华人民共和国职业病防治法》《工作场所职业卫生监督管理规定》《工作场所职业病危害警示标识》等法律、规章和标准，制定本规范。

（一）基本概念

职业病危害告知，是指企业通过与员工签订劳动合同、公告、培训等方式，使员工知晓工作场所产生或存在的职业病危害因素、防护措施、对健康的影响以及健康检查结果等的行为。

职业病危害警示标识，是指在工作场所中设置的可以提醒员工对职业病危害产生警觉并采取相应防护措施的图形标识、警示线、警示语句和文字说明以及组合使用的标识等。

（二）基本要求

企业应当依法开展工作场所职业病危害因素检测评价，识别分析工作过程中可能产生或存在的职业病危害因素。

企业应将工作场所可能产生的职业病危害如实告知员工，在醒目位置设置职业病防治公告栏，并在可能产生严重职业病危害的作业岗位以及产生职业病危害的设备、材料、贮存等场所设置警示标识。

企业应当依法开展职业卫生培训，使员工了解警示标识的含义，并针对警示的职业病危害因素采取有效的防护措施。

（三）职业病危害告知

产生职业病危害的企业应将工作过程中可能接触的职业病危害因素的种类、危害程度、危害后果、提供的职业病防护设施、个人使用的职业病防护用品、职业健康检查和相关待遇等如实告知员工，不得隐瞒或者欺骗。

企业与员工订立劳动合同（含聘用合同，下同）时，应当在劳动合同中写明工作过程可能产生的职业病危害及其后果、职业病危害防护措施和待遇（岗位津贴、工伤保险等）等内容。应以合同附件形式签署职业病危害告知书。同时，以书面形式告知劳务派遣人员。

员工在履行劳动合同期间因工作岗位或者工作内容变更，从事与所订立劳

动合同中未告知的存在职业病危害的作业时，企业应当依照本规范第七条的规定，向员工履行如实告知的义务，并协商变更原劳动合同相关条款。

企业应对员工进行上岗前的职业卫生培训和在岗期间的定期职业卫生培训，使员工知悉工作场所存在的职业病危害，掌握有关职业病防治的规章制度、操作规程、应急救援措施、职业病防护设施和个人防护用品的正确使用维护方法及相关警示标识的含义，并经书面和实际操作考试合格后方可上岗作业。

产生职业病危害的企业应当设置公告栏，公布本单位职业病防治的规章制度等内容。设置在办公区域的公告栏，主要公布本单位的职业卫生管理制度和操作规程等；设置在工作场所的公告栏，主要公布存在的职业病危害因素及岗位、健康危害、接触限值、应急救援措施，以及工作场所职业病危害因素检测结果、检测日期、检测机构名称等。

企业要按照规定组织从事接触职业病危害作业的员工进行上岗前、在岗期间和离岗时的职业健康检查，并将检查结果书面告知员工本人。企业书面告知文件要留档备查。

（四）职业病危害警示标识

1.警示标识

企业应在产生或存在职业病危害因素的工作场所、作业岗位、设备、材料（产品）包装、贮存场所设置相应的警示标识。

（1）产生粉尘的工作场所设置"注意防尘""戴防尘口罩""注意通风"等警示标识。

（2）对皮肤有刺激性或经皮肤吸收的粉尘工作场所还应设置"穿防护服""戴防护手套""戴防护眼镜"。

（3）产生含有有毒物质的混合性粉（烟）尘的工作场所应设置"戴防尘毒口罩"。

（4）放射工作场所设置"当心电离辐射"等警示标识，在开放性同位素工作场所设置"当心裂变物质"。

（5）有毒物品工作场所设置"禁止入内""当心中毒""戴防毒面具""戴防护手套""戴防护眼镜""注意通风"等警示标识，并标明"紧急出口""救援电话"等警示标识。

（6）高毒、剧毒物品工作场所应急撤离通道设置"紧急出口"，泄险区启用时应设置"禁止入内""禁止停留"等警示标识。

（7）能引起职业性灼伤或腐蚀的化学品工作场所，设置"当心腐蚀""当心灼伤""穿防护服""戴防护手套""穿防护鞋""戴防护眼镜""戴防毒口罩"等警示标识。

（8）产生噪声的工作场所设置"噪声有害""戴护耳器"等警示标识。

（9）高温工作场所设置"当心中暑""注意高温""注意通风"等警示标识。

（10）能引起电光性眼炎的工作场所设置"当心弧光""戴防护镜"等警示标识。

（11）生物因素所致职业病的工作场所设置"当心感染"等警示标识。

（12）存在低温作业的工作场所设置"注意低温""当心冻伤"等警示标识。

（13）密闭空间作业场所出入口设置"密闭空间作业危险""进入需许可"等警示标识。

（14）产生手传振动的工作场所设置"振动有害""使用设备时必须戴防震手套"等警示标识。

（15）能引起其他职业病危害的工作场所设置"注意××危害"等警示标识。

（16）维护和检修装置时产生或可能产生职业病危害的，应在工作区域设置相应的职业病危害警示标识。

2.警示线

生产、使用有毒物品工作场所应当设置黄色区域警示线。生产、使用高毒、剧毒物品工作场所应当设置红色区域警示线。警示线设在生产、使用有毒物品的车间周围外缘不少于30厘米处，警示线宽度不少于10厘米。

开放性放射工作场所监督区设置黄色区域警示线，控制区设置红色区域警示线；室外、野外放射工作场所及室外、野外放射性同位素及其贮存场所应设置相应警示线。

3.告知卡

对产生严重职业病危害的作业岗位，除按要求设置警示标识外，还应当在其醒目位置设置职业病危害告知卡（以下简称告知卡）。

告知卡应当标明职业病危害因素名称、理化特性、健康危害、接触限值、防护措施、应急处理及急救电话、职业病危害因素检测结果及检测时间等。

4.警示说明

使用可能产生职业病危害的化学品、放射性同位素和含有放射性物质的材料的，必须在使用岗位设置醒目的警示标识和中文警示说明，警示说明应当载明产品特性、主要成分、存在的有害因素、可能产生的危害后果、安全使用注意事项、职业病防护以及应急救治措施等内容。

使用可能产生职业病危害的设备的，除按要求设置警示标识外，还应当在设备醒目位置设置中文警示说明。警示说明应当载明设备性能、可能产生的职业病危害、安全操作和维护注意事项、职业病防护以及应急救治措施等内容。

为企业提供可能产生职业病危害的设备或可能产生职业病危害的化学品、放射性同位素和含有放射性物质的材料的，应当依法在设备或者材料的包装上设置警示标识和中文警示说明。

（五）公告栏与警示标识的管理要求

公告栏应设置在企业办公区域、工作场所入口处等方便员工观看的醒目位置。告知卡应设置在产生或存在严重职业病危害的作业岗位附近的醒目位置。

公告栏和告知卡应使用坚固材料制成，尺寸大小应满足内容需要，高度应适合员工阅读，内容应字迹清楚、颜色醒目。

企业多处场所都涉及同一职业病危害因素的，应在各工作场所入口处均设置相应的警示标识。

工作场所内存在多个产生相同职业病危害因素的作业岗位的，邻近的作业岗位可以共用警示标识、中文警示说明和告知卡。

警示标识（不包括警示线）采用坚固耐用、不易变形变质、阻燃的材料制作。有触电危险的工作场所使用绝缘材料。可能产生职业病危害的设备及化学品、放射性同位素和含放射性物质的材料（产品）包装上，可直接粘贴、印刷或者喷涂警示标识。

警示标识设置的位置应具有良好的照明条件。井下警示标识应用反光材料制作。

公告栏、告知卡和警示标识不应设在门窗或可移动的物体上，其前面不得放置妨碍认读的障碍物。

多个警示标识在一起设置时，应按禁止、警告、指令、提示类型的顺序，先左后右、先上后下排列。警示标识的规格要求等按照《工作场所职业病危害警示标识》（GBZ 158）执行。

公告栏中公告内容发生变动后应及时更新，职业病危害因素检测结果应在收到检测报告之日起7日内更新。生产工艺发生变更时，应在工艺变更完成后7日内补充完善相应的公告内容与警示标识。

告知卡和警示标识应至少每半年检查一次，发现有破损、变形、变色、图形符号脱落、亮度老化等影响使用的问题时应及时修整或更换。

四、企业职业健康监护监督管理办法

为了贯彻实施职业病防治法，规范企业职业健康监护工作，加强职业卫生监督管理，保护员工生命安全和健康权益，国家安全监管总局制定了《企业职业健康监护监督管理办法》于2012年3月6日公布，自2012年6月1日起施行。

（一）基本要求

职业健康监护是指员工上岗前、在岗期间、离岗时、应急的职业健康检查和职业健康监护档案管理。

企业是职业健康监护工作的责任主体，其主要负责人对本单位职业健康监护工作全面负责。企业应当建立、健全员工职业健康监护制度，落实职业健康监护工作。

企业应当依照国家职业卫生标准的要求，制定、落实本单位职业健康检查年度计划，组织员工进行职业健康检查，并承担职业健康检查费用。员工接受职业健康检查应当视同正常出勤。

（二）职业健康检查

1.提交资料

企业在委托职业健康检查机构对从事接触职业病危害作业的员工进行职业健康检查时，应当如实提供下列文件、资料。

（1）企业的基本情况。

（2）工作场所职业病危害因素种类及其接触人员名册。

（3）职业病危害因素定期检测、评价结果。

2.岗前检查

企业应当对下列员工进行上岗前的职业健康检查。

（1）拟从事接触职业病危害作业的新录用员工，包括转岗到该作业岗位的员工。

（2）拟从事有特殊健康要求作业的员工。

企业不得安排未经上岗前职业健康检查的员工从事接触职业病危害的作业，不得安排有职业禁忌的员工从事其所禁忌的作业。不得安排孕期、哺乳期的女职工从事对本人和胎儿、婴儿有危害的作业。

3.岗中检查

企业应当根据员工所接触的职业病危害因素，定期安排员工进行在岗期间的职业健康检查。确定接触职业病危害的员工的检查项目和检查周期。需要复查的，应当根据复查要求增加相应的检查项目。

4.应急检查

出现下列情况之一的，企业应当立即组织有关员工进行应急职业健康检查：

（1）接触职业病危害因素的员工在作业过程中出现与所接触职业病危害因素相关的不适症状的。

（2）员工受到急性职业中毒危害或者出现职业中毒症状的。

5.离岗检查

对准备脱离所从事的职业病危害作业或者岗位的员工，企业应当在员工离岗前30日内组织员工进行离岗时的职业健康检查。

员工离岗前90日内的在岗期间的职业健康检查可以视为离岗时的职业健康检查。

企业对未进行离岗时职业健康检查的员工，不得解除或者终止与其订立的劳动合同。

（三）采取措施

企业应当及时将职业健康检查结果及职业健康检查机构的建议以书面形式如实告知员工。企业应当根据职业健康检查报告，采取下列措施。

（1）对有职业禁忌的员工，调离或者暂时脱离原工作岗位。

（2）对健康损害可能与所从事的职业相关的员工，进行妥善安置。

（3）对需要复查的员工，按照职业健康检查机构要求的时间安排复查和医学观察。

（4）对疑似职业病病人，按照职业健康检查机构的建议安排其进行医学观察或者职业病诊断。

（5）对存在职业病危害的岗位，立即改善劳动条件，完善职业病防护设施，为员工配备符合国家标准的职业病危害防护用品。

职业健康监护中出现新发生职业病（职业中毒）或者两例以上疑似职业病（职业中毒）的，企业应当及时向所在地安全生产监督管理部门报告。

（四）健康档案

企业应当为员工个人建立职业健康监护档案，并按照有关规定妥善保存。职业健康监护档案包括下列内容。

（1）员工姓名、性别、年龄、籍贯、婚姻、文化程度、嗜好等情况。

（2）员工职业史、既往病史和职业病危害接触史。

（3）历次职业健康检查结果及处理情况。

（4）职业病诊疗资料。

（5）需要存入职业健康监护档案的其他有关资料。

安全生产行政执法人员、员工或者其近亲属、员工委托的代理人有权查阅、复印员工的职业健康监护档案。

员工离开企业时，有权索取本人职业健康监护档案复印件，企业应当如实、无偿提供，并在所提供的复印件上签章。

企业发生分立、合并、解散、破产等情形时，应当对员工进行职业健康检查，并依照国家有关规定妥善安置职业病病人；其职业健康监护档案应当依照国家有关规定实施移交保管。

（五）法律责任

企业有下列行为之一的，给予警告，责令限期改正，视情节处以相应的罚款，情节严重的，责令停止产生职业病危害的作业，或者提请有关人民政府按照国务院规定的权限责令关闭。

（1）未建立或者落实职业健康监护制度的。

（2）未按照规定制定职业健康监护计划和落实专项经费的。

（3）弄虚作假，指使他人冒名顶替参加职业健康检查的。

（4）未如实提供职业健康检查所需要的文件、资料的。

（5）未根据职业健康检查情况采取相应措施的。

（6）不承担职业健康检查费用的。

（7）未按照规定组织职业健康检查、建立职业健康监护档案或者未将检查结果如实告知员工的。

（8）未按照规定在员工离开企业时提供职业健康监护档案复印件的。

（9）未按照规定安排职业病病人、疑似职业病病人进行诊治的。

（10）隐瞒、伪造、篡改、损毁职业健康监护档案等相关资料，或者拒不提供职业病诊断、鉴定所需资料的。

（11）安排未经职业健康检查的员工从事接触职业病危害的作业的。

（12）安排未成年工从事接触职业病危害的作业的。

（13）安排孕期、哺乳期女职工从事对本人和胎儿、婴儿有危害的作业的。

（14）安排有职业禁忌的员工从事所禁忌的作业的。

（15）企业违反规定，未报告职业病、疑似职业病的。

五、职业卫生档案管理规范

根据《中华人民共和国职业病防治法》《工作场所职业卫生监督管理规定》《企业职业健康监护监督管理办法》的要求，为加强企业职业卫生管理，保证职业卫生档案完整、准确和有效利用，推进企业职业病防治主体责任的落实，制定了《职业卫生档案管理规范》。

（一）管理范围

企业职业卫生档案，是指企业在职业病危害防治和职业卫生管理活动中形成的，能够准确、完整反映本单位职业卫生工作全过程的文字、图纸、照片、报表、音像资料、电子文档等文件材料。

（二）管理内容

企业应建立健全职业卫生档案，应该包括七个方面主要内容。

（1）建设项目职业卫生"三同时"档案。

（2）职业卫生管理档案。

（3）职业卫生宣传培训档案。

（4）职业病危害因素监测与检测评价档案。

（5）企业职业健康监护管理档案。

（6）员工个人职业健康监护档案。

（7）法律、行政法规、规章要求的其他资料文件。

（三）企业的职责

企业应设立档案室或指定专门的区域存放职业卫生档案，并指定专门机构和专（兼）职人员负责管理，严格职业卫生档案的日常管理，防止出现遗失。

（1）企业应做好职业卫生档案的归档工作，按年度或建设项目进行案卷归档，及时编号登记，入库保管。

（2）员工离开企业时，有权索取本人职业健康监护档案复印件，企业应如实、无偿提供，并在所提供的复印件上签章。

（3）员工在申请职业病诊断、鉴定时，企业应如实提供职业病诊断、鉴定所需的员工职业病危害接触史、工作场所职业病危害因素检测结果等资料。

（4）企业发生分立、合并、解散、破产等情形的，职业卫生档案应按照国家档案管理的有关规定移交保管。

企业应设立档案室或指定专门的区域存放职业卫生档案，并指定专门机构和专（兼）职人员负责管理。按年度或建设项目进行案卷归档，及时编号登记，入库保管。

第四节　重要环境保护法律法规

一、环境保护法

《中华人民共和国环境保护法》是为保护和改善环境，防治污染和其他公害，保障公众健康，推进生态文明建设，促进经济社会可持续发展而制定的法律。该法于1989年12月26日颁布和施行，2014年4月24日，十二届全国人大常委会第八次会议审议通过了环保法修订案，定于2015年1月1日起施行。增加了政府、企业各方面责任和处罚力度，被专家称为"史上最严的环保法"，凸显出中国打造"绿色中国"的立法思路，一个是生态保护，一个是可持续发展。

（一）基本理念

保护环境是国家的基本国策，环境保护坚持"保护优先、预防为主、综合治理、公众参与、损害担责"的原则。一切单位和个人都有保护环境的义务。

（1）使环境保护变为套在经济社会发展上的"紧箍咒"，要发挥减排对经济发展的约束性作用，使"脱缰野马"变成可持续发展的"千里马"。

（2）加快促进经济发展方式的绿色转型，打破只依靠"末端治理"来解决环保问题的局限，通过减量化、再利用、资源化，来为建设生态文明提供源源不断的动力。

企业应当防止、减少环境污染和生态破坏，对所造成的损害依法承担责任。公民应当增强环境保护意识，采取低碳、节俭的生活方式，自觉履行环境保护义务。

（二）监督责任

环保法改变了重政府权力轻政府责任、重政府主导轻公众参与的局面，增加了对政府实行环保目标责任制和考核评价制度的规定，完善人大监督制度，健全了问责机制。对政府人员违法实施行政许可、包庇环境违法行为等九种行为，规定给予记过、记大过或者降级处分，后果严重者给予撤职或开除处分，其主要负责人应引咎辞职。

环保法赋予公众、新闻媒体对政府的监督权，并认可越级举报制度。以前的"保护主义、好人主义"将难以盛行，各级政府及环保部门人员势必严格执法、严格对企业进行监督检查。行政许可是公众监督的重点领域。企业环保管理旧思维受到严重挑战，企业惯用的"环保问题靠协调解决"的思维方式难再行通，企业协调政府及其环保主管部门的手段受限。政府、第三方主体以及企业在环保工作中关系图如图5-2所示。

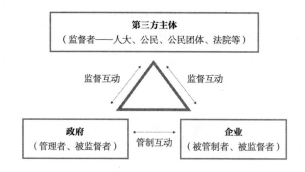

图5-2　政府、第三方主体以及企业在环保工作中关系图

（三）基本制度

环保法完善了十大环保管理制度，包括生态红线制度、排污许可证管理制度、总量控制和区域限批制度、环境与健康监测调查和风险评估制度、跨行政区域的联合防治机制、环境监测制度、环境影响评价制度、环境应急制度、信息公开和公众参与、环境经济政策。下面重点介绍5个制度：

1.生态保护红线制度

国家在重点生态功能区、生态环境敏感区和脆弱区等区域划定生态保护红线，实行严格保护，这是一项创新性环境政策。习近平总书记提出"既要金山银山，也要绿水青山"，在特殊保护区域则是"宁要绿水青山，不要金山银山"。

（1）建立资源环境承载能力监测预警机制，对限制开发区域和生态脆弱的国家扶贫开发工作重点县取消地区生产总值考核。

（2）重点生态功能区：指水源涵养、土壤保持、防风固沙、生物多样性保护和洪水调蓄五类国家或区域生态安全的地域空间。

（3）生态敏感区指土壤侵蚀敏感区、沙漠化敏感区、盐渍化敏感区、冻融侵蚀敏感区等易于发生生态退化的区域。

（4）生态环境脆弱区：也称生态交错区，是指两种不同类型生态系统交界过渡区域。

（5）禁止在饮用水水源保护区内设置排污口。

（6）禁止在饮用水水源一级保护区内新建、改建、扩建与供水设施和保护水源无关的建设项目；已建成的与供水设施和保护水源无关的建设项目，责令拆除或者关闭。

（7）禁止在饮用水水源二级保护区内新建、改建、扩建排放污染物的建设项目；已建成的排放污染物的建设项目，责令拆除或者关闭。

（8）禁止在饮用水水源准保护区内新建、扩建对水体污染严重的建设项目；改建建设项目，不得增加排污量。

油气田开发、管道建设必须严格遵守生态红线相关法律法规制度要求，项目选址选线要优先考虑生态红线和环保制约因素，避让水源保护区、自然保护区等，严禁逾越生态红线违法进行开发建设。

2.排污许可证制度

国家依法实行排污许可证管理制度。实行排污许可管理的企业应当按照排污许可证的要求排放污染物；未取得排污许可证的，不得排放污染物。已取得排污许可证的企业，不按照许可证的要求排污同样是违法行为的，如比较常见的超标超总量排放、擅自改变污染物的处理方式和流程等。

国家对严重污染环境的工艺、设备和产品实行淘汰制度。任何单位和个人不得生产、销售或者转移、使用严重污染环境的工艺、设备和产品。禁止引进不符合我国环境保护规定的技术、设备、材料和产品。

3.总量控制和区域限批制度

国家实行重点污染物排放总量控制制度。重点污染物排放总量控制指标由国务院下达，省、自治区、直辖市人民政府分解落实。企业在执行国家和地方污染物排放标准的同时，应当遵守分解落实到本单位的重点污染物排放总量控制指标。

对超过国家重点污染物排放总量控制指标或者未完成国家确定的环境质量目标的地区，省级以上人民政府环境保护主管部门应当暂停审批其新增重点污染物排放总量的建设项目环境影响评价文件。

4.环境影响评价制度

虽然我国早已颁布了《环境影响评价法》，但近年来未批先建的现象屡禁不止。主要是罚款额度低，只罚款5万~20万元，一些企业宁愿受罚也要未批先建，另外现有的允许"限期补办"的规定，导致一些项目"先上车后买票"。

新环保法堵住了现有规定中"限期补办"的漏洞，对于未批先建的，规定直接责令停止建设，处以罚款，并可以责令恢复原状。未评先建的违法项目，不能再通过补办手续的方式"补票"。以前未批先建违法项目靠补办手续、领导协调的方法在以后将难以奏效，坚决杜绝未批先建违法行为，严禁环评未获批复的项目开工建设，发生变更的必须要及时办理变更手续。

5.信息公开和公众参与制度

环保法对信息公开和公众参与做出详细规定，任何公民、法人和其他组织依法享有获取环境信息、参与和监督环境保护的权利。近年来环境群体性事件不断发生，环境问题成为影响社会和谐稳定的社会问题。以法律的形式确认了公众获取环境信息、参与和监督环境保护三项具体的环境权利，是环保法的一大亮点。

政府不仅公开环境质量信息等，还具体到每一个环境行政许可、行政处罚、突发环境事件，并且还要将企业违法信息记入社会诚信档案，定期向社会公布。不仅政府要公开，企业也要如实向公众公开污染排放信息。重点排污单位应当如实向社会公开其主要污染物的名称、排放方式、排放浓度和总量、超标排放情况，以及防治污染设施的建设和运行情况，接受社会监督。这样一来企业"无密可保""无假可作"。

（四）惩处力度

1.按日计罚，罚款额度不设上限

原环保法规定可以对违法企业处以罚款措施，但未规定具体罚款额度。在后来陆续出台的《水污染防治法》《大气污染防治法》等单行法中，一般也都对罚款规定上限。

现环保法设立了更为严格的"按日计罚"制度，罚款额度不设上限。主要适用于企业违法排放污染物，受到罚款处罚，被责令改正，拒不改正的情形，自责令改正之日的次日起，按日连续累计处罚。

违法行为主要包括：超标超总量排污、未批先建排污、未取得排污许可证排污、通过暗管、渗坑渗井等方式排污，本法赋予地方性法规可以增加按日连续处罚的违法行为的种类。罚款数额按照防治污染设施的运行成本、违法行为造成的直接损失或者违法所得等因素确定。实行按日计罚后,行政罚款数额大幅提高。

2.新增查封、扣押制度,加强执法权

对违法排污的企业等,环保主管部门可以查封、扣押造成污染物排放的设施、设备。适用六种情形。

(1)违法排放、倾倒或者处置含传染病病原体的废物、危险废物、含重金属污染物或者持久性有机污染物等有毒物质或者其他有害物质的。

(2)在饮用水水源一级保护区、自然保护区核心区违反法律法规规定排放、倾倒、处置污染物的。

(3)违反法律法规规定排放、倾倒化工、制药、石化、印染、电镀、造纸、制革等工业污泥的。

(4)通过暗管、渗井、渗坑、灌注或者篡改、伪造监测数据,或者不正常运行防治污染设施等逃避监管的方式违反法律法规规定排放污染物的。

(5)较大、重大和特别重大突发环境事件发生后,未按照要求执行停产、停排措施,继续违反法律法规规定排放污染物的。

(6)法律、法规规定的其他造成或者可能造成严重污染的违法排污行为。

3.行政拘留措施

企业和其他生产经营者有下列行为之一,尚不构成犯罪的,除依照有关法律法规规定予以处罚外,由县级以上人民政府环境保护主管部门或者其他有关部门将案件移送公安机关,对其直接负责的主管人员和其他直接责任人员,处十日以上十五日以下拘留;情节较轻的,处五日以上十日以下拘留。

4.与刑法衔接

《中华人民共和国刑法》第三百三十八条规定:违反国家规定,排放、倾倒或者处置有放射性的废物、含传染病病原体的废物、有毒物质或者其他有害物质,严重污染环境的,处三年以下有期徒刑或者拘役,并处或者单处罚金;后果特别严重的,处三年以上七年以下有期徒刑,并处罚金。

环境保护法明确规定,违反规定构成犯罪的,依法追究刑事责任。2013年6月19日,《最高人民法院、最高人民检察院关于办理环境污染刑事案件适用法律若干问题的解释》正式实施,首次界定了"严重污染环境"的14项认定标准和"后果特别严重"的11项认定标准。

(五)责任义务

(1)企业应当优先使用清洁能源,采用资源利用率高、污染物排放量少的工艺、设备以及废弃物综合利用技术和污染物无害化处理技术，减少污染物的产生。

（2）建设项目中防治污染的设施，应当与主体工程同时设计、同时施工、同时投产使用。防治污染的设施应当符合经批准的环境影响评价文件的要求，不得擅自拆除或者闲置。

（3）应当采取措施，防治在生产建设或者其他活动中产生的废气、废水、废渣、医疗废物、粉尘、恶臭气体、放射性物质以及噪声、振动、光辐射、电磁辐射等对环境的污染和危害。

（4）排放污染物的企业，应当建立环境保护责任制度，明确单位负责人和相关人员的责任。

（5）重点排污单位应当按照国家有关规定和监测规范安装使用监测设备，保证监测设备正常运行，保存原始监测记录。

（6）严禁通过暗管、渗井、渗坑、灌注或者篡改、伪造监测数据，或者不正常运行防治污染设施等逃避监管的方式违法排放污染物。

（7）生产、储存、运输、销售、使用、处置化学物品和含有放射性物质的物品，应当遵守国家有关规定，防止污染环境。

（8）应当按照国家有关规定缴纳排污费。排污费应当全部专项用于环境污染防治，任何单位和个人不得截留、挤占或者挪作他用。

（9）应当按照国家有关规定制定突发环境事件应急预案，报环境保护主管部门和有关部门备案。在发生或者可能发生突发环境事件时，应当立即采取措施处理，及时通报可能受到危害的单位和居民，并向环境保护主管部门和有关部门报告。

二、大气污染防治法

为保护和改善环境，防治大气污染，保障公众健康，推进生态文明建设，促进经济社会可持续发展。该法自1988年6月1日起施行，现行版本为2018年10月26日完成修正并施行。

（一）基本要求

防治大气污染，应当以改善大气环境质量为目标，坚持源头治理，规划先行，转变经济发展方式，优化产业结构和布局，调整能源结构。推广清洁能源的生产和使用。

防治大气污染，应当加强对燃煤、工业、机动车船、扬尘等大气污染的综合防治，推行区域大气污染联合防治，对颗粒物、二氧化硫、氮氧化物、挥发性有机物、氨等大气污染物和温室气体实施协同控制。

企业应当采取有效措施，防止、减少大气污染，对所造成的损害依法承担责任。公民应当增强大气环境保护意识，采取低碳、节俭的生活方式，自觉履行大气环境保护义务。

（二）监管要求

企业建设对大气环境有影响的项目，应当依法进行环境影响评价、公开环境影响评价文件；向大气排放污染物的，应当符合大气污染物排放标准，遵守重点大气污染物排放总量控制要求。

排放工业废气或者有毒有害大气污染物的企业依法实行排污许可管理的单位，应当取得排污许可证。依照法律法规和主管部门的规定设置大气污染物排放口。

禁止通过偷排、篡改或者伪造监测数据、以逃避现场检查为目的的临时停产、非紧急情况下开启应急排放通道、不正常运行大气污染防治设施等逃避监管的方式排放大气污染物。

企业应当按照国家有关规定和监测规范，对其排放的工业废气和有毒有害大气污染物进行监测，并保存原始监测记录。其中，重点排污单位应当安装、使用大气污染物排放自动监测设备，与生态环境主管部门的监控设备联网，保证监测设备正常运行并依法公开排放信息。禁止侵占、损毁或者擅自移动、改变大气环境质量监测设施和大气污染物排放自动监测设备。

（三）工业污染防治

石油化工等企业生产过程中排放粉尘、硫化物和氮氧化物的，应当采用清洁生产工艺，配套建设除尘、脱硫、脱硝等装置，或者采取技术改造等其他控制大气污染物排放的措施。

产生含挥发性有机物废气的生产和服务活动，应当在密闭空间或者设备中进行，并按照规定安装、使用污染防治设施；无法密闭的，应当采取措施减少废气排放。

石油化工以及其他生产和使用有机溶剂的企业，应当加强精细化管理，采取集中收集处理等措施，严格控制粉尘和气态污染物的排放。

应当采取措施对管道、设备进行日常维护、维修，减少物料泄漏，对泄漏的物料应当及时收集处理。

储油储气库、加油加气站、原油成品油码头、原油成品油运输船舶和油罐车、气罐车等，应当按照国家有关规定安装油气回收装置并保持正常使用。

工业生产企业应当采取密闭、围挡、遮盖、清扫、洒水等措施，减少内部物料的堆存、传输、装卸等环节产生的粉尘和气态污染物的排放。

可燃性气体回收利用装置不能正常作业的，应当及时修复或者更新。在回收利用装置不能正常作业期间确需排放可燃性气体的，应当将排放的可燃性气体充分燃烧或者采取其他控制大气污染物排放的措施，并向当地生态环境主管部门报告，按照要求限期修复或者更新。

（四）扬尘污染防治

建设单位应当将防治扬尘污染的费用列入工程造价，并在施工承包合同中明确施工单位扬尘污染防治责任。施工单位应当制定具体的施工扬尘污染防治实施方案。

施工单位应当在施工工地设置硬质围挡，并采取覆盖、分段作业、择时施工、洒水抑尘、冲洗地面和车辆等有效防尘降尘措施。建筑土方、工程渣土、建筑垃圾应当及时清运；在场地内堆存的，应当采用密闭式防尘网遮盖。工程渣土、建筑垃圾应当进行资源化处理。

暂时不能开工的建设用地，建设单位应当对裸露地面进行覆盖；超过三个月的，应当进行绿化、铺装或者遮盖。

运输煤炭、垃圾、渣土、砂石、土方、灰浆等散装、流体物料的车辆应当采取密闭或者其他措施防止物料遗撒造成扬尘污染，并按照规定路线行驶。装卸物料应当采取密闭或者喷淋等方式防治扬尘污染。

贮存煤炭、煤矸石、煤渣、煤灰、水泥、石灰、石膏、砂土等易产生扬尘的物料应当密闭；不能密闭的，应当设置不低于堆放物高度的严密围挡，并采取有效覆盖措施防治扬尘污染。

（五）其他污染防治

向大气排放持久性有机污染物的企业以及废弃物焚烧设施的运营单位，应当按照国家有关规定，采取有利于减少持久性有机污染物排放的技术方法和工艺，配备有效的净化装置，实现达标排放。

企业在生产经营活动中产生恶臭气体的，应当科学选址，设置合理的防护距离，并安装净化装置或者采取其他措施，防止排放恶臭气体。

排放油烟的餐饮服务业经营者应当安装油烟净化设施并保持正常使用，或者采取其他油烟净化措施，使油烟达标排放，并防止对附近居民的正常生活环境造成污染。

任何单位和个人不得在当地人民政府禁止的区域内露天烧烤食品或者为露天烧烤食品提供场地。

禁止在人口集中地区和其他依法需要特殊保护的区域内焚烧沥青、油毡、橡胶、塑料、皮革、垃圾以及其他产生有毒有害烟尘和恶臭气体的物质。

（六）法律责任

企业应当采取有效措施，防止、减少大气污染，对所造成的损害依法承担责任，加大对大气环境违法行为的处罚力度。

1. 有违法行为就有处罚

《中华人民共和国大气污染防治法》的条文有129条，其中法律责任条款就有30条，规定了大量的具体的有针对性的措施，并有相应的处罚责任。具体的处罚行为和种类接近90种，提高了该法的可操作性和针对性。

2. 提高了罚款的上限

企业超标、超总量指标排放大气污染物，责令改正或限制生产、停产整治，并处10万元以上100万元以下的罚款，情节严重的，报经有批准权的人民政府批准，责令停业、关闭。

3. 规定了按日计罚

在环境保护法规定的基础上，细化并增加了按日计罚的行为。

4. 丰富了处罚种类

行政处罚中有责令停业、关闭，责令停产整治，责令停工整治、没收，取消检验资格，治安处罚等。

三、固体废物污染环境防治法

为了保护和改善生态环境，防治固体废物污染环境，保障公众健康，维护生态安全，推进生态文明建设，促进经济社会可持续发展，制定固体废物污染环境防治法，该法自1996年4月1日起施行，现行版本为2020年4月29日完成修正并施行。

（一）基本要求

国家推行绿色发展方式，促进清洁生产和循环经济发展。倡导简约适度、绿色低碳的生活方式，引导公众积极参与固体废物污染环境防治。

固体废物污染环境防治坚持"减量化、资源化和无害化"的原则。任何单位和个人都应当采取措施，减少固体废物的产生量，促进固体废物的综合利用，降低固体废物的危害性。

固体废物污染环境防治坚持"污染担责"的原则。产生、收集、贮存、运输、利用、处置固体废物的单位和个人，应当采取措施，防止或者减少固体废物对环境的污染，对所造成的环境污染依法承担责任。

国家鼓励和引导消费者使用绿色包装和减量包装。国家鼓励和引导减少使用、积极回收塑料袋等一次性塑料制品，推广应用可循环、易回收、可降解的替代产品。

国家推行生活垃圾分类制度。生活垃圾分类坚持政府推动、全民参与、城乡统筹、因地制宜、简便易行的原则。

（二）主要内容

1.崇尚绿色生产和生活方式

提出"推行绿色发展方式"和"倡导简约适度、绿色低碳的生活"，通过培养绿色生活方式和消费习惯，从源头杜绝浪费、强化资源利用，形成全民参与固体废物污染防治的社会格局。

2.实行目标责任制和考核评价制

推行跨行政区域的联防联控机制，建立信息化监管体系，健全固体废物污染防治领域的信用记录制度，明确固体废物零进口的原则。

3.统筹推进各类固体废物综合治理

针对生活垃圾，明确国家推行生活垃圾分类制度，针对建筑垃圾，建立分类处理、全过程管理制度，加强农业面源污染防治。

4.产生工业固体废物单位的全程责任

强化危险废物产生的相关管理要求危险废物产生后，实行产生、收集、贮存、转移、运输、利用、处置的全过程管理。这也就意味着，产生工业固体废物单位要负责固体废物的"从生到死"，无论哪一个环节出了问题，产生工业固体废物单位都有承担连带责任的风险。

5.建立工业固体废物管理台账

固体废物污染环境防治法要求产生工业固体废物单位建立固体废物管理台

账，如实记录产生工业固体废物的种类、数量、流向、贮存、利用、处置等信息。

6.加大了法律责任的处罚力度

固体废物污染环境防治法在对环境违法行为的"严惩重罚"方面也达到了新高度。对涉事单位施行按日连续处罚，加大了多项违法行为的罚款数额。对企业和相关负责人实行"双罚制"。该法是目前所有环境法律法规中适用"双罚制"最多的一部法律。固体废物污染环境防治法还增加了对企业相关责任人实施行政拘留的规定。

（三）监管要求

国家建立全国危险废物等固体废物污染环境防治信息平台，推进固体废物收集、转移、处置等全过程监控和信息化追溯。

建设产生、贮存、利用、处置固体废物的项目，应当依法进行环境影响评价，并遵守国家有关建设项目环境保护管理的规定。

建设项目的环境影响评价文件确定需要配套建设的固体废物污染环境防治设施，应当与主体工程同时设计、同时施工、同时投入使用。依照有关法律法规的规定，对配套建设的固体废物污染环境防治设施进行验收，编制验收报告，并向社会公开。

收集、贮存、运输、利用、处置固体废物的单位和其他生产经营者，应当加强对相关设施、设备和场所的管理和维护，保证其正常运行和使用。应当采取防扬散、防流失、防渗漏或者其他防止污染环境的措施，不得擅自倾倒、堆放、丢弃、遗撒固体废物。

禁止任何单位或者个人向江河、湖泊、运河、渠道、水库及其最高水位线以下的滩地和岸坡以及法律法规规定的其他地点倾倒、堆放、贮存固体废物。

在生态保护红线区域、永久基本农田集中区域和其他需要特别保护的区域内，禁止建设工业固体废物、危险废物集中贮存、利用、处置的设施、场所和生活垃圾填埋场。

（四）工业固体废物

企业应当建立健全工业固体废物产生、收集、贮存、运输、利用、处置全过程的污染环境防治责任制度，建立工业固体废物管理台账，如实记录产生工业固体废物的种类、数量、流向、贮存、利用、处置等信息，实现工业固体废物可追溯、可查询，并采取防治工业固体废物污染环境的措施。

企业委托他人运输、利用、处置工业固体废物的，应当对受托方的主体资格和技术能力进行核实，依法签订书面合同，在合同中约定污染防治要求。受托方运输、利用、处置工业固体废物，应当依照有关法律法规的规定和合同约定履行污染防治要求，并将运输、利用、处置情况告知企业。

企业应当依法实施清洁生产审核，合理选择和利用原材料、能源和其他资源，采用先进的生产工艺和设备，减少工业固体废物的产生量，降低工业固体废物的危害性。

企业应当向所在地生态环境主管部门提供工业固体废物的种类、数量、流向、贮存、利用、处置等有关资料，以及减少工业固体废物产生、促进综合利用的具体措施，并执行排污许可管理制度的相关规定，取得排污许可证。

企业应当根据经济、技术条件对工业固体废物加以利用；对暂时不利用或者不能利用的，应当按规定建设贮存设施、场所，安全分类存放，或者采取无害化处置措施。

（五）危险废物

产生危险废物的单位，应当按照国家有关规定制定危险废物管理计划；建立危险废物管理台账，如实记录有关信息，并通过国家危险废物信息管理系统向所在主管部门申报危险废物的种类、产生量、流向、贮存、处置等有关资料。

危险废物管理计划应当包括减少危险废物产生量和降低危险废物危害性的措施以及危险废物贮存、利用、处置措施。危险废物管理计划应当报产生危险废物的单位所在地生态环境主管部门备案。

产生危险废物的单位，应当按照国家有关规定和环境保护标准要求贮存、利用、处置危险废物，不得擅自倾倒、堆放。对危险废物的容器和包装物以及收集、贮存、运输、利用、处置危险废物的设施、场所，应当按照规定设置危险废物识别标志。

从事收集、贮存、利用、处置危险废物经营活动的单位，应当按照国家有关规定申请取得许可证。禁止无许可证或者未按照许可证规定从事危险废物收集、贮存、利用、处置的经营活动。

收集、贮存危险废物，应当按照危险废物特性分类进行。禁止混合收集、贮存、运输、处置性质不相容且未经安全性处置的危险废物。

转移危险废物的，应当按照国家有关规定填写、运行危险废物电子或者纸质转移联单。在规定期限内批准转移该危险废物，未经批准的，不得转移。

运输危险废物，应当采取防止污染环境的措施，并遵守国家有关危险货物运输管理的规定，禁止将危险废物与旅客在同一运输工具上载运。

因发生事故或者其他突发性事件，造成危险废物严重污染环境的单位，应当立即采取有效措施消除或者减轻对环境的污染危害，及时通报可能受到污染危害的单位和居民，并向所在地生态环境主管部门和有关部门报告，接受调查处理。

四、水污染防治法

为了保护和改善环境，防治水污染，保护水生态，保障饮用水安全，维护公众健康，推进生态文明建设，促进经济社会可持续发展。该法自2008年6月1日起施行，现行版本为2017年6月27日完成修正，2018年1月1日起施行。

（一）基本要求

水污染防治应当坚持预防为主、防治结合、综合治理的原则，优先保护饮用水水源，严格控制工业污染、城镇生活污染，防治农业面源污染，积极推进生态治理工程建设，预防、控制和减少水环境污染和生态破坏。

国家鼓励、支持水污染防治的科学技术研究和先进适用技术的推广应用，加强水环境保护的宣传教育。国家对重点水污染物排放实施总量控制制度。重点水污染物排放总量控制指标排放水污染物，不得超过国家或者地方规定的水污染物排放标准和重点水污染物排放总量控制指标。任何单位和个人都有义务保护水环境，并有权对污染损害水环境的行为进行检举。

（二）主要内容

1.加大政府责任

政府应当将水环境保护工作纳入政府国民经济与社会发展规划，而这个规划是有项目和资金作保证的。县级以上地方政府要对本行政区域的水环境质量负责。国家实行水环境保护目标责任制和考核评价制度，将水环境保护目标完成情况作为对地方人民政府及其负责人考核评价的内容。

2.明确违法界限

超标即违法，不得超总量。排放水污染物，不得超过国家或者地方规定的水污染物排放标准和重点水污染物排放总量控制指标。向城镇污水集中处理设施排放水污染物，应当符合国家或者地方规定的水污染物排放标准。

3.总量控制制度

扩大了总量控制的适用范围，不再局限于排污达标但质量不达标的水体，并要求地方政府将总量控制指标逐级分解落实到基层和排污单位。除国家重点水污染物外，允许省级政府可以确定本行政区域实施总量控制的"地方重点水污染物"。对超过重点水污染物排放总量控制指标的地区，有关人民政府环境保护主管部门应当暂停审批新增重点水污染物排放总量的建设项目的环境影响评价文件。

4.生态补偿机制

生态补偿分为生态系统的内部补偿与外部补偿，环境法中的生态补偿是指建立生态系统的外部补偿机制，实际上是对在恢复和重建生态系统、修复生态环境的整体功能、预防生态失衡和环境污染综合治理中发生的经济补偿的总称。

5.事故应急处置

规定企业发生事故或者其他突发性事件，造成或者可能造成水污染事故的，应当立即启动本单位的应急方案，采取应急措施，并向事故发生地的县级以上地方人民政府或者环境保护主管部门报告。环境保护主管部门接到报告后，应当及时向本级人民政府报告。

（三）监管要求

新建、改建、扩建直接或者间接向水体排放污染物的建设项目和其他水上设施，应当依法进行环境影响评价。建设项目的水污染防治设施，应当与主体工程同时设计、同时施工、同时投入使用。

禁止向水体排放油类、酸液、碱液或者剧毒废液。禁止在水体清洗装贮过油类或者有毒污染物的车辆和容器。禁止向水体排放、倾倒工业废渣、城镇垃圾和其他废弃物。

禁止利用渗井、渗坑、裂隙、溶洞，私设暗管，篡改、伪造监测数据，或者不正常运行水污染防治设施等逃避监管的方式排放水污染物。

化学品生产企业以及工业集聚区、危险废物处置场、垃圾填埋场等的运营、管理单位，应当采取防渗漏等措施，并建设地下水水质监测井进行监测，防止地下水污染。

加油站等的地下油罐应当使用双层罐或者采取建造防渗池等其他有效措施，并进行防渗漏监测，防止地下水污染。

禁止利用无防渗漏措施的沟渠、坑塘等输送或者存贮含有毒污染物的废水、含病原体的污水和其他废弃物。

兴建地下工程设施或者进行地下勘探、采矿等活动，应当采取防护性措施，防止地下水污染。报废矿井、钻井或者取水井等，应当实施封井或者回填。

（四）污染防治

造成水污染的企业进行技术改造，采取综合防治措施，提高水的重复利用率，减少废水和污染物排放量。

排放工业废水的企业应当采取有效措施，收集和处理产生的全部废水，防止污染环境。含有毒有害水污染物的工业废水应当分类收集和处理，不得稀释排放。

工业集聚区应当配套建设相应的污水集中处理设施，安装自动监测设备，与环境保护主管部门的监控设备联网，并保证监测设备正常运行。

国家对严重污染水环境的落后工艺和设备实行淘汰制度。在规定的期限内停止生产、销售或者使用设备名录中的设备，不得转让给他人使用。

企业应当采用原材料利用效率高、污染物排放量少的清洁工艺，并加强管理，减少水污染物的产生。

（五）水源保护

国家建立饮用水水源保护区制度。饮用水水源保护区分为一级保护区和二级保护区，必要时，可以在饮用水水源保护区外围划定一定的区域作为准保护区。在饮用水水源保护区内，禁止设置排污口。

禁止在饮用水水源一级保护区内新建、改建、扩建与供水设施和保护水源无关的建设项目；已建成的与供水设施和保护水源无关的建设项目，由县级以上人民政府责令拆除或者关闭。

禁止在饮用水水源二级保护区内新建、改建、扩建排放污染物的建设项目；已建成的排放污染物的建设项目，由县级以上人民政府责令拆除或者关闭。

禁止在饮用水水源准保护区内新建、扩建对水体污染严重的建设项目；改建建设项目，不得增加排污量。

饮用水供水单位应当做好取水口和出水口的水质检测工作。发现取水口水质不符合饮用水水源水质标准或者出水口水质不符合饮用水卫生标准的，应当及时采取相应措施。

在风景名胜区水体、重要渔业水体和其他具有特殊经济文化价值的水体的保护区内，不得新建排污口。在保护区附近新建排污口，应当保证保护区水体不受污染。

（六）法律责任

1.加大违法排污处罚力度

加大了水污染违法的成本，增强了对违法行为的震慑力。一是针对违法行为，明确规定了具体罚款幅度；二是提高罚款的绝对数额；三是取消对某些行为罚款的上限。

2.创设了多种处罚方式

超标或者超总量排污的行为，规定"责令限期治理"，同时对决定权限、具体内容、期限及后果做了详细规定。私设暗管行为规定可以"责令停产整顿"。违法排污并造成水污染的行为，规定了"责令限期采取治理措施，消除污染"的责任形式。

3.扩大了处罚对象

处罚对象主要有三类。一是发现违法行为不查处或者接到举报后不予查处等行政不作为的环境监管人员；二是排污单位；三是排污单位内的直接责任人员，特别是对违法排污单位，不仅要处罚单位，还要处罚单位直接责任人"双罚制"。

五、清洁生产促进法

为了促进清洁生产，提高资源利用效率，减少和避免污染物的产生，保护和改善环境，保障人体健康，促进经济与社会可持续发展，颁布实施《中华人民共和国清洁生产促进法》。该法自2003年1月1日起施行，现行版本为2012年7月1日完成修正并施行。

（一）基本要求

清洁生产是指不断采取改进设计、使用清洁的能源和原料、采用先进的工艺技术与设备、改善管理、综合利用等措施，从源头削减污染，提高资源利用效率，减少或者避免生产、服务和产品使用过程中污染物的产生和排放，以减轻或者消除对人类健康和环境的危害。

国家对浪费资源和严重污染环境的落后生产技术、工艺、设备和产品实行限期淘汰制度。国务院有关部门按照职责分工，制定并发布限期淘汰的生产技术、工艺、设备以及产品的名录。

新建、改建和扩建项目应当进行环境影响评价，对原料使用、资源消耗、资源综合利用以及污染物产生与处置等进行分析论证，优先采用资源利用率高以及污染物产生量少的清洁生产技术、工艺和设备。

（二）技改要求

企业是清洁生产实施的主体，清洁生产法规定了企业技改技措、产品设计等几个方面的义务，有关的主要内容如下：

企业在进行技术改造过程中，应当采用无毒、无害或者低毒、低害的原料，替代毒性大、危害严重的原料；应当采用资源利用率高、污染物产生量少的工艺和设备，替代资源利用率低、污染物产生量多的工艺和设备；应当采用对生产过程中产生的废物、废水和余热等进行综合利用或者循环使用；应当采用能够达到国家或者地方规定的污染物排放标准和污染物排放总量控制指标的污染防治技术。

（三）设计与节能

企业产品和包装物的设计，应当考虑其在生命周期中对人类健康和环境的影响，优先选择无毒、无害、易于降解或者便于回收利用的方案。

企业对产品的包装应当合理，包装的材质、结构和成本应当与内装产品的质量、规格和成本相适应，减少包装性废物的产生，不得进行过度包装。

企业建筑工程应当采用节能、节水等有利于环境与资源保护的建筑设计方案、建筑和装修材料、建筑构配件及设备。

餐饮、娱乐、宾馆等服务性企业，应当采用节能、节水和其他有利于环境保护的技术和设备，减少使用或者不使用浪费资源、污染环境的消费品。

企业应当在经济技术可行的条件下对生产和服务过程中产生的废物、余热等自行回收利用或者转让给有条件的其他企业和个人利用。

（四）清洁生产审核

企业应当对生产和服务过程中的资源消耗以及废物的产生情况进行监测，并根据需要对生产和服务实施清洁生产审核。有下列情形之一的企业，应当实施强制性清洁生产审核。

（1）污染物排放超过国家或者地方规定的排放标准，或者虽未超过国家或者地方规定的排放标准，但超过重点污染物排放总量控制指标的。

（2）超过单位产品能源消耗限额标准构成高耗能的。

（3）使用有毒、有害原料进行生产或者在生产中排放有毒、有害物质的。

实施强制性清洁生产审核的企业，应当将审核结果向地方政府部门报告，并在本地区主要媒体上公布，接受公众监督。

（五）鼓励措施

国家建立清洁生产表彰奖励制度。对在清洁生产工作中做出显著成绩的单位和个人，由人民政府给予表彰和奖励。

对从事清洁生产研究、示范和培训，实施国家清洁生产重点技术改造项目和技术改造项目，由县级以上人民政府给予资金支持。

在依照国家规定设立的中小企业发展基金中，应当根据需要安排适当数额用于支持中小企业实施清洁生产。

依法利用废物和从废物中回收原料生产产品的，按照国家规定享受税收优惠。

企业用于清洁生产审核和培训的费用，可以列入企业经营成本。

（六）法律责任

清洁生产法规定了企业在清洁生产领域的四种违法行为。

（1）未按照规定公布能源消耗或者重点污染物产生、排放情况的。

（2）未标注产品材料的成分或者不如实标注的。

（3）生产、销售有毒、有害物质超过国家标准的建筑和装修材料的。

（4）不实施强制性清洁生产审核或者在清洁生产审核中弄虚作假的，或者实施强制性清洁生产审核的企业不报告或者不如实报告审核结果的。

对以上四种违法行为，清洁生产法明确了具体的处罚内容。

六、环境影响评价法

为了实施可持续发展战略，预防因规划和建设项目实施后对环境造成不良影响，促进经济、社会和环境的协调发展。颁布实施《中华人民共和国环境影响评价法》，该法自2003年9月1日起施行，现行版本为2018年12月29日完成修正并施行。

（一）分类管理

根据对环境的影响程度，建设项目的环境影响评价分为三类。

（1）可能造成重大环境影响的，应当编制环境影响报告书，对产生的环境影响进行全面评价。

（2）可能造成轻度环境影响的，应当编制环境影响报告表，对产生的环境影响进行分析或者专项评价。

（3）对环境影响很小、不需要进行环境影响评价的，应当填报环境影响登记表。

（二）内容和要求

建设项目的环境影响报告书应当包括：建设项目概况，建设项目周围环境现状，建设项目对环境可能造成影响的分析、预测和评估，建设项目环境保护措施及其技术、经济论证，建设项目对环境影响的经济损益分析，对建设项目实施环境监测的建议，环境影响评价的结论。环境影响报告表和环境影响登记表的内容和格式，由国务院生态环境主管部门制定。

建设单位可以委托技术单位对其建设项目开展环境影响评价，具备环境影响评价技术能力的也可以自行对其建设项目开展环境影响评价。编制建设项目环境影响报告书、环境影响报告表应当遵守国家有关环境影响评价标准、技术规范等规定。国家对环境影响登记表实行备案管理。

建设单位应当对建设项目环境影响报告书、环境影响报告表的内容和结论负责，接受委托编制建设项目环境影响报告书、环境影响报告表的技术单位对其编制的建设项目环境影响报告书、环境影响报告表承担相应责任。

（三）全过程管控

事前管控要求建设项目的环境影响评价文件未依法经审批部门审查或者审查后未予批准的，建设单位不得开工建设；建设项目的环境影响评价文件经批准后，建设项目的性质、规模、地点、采用的生产工艺或者防治污染、防止生态破坏的措施发生重大变动的，建设单位应当重新报批建设项目的环境影响评价文件；建设项目的环境影响评价文件自批准之日起超过五年，方决定该项目开工建设的，其环境影响评价文件应当报原审批部门重新审核。

事中管控要求建设项目建设过程中，建设单位应当同时实施环境影响报告书、环境影响报告表以及环境影响评价文件审批部门审批意见中提出的环境保护对策措施。

事后管控要求在项目建设、运行过程中产生不符合经审批的环境影响评价文件的情形的，建设单位应当组织环境影响的后评价，采取改进措施，并报原环境影响评价文件审批部门和建设项目审批部门备案；原环境影响评价文件审批部门也可以责成建设单位进行环境影响的后评价，采取改进措施。生态环境主管部门应当对建设项目投入生产或者使用后所产生的环境影响进行跟踪检查，对造成严重环境污染或者生态破坏的，应当查清原因、查明责任。

（四）法律责任

环评法规定的企业违反该法的行为可分为两类，环评法明确了具体的处罚内容。

第一类是违反环评程序的违法行为：建设单位未依法报批建设项目环境影响报告书、报告表，或者未依照环评法规定重新报批或者报请重新审核环境影响报告书、报告表，擅自开工建设的；建设项目环境影响报告书、报告表未经批准或者未经原审批部门重新审核同意，建设单位擅自开工建设的；建设单位未依法备案建设项目环境影响登记表的。

第二类是环评内容不实的违法行为：建设项目环境影响报告书、环境影响报告表存在基础资料明显不实，内容存在重大缺陷、遗漏或者虚假，环境影响评价结论不正确或者不合理等严重质量问题的。发生如上情况，建设单位承担建设项目的主体责任必须接受处罚，接受委托编制环评文件的技术单位若存在违反国家有关环评标准和技术规范等规定的行为，也须接受处罚。

第五节 其他相关重要法律法规

一、刑法

1979年7月1日第五届全国人民代表大会第二次会议通过，2020年12月26日《中华人民共和国刑法修正案（十一）》修正。

（一）基本原则

刑法的基本原则是指刑法明文规定的、在全部刑事立法和司法活动中应当遵循的准则。安全生产领域内刑事犯罪同样以刑法基本原则为指导，贯穿于定罪和量刑的始终。刑法规定的基本原则有三个，即罪刑法定原则、刑法适用平等原则和罪责刑相适应原则。

1.罪刑法定原则

法无明文规定不为罪，法无明文规定不处罚。

2.刑法适用平等原则

对任何人犯罪，在适用法律上一律平等。不允许任何人有超越法律的特权。对于一切人的合法权益都要平等地加以保护，不允许有任何歧视。

3.罪责刑相适应原则

刑罚的轻重应当与犯罪的轻重相适应。

（二）基本特征

犯罪行为具有以下三个基本特征：

第一，犯罪是危害社会的行为，即具有一定的社会危害性。

第二，犯罪是触犯刑律的行为，即具有刑事违法性。

第三，犯罪是应受刑罚处罚的行为，即具有应受刑事处罚性。

犯罪的三个基本特征是紧密结合不可分割的。社会危害性是犯罪最本质的具有决定意义的特征，而其他两个特征是由社会危害性派生出来的。

（三）刑事责任

刑事责任是指依照刑事法律的规定，行为人实施刑事法律禁止的行为所必须承担的法律后果。负刑事责任意味着应受刑罚处罚。这是刑事责任与民事责任、行政责任和道德责任的根本区别。

刑罚权作为国家制裁犯罪人的一种权力，是国家的一种统治权，是国家基于其主权地位所拥有的确认犯罪行为范围、制裁犯罪行为以及执行这种制裁的权力。

（四）安全生产犯罪

在《中华人民共和国刑法修正案（十一）》第二章危害公共安全罪中第一百三十四条至第一百三十九条规定了十项安全生产相关犯罪行为：

1.重大责任事故罪

在生产、作业中违反有关安全管理的规定，因而发生重大伤亡事故或者造成其他严重后果的，处三年以下有期徒刑或者拘役；情节特别恶劣的，处三年以上七年以下有期徒刑。

2.强令、组织他人违章冒险作业罪

强令他人违章冒险作业，或者明知存在重大事故隐患而不排除，仍冒险组织作业，因而发生重大伤亡事故或者造成其他严重后果的，处五年以下有期徒刑或者拘役；情节特别恶劣的，处五年以上有期徒刑。

3.危险作业罪

在生产、作业中违反有关安全管理的规定，有下列情形之一，具有发生重大伤亡事故或者其他严重后果的现实危险的，处一年以下有期徒刑、拘役或者管制。

（1）关闭、破坏直接关系生产安全的监控、报警、防护、救生设备、设施，或者篡改、隐瞒、销毁其相关数据、信息的。

（2）因存在重大事故隐患被依法责令停产停业、停止施工、停止使用有关设备、设施、场所或者立即采取排除危险的整改措施，而拒不执行的。

（3）涉及安全生产的事项未经依法批准或者许可，擅自从事矿山开采、金属冶炼、建筑施工，以及危险物品生产、经营、储存等高度危险的生产作业活动的。

4.重大劳动安全事故罪

安全生产设施或者安全生产条件不符合国家规定，因而发生重大伤亡事故或者造成其他严重后果的，对直接负责的主管人员和其他直接责任人员，处三年以下有期徒刑或者拘役；情节特别恶劣的，处三年以上七年以下有期徒刑。

5.大型群众性活动重大安全事故罪

举办大型群众性活动违反安全管理规定，因而发生重大伤亡事故或者造成其他严重后果的，对直接负责的主管人员和其他直接责任人员，处三年以下有期徒刑或者拘役；情节特别恶劣的，处三年以上七年以下有期徒刑。

6.危险物品肇事罪

违反爆炸性、易燃性、放射性、毒害性、腐蚀性物品的管理规定，在生产、储存、运输、使用中发生重大事故，造成严重后果的，处三年以下有期徒刑或者拘役；后果特别严重的，处三年以上七年以下有期徒刑。

7.工程重大安全事故罪

建设单位、设计单位、施工单位、工程监理单位违反国家规定，降低工程质量标准，造成重大安全事故的，对直接责任人员，处五年以下有期徒刑或者拘役，并处罚金；后果特别严重的，处五年以上十年以下有期徒刑，并处罚金。

8.教育设施重大安全事故罪

明知校舍或者教育教学设施有危险，而不采取措施或者不及时报告，致使发生重大伤亡事故的，对直接责任人员，处三年以下有期徒刑或者拘役；后果特别严重的，处三年以上七年以下有期徒刑。

9.消防责任事故罪

违反消防管理法规，经消防监督机构通知采取改正措施而拒绝执行，造成严重后果的，对直接责任人员，处三年以下有期徒刑或者拘役；后果特别严重的，处三年以上七年以下有期徒刑。

10.不报、谎报安全事故罪

在安全事故发生后，负有报告职责的人员不报或者谎报事故情况，贻误事故抢救，情节严重的，处三年以下有期徒刑或者拘役；情节特别严重的，处三年以上七年以下有期徒刑。

二、劳动法

为了保护员工的合法权益，调整劳动关系，建立和维护适应社会主义市场经济的劳动制度，促进经济发展和社会进步，根据宪法，制定劳动法。该法于1994年7月5日第八届全国人民代表大会常务委员会第八次会议通过，2018年12月29日第十三届全国人民代表大会常务委员会第二次修正。

（一）基本规定

员工享有平等就业和选择职业的权利、取得劳动报酬的权利、休息休假的权利、获得劳动安全卫生保护的权利、接受职业技能培训的权利、享受社会保险和福利的权利、提请劳动争议处理的权利以及法律规定的其他劳动权利。

企业应当依法建立和完善规章制度，保障员工享有劳动权利和履行劳动义务。员工应当完成劳动任务，提高职业技能，执行劳动安全卫生规程，遵守劳动纪律和职业道德。

员工有权依法参加和组织工会。工会代表和维护员工的合法权益，依法独立自主地开展活动。员工依照法律规定，通过职工大会、职工代表大会或者其他形式，参与民主管理或者就保护员工合法权益与企业进行平等协商。

劳动合同应当具备劳动保护和劳动条件的条款。员工患职业病或者因工负伤并被确认丧失或者部分丧失劳动能力；女职工在孕期、产期、哺乳期内的；企业不得解除劳动合同。

员工就业不因民族、种族、性别、宗教信仰不同而受歧视。妇女享有与男子平等的就业权利。在录用职工时，不得以性别为由拒绝录用妇女或者提高对妇女的录用标准。禁止企业招用未满十六周岁的未成年人。

（二）劳动安全卫生

企业必须建立、健全劳动安全卫生制度，严格执行国家劳动安全卫生规程和标准，对员工进行劳动安全卫生教育，防止劳动过程中的事故，减少职业危害。

新建、改建、扩建工程的劳动安全卫生设施必须与主体工程同时设计、同时施工、同时投入生产和使用。劳动安全卫生设施必须符合国家规定的标准。

企业必须为员工提供符合国家规定的劳动安全卫生条件和必要的劳动防护用品，对从事有职业危害作业的员工应当定期进行健康检查。

员工在劳动过程中必须严格遵守安全操作规程。从事特种作业的员工必须经过专门培训并取得特种作业资格。

员工对企业管理人员违章指挥、强令冒险作业，有权拒绝执行；对危害生命安全和身体健康的行为，有权提出批评、检举和控告。

（三）女职工特殊保护

国家对女职工和未成年工实行特殊劳动保护。禁止安排女职工从事矿山井下、国家规定的第四级体力劳动强度的劳动和其他禁忌从事的劳动。

不得安排女职工在经期、怀孕期间从事高处、低温、冷水作业和国家规定的第三级体力劳动强度的劳动。对怀孕七个月以上的女职工，不得安排其延长工作时间和夜班劳动。

女职工生育享受不少于九十天的产假。不得安排女职工在哺乳未满一周岁的婴儿期间从事国家规定的第三级体力劳动强度的劳动和哺乳期禁忌从事的其他劳动，不得安排其延长工作时间和夜班劳动。

企业违反本法相关规定，侵害其合法权益的，由劳动行政部门责令改正，处以罚款，对女职工或者未成年工造成损害的，应当承担赔偿责任。

（四）工作时间和休息休假

国家实行员工每日工作时间不超过八小时、平均每周工作时间不超过四十四小时的工时制度。企业应当保证员工每周至少休息一日。

国家实行带薪年休假制度。员工连续工作一年以上，享受带薪年休假。企业在国家法定节日期间应当依法安排员工休假：法定休假日安排员工工作的，支付不低于工资的百分之三百的工资报酬。

企业由于生产经营需要，经与工会和员工协商后可以延长工作时间，一般每日不得超过一小时；因特殊原因需要延长工作时间的，在保障员工身体健康的条件下延长工作时间每日不得超过三小时，但是每月不得超过三十六小时。

附录

国内外企业 HSE 管理优秀案例

附录 A 杜邦公司安全文化与管理

　　杜邦公司成立于1802年，主营业务是生产黑火药。黑火药生产是高风险的产业，杜邦公司早期发生过许多安全事故，这些事故造成生产人员伤亡。最大的事故发生在1818年，当时杜邦公司只有100多位员工，其中40多位员工在这次事故中死亡或受到伤害，企业几乎面临破产，不可能生产。

　　但杜邦的炸药技术在当时处于世界领先地位，正好美国开发西部，需要大量的炸药，所以政府给他贷款继续做炸药。但杜邦本人意识到如果不抓安全，杜邦公司可能就不存在了。在接受美国政府贷款支持的情况下，杜邦做出了三个决策：第一是建立了管理层对安全的负责制，即安全生产必须由生产管理者直接负责，从总经理到厂长、部门经理到组长对安全负责，而不是由安全员负责；第二是建立公积金制度，从员工工资中拿出一部分，企业再拿出一部分，建立公积金制度，万一发生事故可在经济上有个缓冲；第三是为实现对员工的关心，公司决定，凡是在事故中受到伤害的家属，公司会将其小孩抚养到工作为止，如果他们愿意到杜邦工作，杜邦会优先考虑。

　　杜邦在1818年建立的制度规定，在当时规模不太大的情况下，杜邦要求凡是建立一个新的工厂，厂长、经理都应该先进行操作，然后员工再进入，目的是体现对安全的直接责任，对安全的重视。随着杜邦的不断发展逐渐成为规模宏大的跨国公司，不可能让高级总裁参加这样的现场操作，所以发展成现在的有感领导：第一，不是本人感觉的领导，是让员工和下属体会到你对安全的重视，是理念上的领导；第二，是人力、物力上的有感领导；第三，是平时管理上的领导，加起来是体现对企业安全生产的负责。

　　到1912年，杜邦建立了安全数据统计制度，安全管理从定性管理发展到定量管理。20世纪40年代杜邦提出"所有事故都是可以防止的"理念，因为在此之前的理念认为很多事故总是要发生的，杜邦却认为这样的思想是不可以有的。一定要树立所有的事故是可以防止的理念，因为事故是在生产中发生的，随着技术的提高、管理水平的提高、人的重视，这些事故一定是有办法防止的。

20世纪50年代，杜邦推出了工作外安全方案。假如一个老总、业务员、销售人员拿到一个大的订单，无论是8小时以内，还是8小时以外，他发生安全事故，对公司的损失都是一样的。让员工积极参与各种安全教育，比如旅游如何注意安全，运动如何注意安全。很多方面的员工教育，就是从1802年发展而来的。

一、杜邦公司安全文化

（一）安全文化的作用

安全就是通过行为尊重人的生命，是以人为本的人性化管理，没有"我"，再大的经济利益对"我"也没有意义。安全文化的作用十分重要，文化主导人的行为，行为主导态度，态度决定后果，建立企业安全文化就是让员工在安全的环境下工作，来改变员工的态度，改变员工的行为。

如果要改变员工的行为，首先要改变安全文化，要了解企业文化中哪些主导了员工行为，哪些行为是不希望出现的。其次要知道加入哪些因素才能使得员工成功，要了解哪些因素是需要的，哪些因素是不需要的。最后还要了解哪些因素是缺失的，并加入到企业中来，完善企业文化建设的要素，巩固和发展企业文化。

企业文化对员工的作用，是影响员工的态度、行为、后果、表现。如果企业没有安全文化，员工在企业中就会表现出不安全的行为，就会导致事故的发生。文化还有间接的影响，员工的态度会受到事故影响，发生安全事故了，员工相信这样做是错误的，也会改变行为。这同样说明员工的行为是受到安全文化影响的，区别在于一个是从正面引导，另一个是从事故去影响。因此，企业需要建立安全文化驱动员工的行为，为员工提供长期连续的行为安全教育。

改变员工的行为不是短期能够见效的，要有长远规划，是不断自我发现、反复教育的过程，让员工意识到自己的不安全行为、不安全态度对企业的影响，在自我发现中改变其态度、价值，最终改变其行为。

（二）安全文化的阶段

安全文化的建立有四个阶段，即自然本能阶段、严格监督阶段、独立自主管理阶段、互助团队管理阶段，这就是杜邦提出的安全文化理论的模型，如图A-1所示。

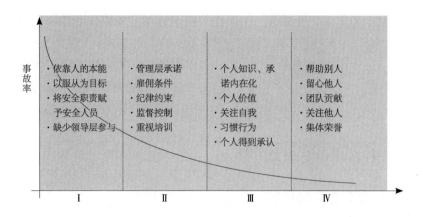

图A-1　安全文化发展四阶段示意图

1.自然本能阶段

企业和员工对安全的重视仅仅是一种自然本能保护的反应，缺少高级管理层的参与，安全承诺仅仅是口头上的，将职责委派给安全经理，依靠人的本能，以服从为目标，不遵守安全规程要罚款，所以不得不遵守。在这种情况下，事故率是很高的，事故减少是不可能的，因为没有管理体系，没有对员工进行安全文化培养。

2.严格监督阶段

企业已建立起必要的安全系统和规章制度，各级管理层知道安全是自己的责任，对安全做出承诺。但员工意识没有转变时，依然是被动的，这是强制监督管理，没有重视对员工安全意识的培养，员工处于从属和被动的状态。从这个阶段来说，管理层已经承诺了，有了监督、控制和目标，对员工进行了培训，安全成为受雇的条件，但员工若是因为害怕纪律、处分而执行规章制度的话，是没有自觉性的。在此阶段，依赖严格监督，安全业绩会大大地提高，但要实现零事故，还缺乏员工的意识。

3.独立自主管理阶段

企业已经有了很好的安全管理制度、系统，各级管理层对安全负责，员工已经具备了良好的安全意识，对自己每个层面存在的安全隐患都十分了解，员工已经具备了安全知识，员工对安全做出了承诺，按规章制度标准进行生产，安全意识深入员工内心，把安全作为自己的一部分。其实讲安全不仅是为了企业，而是为了保护自己，为了亲人，为了自己的将来，有人认为这种观念自我意识太强，奉献精神不够。但讲安全时，就要这么想，如果每个员工都这么想，这么做，每位员工都安全，企业能不安全吗？安全教育要强调自身价值，不要讲什么都是为了公司。

4.互助团队管理阶段

员工不但自己注意安全，还要帮助别人遵守安全，留心他人，把知识传授给新加入的同事，实现经验共享。

（三）安全文化改变的关键

怎样才能建立一流的安全文化，重要的是去做。要员工注意安全，高级管理层首先要主动去做，承诺和建立起"零事故"的安全文化，工作上要重视人力、物力、财力，要有战略思想上的转变，从思想上切实重视安全。

企业的安全文化改变要体现有感领导，要有强有力的个人参与，要有安全管理的超前指标，如果达不到这个指标，就意味着要出事故，不要以出事故后的指标为指标。要有强有力的专业安全人员和安全技术保障，要有员工的直接参与，要对员工培训，让每个员工参与安全管理，这样才能实现零事故。

企业要想改变导向，需从以结果为基础转变为以过程为基础，重视事故调查，不要等事故发生再给予重视，过几年又不重视，然后又发生事故，又重视，循环往复。企业要从管理层驱动转变为员工驱动，从个人行为转变为团队合作，从断断续续的方法转变为系统的方法，从故障探测转变为实况调查，从事后反应转变为事前反应，从快速解决到持续改进。要对本企业的情况有评估，使管理层有能力管理，知道哪里要改进，进行持续改进，这就是安全文化发展的过程。

二、杜邦公司安全管理

（一）杜邦安全管理的十大基本理论

杜邦公司经过200多年的发展，已经形成了自己的企业安全文化，并把安全、健康和环境作为企业的核心价值之一。他们对安全的理解是：安全具有显而易见的价值，不仅仅是一个项目、制度或培训规程，更是与企业的绩效息息相关；安全是习惯化、制度化的行为。杜邦公司安全管理的十大基本理念：

（1）所有安全事故都是可以预防的。从高层到基层都要有这样的观念，采用一切可能的办法防止、控制事故的发生。

（2）各级管理层对各自的安全直接负责。安全包括公司的各个层面，每个角落，每位员工点点滴滴的事。公司高层管理层对所管辖范围的安全负责，下属对各自范围内的安全负责，小组长对员工的安全负责，由此涉及每个层面、每个角落安全都有人负责，这个公司的安全才真正做到有人负责。安全部门不管有多强，人员都是有限的，不可能深入到每个角落、每个地方24小时的监督，所以安全必须是从高层到各级管理层到每位员工自身的责任，安全部门从技术上提供强有力的支持。企业由员工组成，每位员工是每个单位元素，只有每位员工对自身负责，每个员工、组长对安全负责，安全才有人负责，最后总裁才有信心说我对企业安全负责，否则总裁、高级管理层对底下安全哪里出问题都不知道。这就是直接负责制，是员工对各自领域安全负责，是相当重要的一个理念。

（3）所有安全操作隐患是可以控制的。在安全生产过程中所有的隐患都要有计划地投入、治理、控制。

（4）安全是被雇佣的条件之一。在员工与杜邦的合同中明确写着，只要违反安全操作规程，随时可以被解雇。每位员工参加工作的第一天起，就意识到这家公司是重视安全的，把安全管理和人事管理结合起来。

（5）员工必须接受严格的安全培训。让员工安全，要求员工安全操作，就要进行严格的安全培训，要想尽可能的办法，对所有操作进行安全培训，要求安全部门和生产部门合作，知道这个部门要进行哪些安全培训。

（6）各级主管必须进行安全检查。这个检查是正面的、鼓励性的，以收集数据、了解信息，然后发现问题、解决问题为主的。如发现一个员工的不安全行为，不是批评，而是先分析好的方面在哪里，然后通过交谈，了解这个员工为什么这么做，还要分析领导有什么责任。这样做的目的是拉近距离，让员工说出内心的想法，为什么会有不安全的行为，知道真正的原因在哪里，是这个员工不按操作规程操作、安全意识不强，还是上级管理不够、重视不够。由此拉近管理层和员工的距离，鼓励员工通过各种途径把安全想法反映到高层管理者，只有知道了基层的不安全行为、因素，才能对整个的企业安全管理提出规划、整改。如果不了解这些信息，抓安全管理是没有针对性的，不知道要抓什么。当然安全部门也要抓安全，重点检查下属或同级管理人员有没有抓安全，效果如何，对这些人员的管理进行评估，让高级管理人员知道这个人在这个岗位上安全重视程度怎么样，为管理提供信息。这是两个不同层次的检查。

（7）发现安全隐患必须及时纠正。在安全检查中会发现许多隐患，要分析隐患发生的原因是什么，哪些是可以当场解决的，哪些是需要不同层次管理人员解决的，哪些是需要投入力量来解决的。重要的是必须把发现的隐患加以整理、分类，知道这个部门主要的安全隐患有哪些，解决需要多少时间，不解决会造成多大的风险，哪些需要立即加以解决，哪些是需要加以投入力量的。只有企业的安全管理真正落到了实处，才是发现安全隐患及时纠正的真正含义。

（8）工作外的安全和工作中的安全同样重要。

（9）良好的安全创造良好的业绩。这是一种战略思想，如何看待安全投入，如果把安全投入放到对业务发展同样重要的位置考虑，就不会说这就是成本，而是生意。这在理论上是一个概念，而在实际上也是很重要的，否则企业每时每刻都在高风险下运作。

（10）员工的直接参与是关键。没有员工的直接参与，安全是空想，因为安全是每一个员工的事，没有员工的参与，公司的安全就不能落到实处。而杜邦的核心价值，第一是善待员工，第二是要求员工遵守职业道德，第三是把安全和环境作为核心价值。杜邦公司生存了200年，成为当前世界前300强之一，就是这些核心价值保证了企业的发展生存。

自从提出"一切的安全事故都是可以防止的"等理念之后，杜邦的安全表现以200万人工时单位业绩，比美国平均值高30~40倍，杜邦公司在全世界范围内工厂的安全记录，很多企业都保持20年、30年以上没有发生事故。在深圳的公司是杜邦在国内的第一家企业，15年以来没有任何安全事故。举这个例子是想说明国内很多人认为，中国和美国在安全业绩上的不同表现是因为不同的文化背景，但是根据杜邦公司在全世界的经验来看，这个理论是不正确的，只要重视起来，采取有效行动、实际行动，不管怎样的文化背景都可以实现零事故或很低的事故。其中的关键是我们采取怎样的方法，采取怎样的体制，采取怎样的激励机制鼓励员工参与。文化背景不是关键，因为它是可以改变、可以融合的。

2001年，杜邦在全球267个工厂和部门中，80％没有出现失能工作日（一天及以上病假）事故，50％的工厂没有伤害记录，20％的工厂超过10年没有伤害记录，在70多个国家，79000名员工创造了250亿美元产值，安全业绩是很好的，被评为美国最安全的公司之一连续多年获得这个殊荣。

（二）杜邦安全管理组织和职责

杜邦的生产管理层，从总裁到生产部门和服务部门，由他们对安全直接负责。杜邦的安全副总裁，抓安全但不对安全负责，他主要负责整个公司的安全专业队伍建设，以及其直接管辖范围内的部门安全。因为从某个角度讲，安全部门也是公司生产的部门，他对这个部分的安全负责，为安全提供强有力的保障，这就是直接领导责任。

1.安全管理资源中心

杜邦公司有安全中心，由50多位专家组成，同时中心与社会的安全组织有良好的网络关系，万一有安全问题，可以得到很好的技术支持。该中心是一个调配中心，包含了全球范围内杜邦公司所有安全部门和工厂安全方面的人员，从而形成一个网络，为全球范围的工厂提供技术支持，如果某个地方遇到问题，可以通过网络求救，把这个问题传递到全球，总是有人可以给予解决。该中心还发挥着重要作用：一是专家组人员是有限的，知识也是有限的，假如还不能解决，就会把问题传递到大学、研究部门请求支持，最终得到解决，这就是调配的作用；二是技术安全管理，制定内部安全管理和要求，为当地安全人员业务协作解决问题；三是研究和制定各种安全培训计划，对高级管理层、地方管理层、技术人员有效安全培训提供指导；四是开发和维护HSE监控系统和指标，包括第二方安全审计、监督和评估各地区安全业绩表现，不是仅靠报表和材料进行安全审计，还应按照报告对下级安全表现进行评价，以便升迁和提拔。

2.各地区、各工厂安全人员的职责

安全人员站在更高的角度，帮助厂长理解法律法规，理解上级安全要求，结合厂里的具体情况，提出安全规划，提供安全规划、设想、支持。同时又对厂里的安全技术提供帮助，还可作为HSE协调员、解说员。

3.各个生产部门的职责

各级生产管理层对安全负责，要直接参与安全管理，把安全管理作为平时业务工作的一部分，在考虑生产发展、企业发展、生产产品质量的要求时，安全工作就是其中的一部分。把质量、成本与安全同时考虑，安全作为日常管理的一部分，要把安全工作、规划、产品的质量和效益结合起来，安全就是工作的一部分，能做到这一点就是把安全作为一门生意来做，国外公司很少谈安全第一，但他们会把安全与其他工作放到同等重要的地位考虑，所以要做到这点，就要直接参与管理。

每个管理者要对员工负责，如车间主任对员工负责，这个责任不光是对管辖的员工负责，而是要对管辖范围内的员工负责，其他部门的人到这个范围来工作，客人到这里来访问，上级部门来检查等情况下都要对他们的安全负责。只要是负责范围内，安全就是其责任。这也是对上级部门负责，只有车主任对车间负责，厂长才能做到对全厂负责。只有员工对组长负责，组长对车间主任负责，车间主任对厂长负责，厂长对地区经理负责，地区经理对总公司总裁负责，才能真正做到安全有人负责。

安全作为最底层的存在，确实需要领导重视、全员参与。每个经理都要建立起长期安全目标，知道本部门有什么样的安全问题，有什么样的安全隐患，需要什么时候解决。如果不知道这些问题，就不可能去重视安全，不可能去抓安全。一旦知道了问题，建立了目标，在实现目标的过程中，就会有具体计划，还要有一个实施计划。标准有了，要对照目标监督结果，不要到年再看目标没有落实就关门了。要自我检查、自我监督，看看三个月后计划实施了多少，六个月后差距多少，半年后有没有落实，为什么没有落实，要做到这点，就需采取许多具体措施。

（三）杜邦安全管理系统

杜邦安全管理系统分为三个部分：一是各管理层承诺和直线责任的履行为体系运行提供动力；二是通过安全文化改变员工的安全行为；三是通过工艺安全实现对风险源的控制，如图A-2所示。其目的是保护环境、保护员工健康，整个就对客户、员工、股东负责，对公司整体业务发展负责，提供公司业务发展的保障。

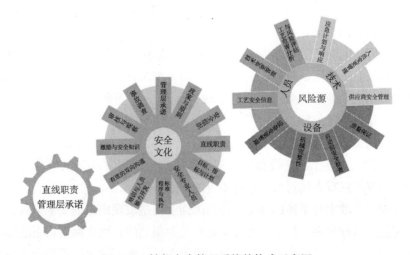

图A-2 杜邦安全管理系统的构成示意图

1.员工的行为安全管理

要发现、杜绝不安全行为，就要了解这种行为，并进行安全检查，告诉员工这么做有什么风险。为此要注意安全管理的十二个主要原因。

（1）要有显而易见的管理层承诺。

（2）要有切实可行的政策。杜邦有十大基本理论予以保证。

（3）要有综合性的安全组织，要从员工到各级管理层参与。

（4）要有挑战性的安全目标。

（5）要有直线管理责任，各级管理层对各级安全负责。

（6）要有严格的标准、激励计划，很多情况下对员工给予鼓励。

（7）要有切实有效的双向沟通。

（8）要有持续性的培训。

（9）要有有效的检查。

（10）要有有能力的安全专业人员提供解决方案。

（11）要推出新的标准。

（12）要有事故调查。

一旦发生事故，就要进行事故调查，防止事故再次发生，事故是要承担责任的。如果系统出现问题，要及时改进系统；如果不找到真正的原因，下一次事故的原因可能就是这次事故没有找到的原因。

2.安全事故的原因分析

杜邦实践中有96%以上的事故是由人为因素造成的，而国内有80%以上的事故是由人为因素造成的。假如片面强调投入，消除了所有工艺上的隐患，而不解决员工行为，也只能解决20%的事故隐患。不抓人的因素就不可能实现零事故。企业投入很重要，但也要重视员工安全行为管理，行为安全抓的是人（员工的安全意识、各种各样的不安全行为），如不佩戴劳保用品、对事故的反应、所处位置危险、使用不当工具、工作场所杂乱无章等都是造成事故的原因，这些原因是人的行为，不是技术。杜邦有90%的事故是人为因素造成的，因为投入大，工艺、设备容易实现本质安全，国内80%的事故是人为造成的，如果不注重人的行为，永远不可能杜绝事故。

在安全事故上有个冰山理论，浮在海面上的是表现出来的安全事故，有死亡、工伤、医疗事件、损工事件等，这些是看得到的；而在海面之下的部分是看不到的，也是支撑这些事故的深层次原因，这些海面之下的不安全行为、不安全环境等因素是不容易看到的，如图A-3所示。如果事故发生了，找到了原因，解决了事故，就是解决了这个问题，然而根本的行为因素没有得到解决，还会有新的事故发生。因为事故发生，解决的问题是表现出来的，而海面下的、深层次的是大部分没有解决的问题。反过来，假如解决了安全行为问题，冰山自然就消失了，所以安全管理就是要找到这些不安全行为，直到消除为零，安全事故才能为零，这就是安全行为管理理论。根据统计，每三万次不安全行为就会有一次事故造成死亡。企业安全管理的重点是找出不安全行为，对行为再教育，对行为进行系统管理，这叫作"防患于未然"。

死亡
损工事件
医疗事件
急救事件

不安全行为
不安全状况

图A-3　冰山理念示意图

3.工艺安全管理

设备上有些可能不是人的因素，而是设计上的问题，因为设计不当，致使一开工就发生事故。如何进行工艺安全管理？领导承诺是最重要的，领导要承诺进行工艺安全管理，有三个方面，即技术方面、设备方面、人员方面。

从技术方面考虑。设备买来了，它有很多工艺信息，需要有人去关注，而很多人读了操作规程、技术信息，但跳过安全信息，导致根本就不了解这个工艺、这个设备的安全信息。其实安全信息不是白写的，要了解工艺安全信息，要进行工艺安全危害的分析，分析这样的流程、工艺风险在哪，哪部分是风险最大的，这个风险发生了会发生怎样的问题，要认真进行分析；在此基础上进行操作规程的控制，要让员工知道为什么这样做。另外当进行技术变革时，要有控制，为什么要进行该项技术变革，技术变革后会产生怎样的安全隐患；要有技术人员去做，这就是工艺安全技术方面的控制，这就要求强有力的安全队伍保障，指导技术人员进行安全工作，要从安全方面给予考虑。

从设备方面考虑。买设备要有质量保证，同样的设备会有不同的价格。一旦设备更新，一定要进行质量分析。企业要有预开车安全审核，很多事故是在设备新开工时发生的，所以预开车要进行严格的、一步一步的分析，形成一个预开车前详细的安全工作程序，保证设备安全运行。这样就知道什么人可以从事这个岗位，什么人不可以。还要保证设备机械完整性，工作人员要把风险报告放到决策者面前。还有设备变更管理，如进口设备没了，变成国产设备，要有人评价代替以后产生的风险，这些是技术管理踏踏实实的技术工作，要有安全人员、工程人员、工艺人员一起去做。

从人员方面考虑。首先要有培训，要掌握培训效果，确保员工已经知道怎么去做，很多设备是承包商负责的，要对承包商安全负责，要认为承包商的安全事故就是企业的安全事故，因为他在企业的管辖范围内工作。不但企业的安全事故目标是零，要控制安全事故的发生，也要控制安全事故的发生。还要有人员变更管理，如果这个岗位需要5个人，除了正常工作人员之外，一定要有替代人员，平时对替代人员教育、培训，一旦需要就可以顶上去，否则发生事故的可能就是这些人。所以在每个岗位上都要考虑一定比例的替代人员，一旦人员短缺就可以替代了。要有应急事故计划和响应。每项工作要进行安全分析，一旦发生事故该怎么控制、怎么管理，小的事故得到响应就不会酿成大事故，不恰当的响应会造成大的事故。所以每个岗位都要有分析，应急预案不仅是公司的事，也是每个岗位的事。

（四）杜邦安全管理的成本和效益

1.安全事故的经济分析

说到安全，你想到的是什么，是钱，还是收益？安全事故发生会有损失，而成本也是冰山效应。我们看得到的美国每年安全损失大约有700亿，然而安全事故涉及方方面面，看不到的间接损失就更大，间接损失是直接损失的3~5倍。控制了安全事故就是控制了这些成本。

一旦发生事故，对员工、客户产生影响，对股票产生影响，对公共形象产生影响。甚至可能带来业务中断，不遵守法律要受到处罚，可能要赔偿，可能被起诉，工厂可能要重建，对公司声誉和市场资本产生影响，公司甚至可能破产倒闭，还要产生领导者的责任，这些都是事故的影响。

2.安全管理的价值

防止了事故首先是挽救了生命，在美国每天有16人死于与工作相关的伤害，包括职业病、工伤等。在中国，去年的统计数据是每天460多人。安全事故管理的价值首先是人身生命，其次才是经济上的，美国每起事故有2800美元的损失，间接损失是3~5倍。杜邦安全管理业绩每百万小时事故工伤率是1.5，化学工业平均是9.5，美国全工业平均是14；杜邦每年发生28起损工以上事件，直接损失大约是780万美元。与美国的化学工业平均水平相比，它每年节省3500万美元，与美国全工业平均相比，每年节省100亿美元。

杜邦公司的财产没有保险，它认为我的财产我自己可以保险，所以它特别重视安全，它是把这些省下来的钱又作为安全上的投入。我们可以算一笔账，过去5年来，石油公司安全事故造成多少损失，假如保持现状，就意味着今后5年还要有这么一笔投入。如果把这笔钱作为投入，投放到安全上去，从长远考虑，成本没有增加，只是用途不同，但得到的很多，如挽救了生命，公司在市场上有了好声誉。特别是现在随着中国走向全球，安全和环境方面具有举足轻重的影响。所以要算安全投入这笔账，不能局限于投入多少钱，要想一想过去安全事故有多少损失，要是把这笔钱投入到安全上去，产生的是荣誉、信誉和生命。

附录 B 中国石油 HSE 管理体系实践

中国石油是国有独资公司，是产炼运销储贸一体化的综合性国际能源公司，主要业务包括国内外石油天然气勘探开发、炼油化工、油气销售、管道运输、国际贸易、工程技术服务、工程建设、装备制造、金融服务、新能源开发等。中国石油天然气集团有限公司是1998年7月在原中国石油天然气总公司基础上组建的特大型石油石化企业集团，2017年12月完成公司制改制。2019年，在世界50家大石油公司综合排名中位居第三，在《财富》杂志全球500强排名中位居第四。

一、中国石油HSE管理简介

中国石油始终高度重视HSE管理，将安全环保作为三大基础性工程之一，坚持以HSE管理体系建设为主线，持续推进HSE管理工作科学化、规范化。在HSE管理的发展历程中，中国石油HSE管理体系不断完善、持续改进。1999年中国石油首次发布《HSE管理体系管理手册》，2004年、2007年先后两次修订改版。2020年10月，再度依据国家相关法律法规、中国石油HSE管理制度和要求，结合生产经营实际和现行有效做法，修订发布《中国石油天然气集团有限公司HSE管理体系管理手册》。

多年来，中国石油始终坚持以HSE体系建设为主线，推动安全环保理念观念固化提升，有感领导、直线责任、属地管理责任体系得到较好落实，推动安全环保监管方式由事故驱动型的被动管理向以风险管控为核心的主动管理转变，由定性经验式管理向定量精准化管理转变，由领导主导推动的安全生产监管向专家会诊把脉式的诊断评估方式转变。特别是多年来体系审核实践，发现了大量隐患和管理问题并得到有效解决，安全环保对生产经营的保障作用进一步增强，形成了一批强化管理的制度措施，培养了数千名审核人员，推动了企业自我完善、自我约束和自我改进工作机制的建立，风险管控、目标引领、固本强基、持续改进的体系管理作用和成效日益凸显。

　　总体上看，中国石油HSE管理发展经历了三个阶段，如图B-1所示。1997年以前，传统管理阶段，靠经验管理，较多关注结果；1997—2004年，探索实践阶段，侧重文件编制，制度化管理；2004年至今，创新发展阶段，突出风险管控，过程性管理。特别是2012年以来，中国石油持续深化HSE管理体系建设，围绕提升风险防控能力的核心，关口前移、源头控制，结合实际不断完善，形成了具有中国石油特色的HSE管理体系。

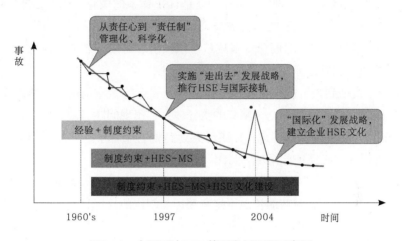

图B-1　中国石油HSE管理发展历程示意图

二、中国石油HSE管理理念

　　2003年，经历一起发生在重庆开县的重大井喷事故后，中国石油将"安全"提高到企业核心经营理念的高度，正式提出了"诚信、创新、业绩、和谐、安全"的企业核心经营理念，这一理念代表着中国石油经营管理决策和行为的价值取向，是有机的统一整体。诚信是基石，创新是动力，业绩是目标，和谐是保障，安全是前提。之后，中国石油逐步提出"HSE源于责任、源于质量、源于设计、源于防范""一切事故都是可以控制和避免的"等先进思想。在这些思想的指导下，逐步形成了中国石油比较系统的以下HSE理念。

　　（1）"领导作用"的理念：领导和承诺是体系运行的驱动力。没有领导对HSE管理的信心、决心和承诺，没有领导对员工的不断激励和督促，体系管理所需的资源就无法保障，HSE管理体系就无法有效运行，企业HSE文化就无法建立。

　　（2）"全员参与"的理念：全体员工的参与是每个组织HSE管理的基础。

组织的HSE管理不仅需要最高管理者的正确领导，还有赖于全员的参与。HSE风险的控制，必须要全体员工立足本职、立足岗位的积极参与，才能最终削减或控制。全员参与包括两方面：一方面，组织要对员工进行HSE意识和敬业精神的教育，以激发他们参与HSE管理的积极性和责任感；另一方面，员工还要通过组织的培训、自身的刻苦学习，具备足够的知识、技能和经验，胜任本职工作，实现充分参与。

（3）"风险管理"的理念：风险管理是HSE体系的核心，体系方针和目标、体系的管理方案、体系有效运行的决策和实施均来源于"风险管理"。

（4）"事故预防"的理念：事故是可以预防、可以控制的，隐患、事故的管理要重视"事后处理"，更要注重"事前控制"。

（5）"责任到人"的理念：HSE体系管理和运行工作是由一个个责任主体的履职来体现的，必须建立一整套的责任体系，出现问题必须责任到人。

（6）"闭环管理"的理念：HSE体系运行的各个环节、各项工作都必须遵循PDCA循环，必须按此循环"封闭"管理。

（7）"持续改进"的理念：HSE体系不苛求管理"一步到位"，对HSE目标的制定和完成，不揠苗助长，不好高骛远。制定的目标只要符合法律法规要求、切实可行，就允许企业不断有新的进步，哪怕进步只是一点点。只有坚持持续改进，企业才能不断进步。持续改进应成为每一个企业永恒的追求、永恒的目标、永恒的活动。

（8）"合理实际并尽可能低"的理念：要注重风险削减和控制，所需的资源一定要讲究节约的原则，在完成"风险削减和控制"的目标时，应采用合理的方案，考虑实际的能力、尽可能低的费用。

2008年后，中国石油拓展与杜邦公司的合作项目，全面引入杜邦的安全管理经验和安全理念。通过四年的合作，逐步在整个中国石油内部开展HSE管理体系推进工作，又新引入一些包括"事故事件是宝贵资源""安全经验分享"等新的理念。最有代表性、影响也比较广泛的有以下3个：

（1）有感领导。各级领导通过以身作则的良好个人安全行为，使员工真正感知到安全生产的重要性，感受到领导做好安全的示范性，感悟到自身做好安全的必要性。

（2）直线责任。主要领导、各级分管领导、机关职能部门和各级管理人员、基层领导和分管干部都有直线责任，都应该对业务范围内的HSE工作负责，都应结合本岗位管理工作负责相应HSE管理。也就是各部门（或者说"各系统"）负责各部门（各系统）所管业务，如工程技术部门负责工艺安全危害分析，完善工艺制度规程；装备部门负责设施完整性管理，完善设备管理制度；人力资源部门负责培训矩阵分析，组织好人员培训等。

（3）属地管理。"属地管理"实际上就是指生产作业现场的每一个员工对自己所管辖区域内人员（包括自己、同事、承包商员工和访客）的安全、设备设施的完好、作业过程的安全、工作环境的整洁负责。真正做到"安全是我的责任""我的属地我管理""我的区域我负责"。

三、中国石油HSE方针和目标

（一）HSE方针

HSE方针是企业对其健康、安全与环境绩效的意图与原则的声明。中国石油的HSE方针是"以人为本、预防为主、全员履责、持续改进"。

（1）以人为本：将员工作为企业生存发展的根本，关爱员工生命，关心员工健康，尽最大努力为员工提供安全、健康的工作环境。

（2）预防为主：超前防范、超前预警、超前管控，尽最大努力从源头上防范各类安全环保事故事件和职业病的发生。

（3）全员履责：人人都负有安全责任，人人都是安全的受益者、参与者、推动者，都应认真落实岗位安全责任、履行安全职责。

（4）持续改进：坚持问题导向，持续聚焦风险，在现有技术和经济可行条件下，尽最大努力将风险削减到尽可能低的水平。

各下属企业的HSE方针与上级公司保持一致，应采取多种形式宣传和沟通，确保员工和相关方掌握基本内容和主要内涵。在日常生产经营活动中应贯彻落实HSE方针，坚持以人为本，突出预防为主，推动全员履责，实现持续改进。

（二）HSE战略目标

中国石油结合发展需要，制定发布"追求零伤害、零污染、零事故，在健康、安全与环境管理方面达到国际同行业先进水平"的HSE战略目标。中国石油坚持以人为本，实施安全环保零容忍政策，在HSE管理方面努力追求最好记录，进入国际同行业先进行列。

各下属企业的HSE战略目标与上级公司保持一致，应采取多种形式宣传和沟通，确保员工和相关方掌握了解。企业应根据HSE战略目标，确定阶段性和年度HSE目标指标，落实到日常生产经营活动中，持续推进战略目标实现。

四、中国石油HSE管理原则

中国石油为统一HSE认识，规范HSE行为，培育HSE文化，确保HSE方针和HSE目标得到更好贯彻与落实，借鉴杜邦、壳牌和BP等国际大公司通行做法，结合公司实际，编制了HSE管理原则。HSE管理原则是对中国石油HSE方针和战略目标的进一步阐述和说明，是针对HSE管理关键环节提出的基本要求和行为准则。HSE管理原则与HSE方针和HSE目标共同构成了中国石油HSE管理的基本指导思想。中国石油HSE九项管理原则为：

1.任何决策必须优先考虑健康安全环境

良好的HSE表现是企业取得卓越业绩、树立良好社会形象的坚强基石和持续动力。HSE工作首先要做到预防为主、源头控制，即在战略规划、项目投资和生产经营等相关事务的决策时，同时考虑、评估潜在的HSE风险，配套落实风险控制措施，优先保障HSE条件做到安全发展、清洁发展。

2.安全是聘用的必要条件

员工应承诺遵守安全规章制度，接受安全培训并考核合格，具备良好的安全表现是企业聘用员工的必要条件。企业应充分考察员工的安全意识、技能和历史表现，不得聘用不合格人员。各级管理人员和操作人员都应强化安全责任意识，提高自身安全素质，认真履行岗位安全职责，不断改进个人安全表现。

3.企业必须对员工进行健康安全环境培训

接受岗位HSE培训是员工的基本权利，也是企业HSE工作的重要责任。企业应持续对员工进行HSE培训和再培训，确保员工掌握相关HSE知识和技能，培养员工良好的HSE意识和行为。所有员工都应主动接受HSE培训，经考核合格，取得相应工作资质后方可上岗。

4.各级管理者对业务范围内的健康安全环境工作负责

HSE职责是岗位职责的重要组成部分。各级管理者是管辖区域或业务范围内HSE工作的直接责任者，应积极履行职能范围内的HSE职责，制定HSE目标，提供相应资源，健全HSE制度并强化执行，持续提升HSE绩效水平。

5.各级管理者必须亲自参加健康安全环境审核

开展现场检查、体系内审、管理评审是持续改进HSE表现的有效方法，也是展现有感领导的有效途径。各级管理者应以身作则，积极参加现场检查、体系内审和管理评审工作，了解HSE管理情况，及时发现并改进HSE管理薄弱环节，推动HSE管理持续改进。

6. 员工必须参与岗位危害识别及风险控制

危害识别与风险评估是一切HSE工作的基础，也是员工必须履行的一项岗位职责。任何作业活动之前，都必须进行危害识别和风险评估。员工应主动参与岗位危害识别和风险评估，熟知岗位风险，掌握控制方法，防止事故发生。

7. 事故隐患必须及时整改

隐患不除，安全无宁日。所有事故隐患，包括人的不安全行为，一经发现，都应立即整改，一时不能整改的，应及时采取相应监控措施。应对整改措施或监控措施的实施过程和实施效果进行跟踪、验证，确保整改或监控达到预期效果。

8. 所有事故事件必须及时报告、分析和处理

事故和事件也是一种资源，每一起事故和事件都给管理改进提供了重要机会，对安全状况分析及问题查找具有相当重要的意义。要完善机制、鼓励员工向基层单位报告事故，挖掘事故资源。所有事故事件，无论大小，都应按"四不放过"原则，及时报告，并在短时间内查明原因，采取整改措施，根除事故隐患。应充分共享事故事件资源，广泛深刻汲取教训，避免事故事件重复发生。

9. 承包商管理执行统一的健康安全环境标准

企业应将承包商HSE管理纳入内部HSE管理体系，实行统一管理，并将承包商事故纳入企业事故统计中。承包商应按照企业HSE管理体系的统一要求，在HSE制度标准执行、员工HSE培训和个人防护装备配备等方面加强内部管理，持续改进HSE表现，满足企业要求。

五、中国石油"两书一表"

为实现对风险的有效控制，最大限度地防范各类事故的发生，中国石油自2001年以来，全系统开始推行基层组织HSE"两书一表"管理，并于2007年对HSE"两书一表"进行了规范和完善。HSE"两书一表"的实施，是风险管理理论在实际工作中的具体应用，通过实施HSE"两书一表"管理，有效提高了基层组织HSE风险管理水平，同时也建立了具有中国石油特色的基层组织

HSE管理体系运行模式。

在HSE"两书一表"策划、开发过程中，首先是借鉴国外企业先进做法，洋为中用。在借鉴一些西方石油公司在一线基层组织层面所进行风险管理的一些方法、模式的基础上，根据中国石油企业基层组织员工的文化素质和企业管理现状，着重对壳牌公司所使用HSE- CASE进行了深入研究和透彻分析。由于企业文化与管理模式的不同，西方石油公司已习惯了文件化管理，在制作文件方面趋向于大而全，导致文件多、篇幅长，这对于文化素质相对较低的中国石油企业员工而言，显然是不适宜的。因此，在借鉴其方式、方法的基础上，结合中国石油企业的实际情况，对其繁杂冗长的作业文件进行精简，以增强文件的可行性和适用性。

在借鉴壳牌公司HSE-CASE（HSE例卷）的基础上，把其中对与专业密切相关的常规专业风险的控制从中分离出来，形成相对固定的、用于常规专业风险控制的独立性文件，即HSE作业指导书。这样，除与专业密切相关的常规专业风险之外，就是那些与专业无关（如气候、环境等因素）的动态性风险，或因人、机、料、法、环等要素的变更而引发的新增风险，把对这些风险的控制放在一起，形成另一份相对独立的作业文件，即HSE作业计划书，此即形成了HSE"两书一表"中"两书"；最后，在继承中国石油企业长期形成的现场安全检查优良传统的基础上，根据施工作业现场具体情况，所设计的一套与"两书"要求相对应的、适用于现场HSE检查的一种实用表格，用于岗位员工的现场检查，这就是HSE"两书一表"中的"一表"。

（一）HSE"两书一表"概述

HSE管理体系的核心内容即风险管理。有效防范事故发生，将危害及其影响降低到"合理、实际且尽可能低"的程度是HSE管理体系运行的最直接目的，通过对危害因素的全面识别和对风险的准确评价及有效控制，才能实现这一目的。危害因素辨识及风险控制的重点在基层，为强化基层组织风险管理意识，把风险管理工作落到实处，规范基层组织HSE管理工作，中国石油2001年颁布了HSE作业指导书编写指南和HSE作业计划书编写指南，正式启动了中国石油企业基层组织HSE"两书一表"工作。《HSE作业指导书》《HSE作业计划书》和《HSE现场检查表》，简称HSE"两书一表"，HSE"两书一表"是风险管理理论在实际工作中的具体运用，是集团公司基层组织HSE管理的基本模式，是HSE管理体系在基层的文件化表现，是适应国内外市场需要，建立现代企业制度，增强队伍整体竞争能力的重要组成部分。

2001年以来，中国石油未上市企业的主要生产、经营单位的基层组织（含项目部）基本建立并实施了HSE"两书一表"管理。此后，一些上市公司也结合自身的业务特点，陆续建立并实施了HSE"两书一表"管理，都收到了较为明显的效果。

1.HSE作业指导书

简称指导书，是对专业常规HSE风险的管理。它是通过对一个特定专业常规作业危害因素的识别，以及后续的风险评估、削减或控制等风险管理过程，对专业常规HSE风险制定对策措施，并落实到相应的岗位职责和操作规程中去，从而实现对该专业常规HSE风险的控制。

2.HSE作业计划书

简称计划书，是针对变化了的情况，由基层组织结合具体施工作业情况和所处环境等特定条件，为满足新项目作业的动态风险管理要求，在进入现场或从事作业前所编制的HSE具体作业文件。编制计划书的基础是指导书，主要是运用风险管理理论，针对指导书中没有涉及的内容，即对由于人、机、料、法、环的变更而引发的新增风险的控制。

3.HSE现场检查表

简称检查表，是在现场施工过程中实施检查的工具，涵盖指导书和计划书的主要检查要求和检查内容，根据施工作业现场具体情况，事先精心设计的一套与"两书"要求相对应的检查表格。主要是对设备、设施以及施工作业现场安全状态的检查与管理。

总之，HSE"两书一表"中的指导书、计划书和检查表同属于HSE管理体系中的作业文件层次。其中，指导书主要是用以规范基层岗位员工的操作行为，通过强化"规定动作"，减少并最终杜绝"自选动作"，实现对专业常规作业风险的管理，即指导书主要是用于规范基层岗位员工安全行为的作业文件；计划书是对具体项目或活动的新增风险的动态管理，它既具有防范人员的不安全行为的效力，也具有控制物的不安全状态的作用。检查表则主要是实现对设备、设施以及施工作业现场安全状态的检查与管理，即岗位员工按照检查表规定的巡回检查路线和检查内容，检查本岗位所使用或管理的设备、设施等安全情况，从而达到对物的不安全状态控制。

（二）HSE"两书一表"探索

为了建立起中国石油自上而下各级组织的HSE管理体系，把最高管理者HSE承诺贯彻到各级组织，把HSE方针、目标、责任逐级分解和落实到基层，把识别危害、削减风险、预防事故的措施落实到基层作业队（站）的岗位操作人员，真正使HSE管理体系从上到下规范运作，中国石油借鉴了西方石油公司施工作业现场实施的HSE-CASE，并在此基础上，结合企业实际情况，创建了具有中国石油特色的企业基层组织风险管理模式—HSE"两书一表"。

无论指导书还是计划书，其核心内容都是风险管理理论在实际工作中的具体运用，也即理论与实践相结合的产物。

指导书是对常规专业风险的管理，在策划指导书的编制时，首先是结合专业特点，使用某种危害因素辨识方法，对与本专业有关的危害因素进行全面、系统辨识；其次，在完成危害因素进行辨识的基础上，根据所辨识出的这些危害因素可能引发事故后果的严重程度，再结合该危害因素可能发生事故的概率，应用诸如矩阵法等风险评估方法，对所辨识出危害因素风险的大小进行逐一评估，从而完成对风险严重程度的分级；然后，根据风险特点及其严度，分别制定出相应的削减或控制措施；最后，把所制定出的这些风险控制措施作为关键任务，分配到各相应岗位，落实到每个岗位员工，由每个岗位作业人员各司其职，从而实现对风险的有效控制。上述风险管理过程就构成了指导书的主要内容。

计划书编制的基础是指导书，它是对指导书内容的补充，也是把指导书所未涉及的，由于人、机、料、法、环的变更而引起的新增风险进行控制。其编制原则、方法与指导书一致，仍然是从危害因素辨识、风险评估到对风险控制，这一风险管理全过程在实际工作中的具体运用。计划书与指导书不同的是，作业计划书是主要针对指导书中没有涉及的，除常规专业风险之外的新增风险内容的管理，即对由于人、机、料、法、环的变更而引发的新增风险的控制，因此说，计划书是对指导书的补充。

由于每个施工作业项目或多或少的都有人、机、料、法、环一种或多种要素的变更，因此，每个项目都要编制一个项目计划书。在项目开始前，通过对该项目人、机、料、法、环等方面变更情况的调查、了解（如到项目所在地对周边环境的勘察等），应用风险管理理论、策划编制对由于这些变更所引发风险的控制，即形成作业计划书。计划书必须在项目开工编制完成，供在项目开始前培训学习，以及项目运行期间参考使用，以实现对新增风险的控制，一旦项目结束，该项目的计划书即告废止，因此，计划书更换频繁，需简明扼要，易于编制，便于使用。

相对于计划书的频繁更换，由于指导书是对常规专业风险的管理，而一个专业的工程、设备设施等通常是相对固定的，由此而产生的风险也是相对固定的，因此，对于控制常规作业风险的指导书，一旦编制完成之后，只要构成指导书的要件（如设备、工艺等）不变，指导书就可保持不变。但指导书可在风险管理内容的基础上，增加一些应知应会知识等，做得丰富全面些，便于学习、参考，利于指导工作。指导书既可作为规范基层岗位员工操作行为的指南，也可作为基层岗位员工学习、培训的基本资料。

譬如，某企业的机关车队，根据其自身实际情况，因事而异，开发并实施了简明、实用、针对性很强的 HSE "两书一表"，收到了很好的效果。该车队所拥有的几部大型轿车，每天往返于相距几公里的机关办公大楼和家属区之间，数十年如一日。司机是老员工，车辆、路况也基本不变，所以他们在开发日常运行的 HSE "两书一表"时，重点放在通过指导书规范司机日常操作行为，通过检查表加强对车况的检查上下功夫，省略了强调新增风险管理的计划书。而当需要组织去百公里以外的山区进行春游时，他们则在开展这项活动之前，组织有关司机对途经道路进行现场勘察，对风险较高的部分路段，制定了有针对性的风险控制措施，在此基础上编制了这次旅游活动的 HSE 作业计划书，并在活动开始前对司机进行宣贯。这是典型的 HSE "两书一表"活学活用方式。多年来，通过实施 HSE "两书一表"管理，该车队 HSE 业绩有了显著提升。

（三）HSE "两书一表"应用

在 2001 年中国石油颁布关于实施 "两书一表"的通知之初，HSE "两书一表"只是在某些重点是工程技术服务类、生产服务类等风险较大专业的基层组织推行。随着 HSE "两书一表"实施，使广大员工树立了岗位风险意识，基层队、站 HSE 业绩也有所改善和提高。在这种情况下，其他类型的基层组织也结合本专业特点，自觉实施 HSE "两书一表"管理，并取得了较好的效果。

HSE "两书一表"作为一个固定的说法已经被广泛接受，但在不同单位的实际运行中，它有多种多样的表现形式，譬如 "两书一表一卡" "一书一表" "两书一卡"等。有些企业基层组织还针对具体专业活动或作业场所以及工艺流程，根据 HSE "两书一表"风险管理思路，探索和应用了许多行之有效的个性化的管理工具和方法，如 STOP 卡、ACT 卡以及作业许可等。这些表现形式和具体工作方法，丰富了 HSE "两书一表"的内容。多年来，随着 HSE "两书一表"实践活动的深入进行，取得了许多有益探索与尝试。

一是通过 HSE "两书一表"的实施，使风险管理已从理论层面跃升至理论与实践相结合，为解决问题服务的高度。理论只有与实践相结合，才能发挥其用武之地，否则，再高明的理论单是纸上谈兵，终将丧失其存在的价值。风险管理理论对于强化对风险的控制，有效防范各类事故的发生，具有很好的理论价值和指导意义，但是，如果不与实践结合将同样是一纸空文，没有任何意义。而HSE"两书一表"正是风险管理理论与实际工作相结合的桥梁和纽带，是理论付诸实践的得力工具。通过HSE"两书一表"的实施，就把风险管理这一理论工具与基层组织的实际工作，紧密地联系在了一起，既为理论服务于实践找到了用武之地，又解决了石油石化高风险行业亟待解决的风险控制问题。HSE"两书一表"就是运用风险管理理论，解决生产经营活动中风险控制问题的得力手段和有效工具。

二是通过HSE"两书一表"的实施，使广大员工参与到风险管理活动中去，向广大基层组织员工灌输了风险管理理念，使基层组织员工普遍树立了岗位风险意识。HSE"两书一表"自编制之时起，就要求全体员工共同参与，首先是参与本岗位的风险辨识活动，辨识本岗位存在哪些危害因素，为后续的风险评估提供信息输入。更重要的是通过广大员工共同参与岗位的风险辨识活动，向员工灌输风险管理理念，使基层岗位员工树立岗位风险意识。其次，通过风险管理过程制定出风险控制措施后，作为关键任务把它们分配到各相关岗位，并要求在相关岗位员工的参与下完成对风险的控制。因此，通过实施HSE"两书一表"管理，岗位员工参与到风险管理活动中去，从而，向广大基层组织员工灌输了风险管理理念，使基层组织员工普遍树立了岗位风险意识。

三是通过HSE"两书一表"的实施，提升了基层组织风险管理水平，从而使得安全生产业绩有了显著提升。实施HSE"两书一表"管理，使广大员工普遍具有岗位风险理念，从而强化了员工遵章守纪意识，降低了违章操作、违章指挥的行为。通过指导书规范了基层岗位员工防范常规作业风险的安全行为，通过计划书强化了对具体项目或活动的新增风险的动态管理；通过检查表，岗位员工检查本岗位所使用或管理的设备、设施等安全情况，从而达到对物的不安全状态控制。这样，通过HSE"两书一表"管理，实现了对人的不安全行为和对物的不安全状态的控制。近些年来，无论从各企业HSE业绩或是中国石油整体的HSE统计数据皆可明确地看出，各类事故发生率都有着明显的降低，通过实施HSE"两书一表"管理，显著提升安全生产和环境保护业绩。

此外，中国石油所实施的以风险管理为核心的HSE管理体系，也已为社会所认可。2002年，"中国石油HSE管理体系"项目获国家安全生产监督管理局科技成果一等奖，而其中HSE"两书一表"作为基层组织HSE管理体系的实施模式，是HSE管理体系的重要组成部分，同时，HSE"两书一表"已成为中国石油基层组织实施HSE体系管理的标志和品牌。

六、基层自主化管理的创建

中国石油自 2022 年开始，在原有基层战队 HSE 标准化建设的基础上，开始推行 QHSE 自主化管理创建工作，自主管理是指员工主动参与基层站队的质量健康安全环保事务管理，主动发现、自我分析、积极解决问题和消除隐患，整体上由被动管理转变为主动管理。安全文化是个人及公司的核心价值、态度、认识、能力、行为模式的总和。安全自主管理是一种氛围或状态，在这种氛围中，大多数人能够自觉主动地执行标准，并寻求更安全的方法做事。安全自主管理在个人、组织和物体三个方面体现典型特征，其核心是以人为本，如图 B-2 所示。

图 B-2　安全自主管理图

本书为强化基层站队 HSE 标准化建设，指导基层站队创建自主管理的安全文化，从人员、组织和物态三个方面，总结描述了基层站队自主管理阶段安全文化的表现和特征，以期为基层站队 HSE 标准化建设指明方向。

（一）人员方面

基层站队的每位员工具有较高的安全意愿，把安全作为个人价值观的重要组成部分并优先实践，具备岗位需要的知识和技能，自觉主动执行各项 HSE 规定，养成良好的安全工作习惯。

1.安全意愿

员工具有较高的安全意识、责任意识和属地意识，积极主动地以安全的方式开展工作，主要表现特征如下。

（1）把安全视为成就而不是负担。

（2）积极承担属地责任，对自己和他人安全负责的意识强烈。

（3）在确认安全的前提下再进行作业。

（4）积极参与制度、规程的制定和修订。

（5）主动与他人合作、分析解决工作中遇到的安全问题。

（6）主动报告事故事件，并参与调查与分析。

（7）及时报告日常工作中的风险和隐患。

（8）勇于对安全问题提出建议或意见。

（9）乐于接受别人对自己不安全行为的提醒和建议。

（10）有足够勇气顶住压力，积极行使拒绝违章指挥的权利。

2.知识技能

员工具备岗位必备的知识与技能，满足岗位工作需要，主要表现特征如下。

（1）应知、应会满足岗位操作和维护的要求，并能安全作业。

（2）清楚安全禁令和保命条款，并用其约束自身行为。

（3）清楚本岗位的属地和职责，具备对他人进行风险提示和行为干预的能力。

（4）熟悉岗位相关的工艺安全信息。

（5）熟悉并遵守高危作业的管理流程，并具备监督高危作业执行的能力。

（6）知晓本岗位的危害，掌握并会应用JSA、JCA等方法持续加以辨识。

（7）能够参与岗位操作规程的修订。

（8）掌握基本的应急响应技能和现场应急处置能力。

（9）发现隐患及时汇报，不隐瞒事故事件。

（10）属地主管确认员工上岗前的身体与能力状况，并定期对员工的能力进行评估。

3.行为习惯

各级员工养成了良好的行为习惯，并且能在日常工作和生活中得以展现，这种习惯不会因为环境、外部压力和影响而发生重大波动。严格遵守规章制度，主动参与各种安全培训和活动，好的做法和经验得到固化，主要表现特征如下。

（1）养成随时、随地识别风险的习惯。

（2）养成自觉遵守制度和规程的习惯。

（3）员工在工作场所很少出现违章行为。

（4）积极参加安全活动，乐于讨论安全话题。

（5）主动学习安全知识和技能，乐于参加培训。

（6）主动进行安全经验分享。

（7）主动正确穿戴个人防护用品。

（8）养成良好的个人行为习惯，比如上下楼扶手、乘车系安全带等。

（9）良好的安全行为能延伸到8小时工作之外。

4.各级管理人员

除上述员工的通用要求外，在管理岗位的各级领导还应满足如下要求。

（1）知道安全是自己的工作职责，并坚守公司的安全原则。

（2）对管理范围内的安全事项有清醒的认识，并且确保各项风险都在控制中。

（3）每天会花时间和下属讨论安全绩效，鼓励他们安全地工作，努力把公司的安全目标和员工的安全目标统一在一起。

（4）会用安全观察与沟通的方法发现问题、解决问题、开展日常培训和辅导。

（5）定期开展审核工作，并将审核结果作为下一步工作的依据。

（6）每次会议都坚持做安全经验分享。

（7）从不隐瞒事故事件信息，积极分享，并从中学习经验教训。

（8）自己养成良好的行为习惯。

（9）做决定的时候，始终坚持公司的 HSE 管理九项原则。

（10）经常和员工讨论公司的安全理念和原则，听取他们的意见和建议。

（11）倡导和鼓励各级领导的服务意识、职责意识和决策勇气，并积极建立和完善授权决策的机制。

（二）组织方面

基层站队将安全作为核心价值之一，组织模式利于员工安全工作，安全绩效水平得以保持并不断提升。

1.核心价值

基层站队把安全作为核心价值，并具有相应的机制倡导和鼓励各级员工在日常工作和决策中展示这种价值，主要表现特征如下。

（1）始终将安全作为最重要的核心价值，视 HSE 与生产、质量、效益、进度同等重要。

（2）将生命健康和环境保护作为最优先事项，体现出自信、互信、包容和尊重。

（3）积极倡导和鼓励员工始终如一地坚持个人的安全价值观。

（4）包容性地鼓励员工发挥各自不同的优势，为公司创造价值。

（5）属地主管的责、权、利相统一，能够最大限度发挥主观能动性。

（6）属地主管能够以身作则、经常和员工沟通安全问题，将部门安全工作作为自己个人价值实现的途径。

（7）建立完善的 HSE 绩效考核机制，通过正向激励的方式认可每一位员工的个人价值，提拔重用安全业绩优异的员工。

（8）鼓励员工参与安全工作并提供参与的平台与机会。

2.组织模式

在基层站队的组织模式中充分地体现出安全与工作的一致性，不再将安全当作独立的一件事，主要表现特征如下。

（1）在职能与职责的设计中，按照一岗双责的要求，明确各级直线领导的安全责任。

（2）专兼职安全人员主要承担辅导、培训、审核、协调和咨询职责，并具备相应能力。

（3）基层站队属地划分清晰、安全职责明确，属地主管主动履行安全职责。

（4）基层站队建立完善的沟通平台和渠道，员工的意见建议得到充分的尊重。

（5）建立完善的HSE绩效考核机制，通过正向激励的方式认可每一位员工的个人价值，激发员工的工作动力，提拔重用安全业绩优异的员工。

（6）各级领导通过沟通、培训和服务来影响员工，强化员工的安全价值观。

3.绩效提升

基层站队持续地保持良好的安全绩效，在日常工作实践中更加注重事前管理，主动寻找问题，并把问题当作改进和提高的机会。建立了完备的预警机制以及多元的沟通渠道和方法，及时为各级员工提供真实信息，支持基层员工和上层管理者做出正确决策，沟通成为组织内部领导力传递的主要方式。主要表现特征如下。

（1）审核和检查成为各基层站队自我完善的一项日常活动，能够发现问题并积极寻求解决办法。

（2）利用安全观察与沟通的方法规范人的不安全行为，并对其进行统计分析，制定改进措施。

（3）事故事件都能及时报告，并进行分享。

（4）轻微事件和违章行为持续、稳定地减少。

（5）事故的发生成为偶然，未遂事件成为事故管理的重点。

（6）事故事件被视为学习和改进的机会。

（7）对承包商进行监管，对不安全行为及时纠正或制止。

（8）有效开展操作规程的工作循环分析（JCA），规程的可操作性、针对性和安全性得以持续改进。

（9）组织开展应急演练，提升应急处置能力。

（三）物态方面

工艺技术和设备设施从项目建议书、可行性研究开始，一直到初步设计、设施设计、施工建设、试生产、投产运行，一直到最后封存或拆除，在全生命周期内得到有效管理，追求本质安全，生产事故成为偶然。

1.设备

关键设备处于完好状态并能保持长周期运转，设备的综合利用率达到或超过设计目标，主要表现特征如下。

（1）在用设备性能良好，安全设施齐全有效，员工关注现场设施完整性问题，现场跑冒滴漏得到有效控制。

（2）以预防性和预知性维护维修为主，所有关键设备按计划检修维护，备品备件满足需要。

（3）所有危险作业场所、危险源和危险设备设施配置有效的防护装置。

（4）设备运行和维护的数据录入及时、准确、全面。

（5）特种设备在检定周期内，稳定有效运行。

（6）设备的微小变更风险得到识别和控制，员工熟悉和了解其产生的风险和控制措施。

2.工艺

工艺技术可靠性强，工艺技术、风险控制标准持续提高。通过闭环管理不断优化风险管理核心流程，确保实现生产受控。追求更安全的方法、技术、标准，最佳实践成为企业的标准，主要表现特征如下。

（1）工艺管线、安全装置（安全阀、泄压阀、呼吸阀、爆破片等）等符合设计要求。

（2）利用工艺危害分析（PHA）对区域内装置系统的工艺危害进行辨识，工艺系统的风险得以识别和控制。

（3）员工所有操作均有可以遵循的依据，如操作规程、作业指导书等。

（4）工艺技术变更产生的风险得到了识别，变更信息得到沟通和告知。

（5）工艺安全信息易于员工获取。

（6）安全标志、目视化标识明确齐全。

（7）现场环境整洁，并能持续保持。

附录 C 中国石油生态环境隐患排查治理机制

习近平总书记指出，生态环境是关系党的使命宗旨的重大政治问题，也是关系民生的重大社会问题。党的十九届五中全会提出，到2035年基本实现美丽中国建设目标，到本世纪中叶建成美丽中国。长期以来，中国石油始终践行国有企业肩负的政治、经济和社会三大责任，把生态环境保护工作摆在突出位置，坚持"在保护中开发，在开发中保护，环保优先"的理念，生态环境治理能力不断提升，生态环境保护形势稳定向好。

2006年6月6日，国务院国有资产监督管理委员会印发《中央企业全面风险管理指引》（国资发改革〔2006〕108号），指出：企业全面风险管理是一项十分重要的工作，关系到国有资产保值增值和企业持续、健康、稳定发展。生态环境风险管理是企业全面风险管理的重要组成部分，在当前"建设人与自然和谐共生的美丽中国"新形势新要求下，有效防范生态环境风险、切实保障生态环境安全，是中国石油实现高质量发展、建设世界一流综合性国际能源公司的基本保障。

为做好生态环境风险管控工作，中国石油积极推动环保传统监管手段的创新改革，经过不断的实践探索和总结提炼，建立了生态环境隐患排查治理机制。2016年，在实施突发环境事件风险管控的基础上，把生态环境违法违规事件风险管控纳入环境风险管理范围，初步建立了全面生态环境风险管理思路。2020年，中国石油第一次系统提出了"生态环境全面风险管控"的工作机制。经过多年的不断完善，基于预防为主的原则，中国石油逐步确立了"除隐患、控风险、促提升"的生态环境保护管理工作思路，建立了"以环境风险管控为抓手、以环境隐患排查治理为核心"的环保监管机制，把达标排放、环保合规、环境事件防控都融入了风险管理范围，推动自身生态环保形势稳定向好。

一、建立生态环境隐患排查制度

中国石油以国资委《中央企业全面风险管理指引》为指导，结合生态环境部《企业突发环境事件隐患排查和治理工作指南（试行）》，制定发布了《生态环境隐患排查治理实施规范》（试行）。确定了生态环境隐患定义、隐患排查方式和频次、隐患评估分级标准，规定了生态环境隐患排查治理的工作原则、实施程序和主要工作内容等要求，为所属企业规范开展生态环境隐患排查治理工作提供指导。

（一）生态环境隐患定义

根据国家、地方生态环境保护要求，结合中国石油各企业可能面临的突发环境事件隐患和生态环境违法违规行为，明确了生态环境隐患是指可能导致或引发突发环境事件和生态环境违法违规事件的不合规行为、管理上的缺陷以及污染防治和风险防范措施、设施设备的缺失、不完善或危险状态。

（二）明确隐患排查方式

中国石油确立了日常排查、综合排查、专项排查、重点时段排查、事故事件类比排查、外聘专家诊断式排查和抽查等生态环境隐患排查方式，明确了各企业应建立以日常排查和专项排查为主，并与企业已有的日常管理、专项检查、监督检查、体系审核等工作相结合的环境隐患排查工作机制。

（三）确定隐患评估分级原则

经过不断探索与实践，根据生态环境隐患可能导致的环境危害或负面社会影响的严重性、治理难度等，确定了生态环境隐患按照重大环境隐患和一般环境隐患两级分类原则，实施分级管控，进一步强化重点难点问题和重点问题管控。

（四）跟踪监控隐患治理整改

对排查出的环境隐患治理整改情况进行跟踪监控，明确重大环境隐患治理情况应由企业进行督办，并定期向企业 HSE 委员会和上级部门报告；一般环境隐患治理情况可由二级单位进行督办。生态环境隐患治理项目完成或管控措施落实后，组织实施的责任单位或部门需及时组织核查、验收，并报督办单位对治理效果进行复核。

（五）信息化管控促进整改到位

基于已有的 HSE 信息系统，中国石油构建生态环境隐患排查治理调度平台，对排查出的隐患进行记账式管理，对隐患治理进度实施在线跟踪督办；对不同治理整改方式的隐患进行分类调度，通过与原有"安全隐患治理项目跟踪模块"双向关联，实现了"隐患排查－立项分析－治理跟踪"一体化调度。

二、全面开展生态环境隐患排查治理

通过下发一系列促进落实的制度性文件，督促所属企业全面实施生态环境风险隐患排查治理机制，并将"生态环境隐患排查与治理整改情况"纳入党委议事范畴，强化党政主要负责人的领导职责，此外还将环境隐患治理纳入事件管理，强化追责问责机制，最后对年度生态环境隐患排查治理工作做出具体安排部署。

中国石油生态环境隐患排查取得成果：通过把风险管控作为生态环境保护工作的重要抓手，积极推进以生态环境隐患排查治理为核心的源头预防长效机制建设，实现了生产经营高质量发展和生态环境高水平保护协同促进。

（一）确保了生态环境风险整体可控

生态环境隐患排查治理机制涵盖了制度设计、领导决策、实施程序和追责问责等关键环节的管理要求，实现了隐患排查、登记、评估、治理、督办、验收、销号的闭环管理模式，自运行以来，取得了良好的效果。

（二）完善了生态环境风险预警体系

环境风险预警体系主要包括生产过程工艺参数监控、污染源污染物排放指标监控等，而对风险的源头，即不合规的行为、管理上的缺陷以及污染防治和风险防范设施（措施）的不完善等隐患关注不够。中国石油生态环境隐患管控平台的建立，实现了从隐患排查登记、评估分级，到隐患治理项目立项、实施进度、验收销项等全过程信息化管理。中国石油及所属企业依托该平台，实时掌握隐患治理进展情况，对治理进度滞后的项目及时发出预警并进行督办，确保问题整改到位，使生态环境风险始终处于可控状态。

（三）促进了生态环境保护治理能力提升

中国石油生态环境隐患包括突发环境事件隐患和生态环境违法违规隐患，实际涵盖了生态环境保护的方方面面。把风险管控作为生态环境保护工作的重要抓手，实施以生态环境隐患排查治理为核心的风险预防机制，突出问题导向、目标导向、结果导向，推动生态环境隐患排查治理制度的实施和优化，利用生态环境隐患排查治理的成果，指导生态环保隐患治理投资计划的制定和下达，促进隐患治理的精准投资，推动公司整体生态环境保护治理能力的全面提升。

附录 D 兰州石化公司健康企业建设工作

2021年3月25日，集团公司印发了《中国石油天然气集团有限公司健康企业建设推进方案》和《中国石油天然气集团有限公司健康企业建设标准》，并将兰州石化公司列为集团公司健康企业建设的25家试点单位之一。接到通知以来，公司领导高度重视，公司党委书记、总经理多次在安委会、视频会上对健康企业建设工作进行专题讲解和部署安排；组织开展健康企业建设推进会，明确部门职责，落实工作任务，研究解决工作中出现的问题。

一、总体思路

重点围绕健康企业建设的核心和关键点，坚持统筹推进职业健康和健康管理，确保在依法合规的基础上进一步提升职业健康管理，推进健康管理各项工作，实现员工共同参与，共建共享。发挥重点建设单位的示范引领作用，带动公司各单位、各部门全面提升；在现有健康管理特色的基础上，通过健康企业建设不断完善健康管理体系，按照健康企业建设方案和标准部署安排各项工作，同时开展健康状况与岗位适配环节，实现员工心理健康管理服务等特色性工作。

二、保障措施

（一）组织保障

成立了以公司党委书记为组长、公司总经理为副组长的健康企业建设领导小组，负责健康企业建设工作的总体部署安排。下设以公司安全总监为组长的工作小组，负责健康企业建设具体工作的落实推进。

（二）资金保障

公司将宣传培训、咨询服务、体检评估、设施完善、隐患治理等工作的费用纳入预算，加大甘肃宝石花医院健康管理服务、员工健康体检、"健康小屋"和健康监测设备设施等健康企业建设专项工作经费投入。

（三）技术保障

公司同甘肃宝石花医院开展深度合作，甘肃宝石花医院设立专门科室，协助公司开展健康企业建设工作，提供包括"健康小屋"建设及配套医疗服务、健康体检、健康风险评估、健康干预、健康饮食及运动指导、心理测评、公共卫生突发事件应急、健康教育培训等多方面的健康技术支持。

（四）机制保障

为了顺利推进健康企业建设工作，公司修订完善了绩效考核办法，补充了健康企业建设相关考核指标，将在岗期间非生产亡人、中高危人群健康干预率、慢性病检出率等指标纳入公司绩效考核。通过正负激励措施督促和鼓励每名员工参与到健康企业建设中，对于工作滞后、指标未完成的单位和个人予以考核，对于通过健康企业验收和健康企业建设效果明显的单位给予表彰奖励。

三、工作的目标

2021年底，公司试点单位顺利通过内部健康企业建设验收，健康企业建设工作的成效显著，2021年发生的非生产亡人数较2020年度降低10%，员工体检慢性病患病检出率在2020年度基础上降低5%，中高风险人群及心血管疾病健康干预率不低于95%。

2022年底，所有二级单位通过内部健康企业建设验收，公司通过集团公司健康企业建设验收。2023—2025年，员工肥胖、高血压、糖尿病等慢性病患病风险持续下降，非生产亡人数不大于20人/年。员工健康管理达到同行业先进水平。

四、工作内容

（一）员工健康制度建设情况

根据国家颁布的《健康企业建设指南》，以及集团公司健康企业建设方案、标准，制定了《兰州石化公司健康企业建设方案》《兰州石化公司健康企业建设工作计划》《兰州石化公司健康企业建设标准》和《兰州石化公司健康企业建设验收标准》，确立了短期和中长期工作目标，选择了20家二级单位作为2021年健康企业建设的试点单位，分解了31项重点任务，明确每项任务的责任部门、具体措施和时间节点。同时，为了明确健康管理职责、规范健康管理流程，公司安全环保处编制了《兰州石化公司健康管理制度》，制度中对公司各部门健康管理职责进行了划分，对健康体检、健康教育、健康评估、心理健康、非生产亡人等管理要求进行了明确。

（二）职业健康工作开展情况

1.严格落实"三同时"管理。

完成石化厂2号罐区装车栈台油气回收、污泥减量化等2个项目职业病危害预评价评审，完成黄河北罐区隐患治理、24万吨/年乙烯产能恢复等6个项目职业病防护设施竣工验收工作，建设项目职业病防护设施"三同时"落实率100%。

2.强化作业现场监控

全公司共监测化学因素（毒物）780个点、粉尘86个点、噪声469个点、高温54个点，做到全覆盖监测；同时认真落实监测结果告知要求，不但通过作业现场的职业病危害因素监测结果告知牌进行告知，还在公司网页上定期上传监测数据；对于监测结果超标的，及时组织完成整改并进行跟踪复测，确保作业场所合规。

3.完善劳动防护用品管理

按照集团公司集采结果，在充分征求工会和部分二级单位意见的基础上，制定了员工夏季、春秋季工作服和工作鞋配发方案，下达了员工工作服、个人洗涤用品采购计划，目前，物资采购部门正在组织采购；同时，在日常的季度劳保计划基础上，本着服务基层，确保劳动防护用品充足有效的原则，对于各二级单位上报的临时劳保需求计划，均及时予以落实。

（三）健康管理与服务开展情况

1.组织健康检查

结合岗位员工实际接害情况，组织制定了公司"2021年员工职业、非职业健康体检计划"，在对必检项目全覆盖的基础上，实施差异化、个性化体检，增加头颅核磁、无痛胃镜等员工自选体检项目。并督促各单位按时组织员工参加体检，及时协调医院在做好疫情防控相关措施的情况下，组织开展好员工体检工作，确保了体检计划的顺利实施。截至目前，已组织15000余名员工进行了职业、非职业健康体检，新发职业病为零。

2. 建档评估干预

建立员工健康档案23000余份，完成员工个人健康风险评估2800余人，筛选出中高风险慢性病员工2440人，由甘肃宝石花医院健康管理师和专科医生通过电话随访干预700余人次，面对面现场指导干预1645人次。

3. 设立"健康小屋"

在炼油、石化、化肥三个厂区试点设立"健康小屋"，甘肃宝石花医院安排专业医师值守，配备健康采集器、远程交互、体外除颤仪（AED）、康复理疗、放松减压等设备，满足数据采集、远程问诊、健康科普、应急医疗、康复理疗、心理咨询等健康服务，结合宝石花互联网医院云平台实现智能健康管理。目前正在开展基础设施建设、设备采购等工作。

（四）健康企业文化建设情况

1. 提升员工健康意识

积极组织开展《职业病防治法》宣传周活动，落实企业职业病防治主体责任。以普及职业病防治知识、提高员工职业健康防护意识为主线，结合作业场所职业病防治实际特点，突出"五个一"活动，认真组织开展了以"共创健康中国，共享职业健康"为主题的《职业病防治法》宣传周活动。

充分利用宣传栏、标语横幅、电子显示屏、内部网站、微信、微博等平台，加强宣传的针对性和时效性，大力宣传职业病防治知识。与兰州市卫健委和西固区卫健局联合举办了《职业病防治法》宣传周专题知识培训，并在现场进行宣传咨询，各单位职业健康管理技术人员、接害岗位操作人员等共计150余人参加了培训和宣传咨询。

活动期间，各单位通过电视、报刊、公司内部网页、微信等媒体报道200余次，印发职业健康宣传材料1万余份，制作职业健康宣传黑板报146块，制作标语横幅100余件，组织开展应急演练212次，各级宣传咨询和宣讲活动300余次，涉及1万余人，取得了较好的宣传效果，营造了浓厚的职业病防治氛围。

2. 提升员工健康素养

举办健康管理人员培训班，针对性地培养健康管理队伍，促进各级健康管理能力的提升。加强健康知识宣传教育，由甘肃宝石花医院专业人员到企业开展"中国公民健康素养""运动与健康""饮食与健康""心理与健康"等健康知识讲座。2020年以来，累计组织各类健康培训和讲座120场次，培训员工

8000余人次。

在2021年第七个全民营养周期间，在公司员工食堂开展主题为"合理膳食，营养惠万家"宣传活动，通过健康宣教展板和食品模型向员工宣传疾病预防和饮食常识等健康知识，为员工测量血压、血糖、营养皮褶厚度、手指肌力等，解答营养、食疗、疾病等方面的问题，普及了合理膳食、健康饮食知识。

五、典型经验做法

（一）构建员工健康状况与岗位适配机制

制定《员工健康状况与岗位适配管理办法》，分岗位制定相应的健康状况指导标准，公司层面制定了处科级干部、关键操服岗位的健康标准。每年对全体员工健康状况与岗位适配性进行一次评估确认，在新员工入职上岗前、岗位调整时，将员工健康状况与岗位适配性作为履职能力评估的内容之一。领导干部带头，对不满足健康标准的岗位员工，采取风险管控、干预治疗、岗位调整等措施，增强员工健康状况与岗位的适配度，达到人岗适配的目的。

（二）采取"1+4"模式开展健康干预

对全体员工进行个人健康风险评估，根据评估结果，筛选出各种慢性病的低、中、高风险人群，采用"1+4"健康管理服务模式，即由健康管理师牵头，会同专科医生、心理医生、中医师和营养师，对高血压、糖尿病、高尿酸血症、肥胖等重点人群，按照健康风险分组，制定相应的干预措施，开展一对一的合理用药、合理饮食、运动、心理疏导等健康管理服务。

（三）开展"8小时以外"人身伤害分析

下发《关于开展"8小时以外"员工人身伤害事故事件统计上报工作的通知》，了解掌握员工在非工作时间、非工作场所发生的各种与工作无关的意外人身伤害事故事件，并对此类事故事件进行月度统计分析，在公司内部开展经验分享，提高全员安全意识，采取预防性管理措施，保障安全生产，推动健康企业建设。

（四）开展员工心理健康管理与服务

为了使心理健康管理更加规范化、专业化，公司专门成立了员工职业教育学院心理健康管理部。负责心理健康服务体系建设和规范化管理；制定并实施员工心理援助计划，提供心理评估、心理咨询、教育培训等服务；设立心理健康辅导室，提供心理疏导、心理沙盘、心理减压、身心反馈、团体辅导等服务；开设心理健康咨询电话，解答员工及家属咨询的心理健康问题，及时提供评估、诊断、干预、治疗等服务；选拔培养专兼职心理健康服务骨干队伍，建立心理健康人才库，提升专业技能；定期开展不同群体的心理健康教育，组织心理健康专题讲座，提升员工心理健康水平。

后 记

　　1981年，我毕业即被分配到中国石油辽河石油勘探局所属采油厂工作，直到2021年到中国职业安全健康协会工作，在石油行业从事油气勘探开发安全生产管理工作四十年。由于油气生产工作的危险性极大，因此在工作中特别是走上企业管理岗位后，会更多地思考和关注企业的健康安全环境管理问题。

　　我在采油厂工作十八年，从实习技术员到厂长，从事的工作始终与职业健康、安全生产、环境保护等工作紧密相关。特别是受1991年壳牌颁布的健康安全环境（HSE）方针指南的影响，我组织采油厂制定了新的健康安全环境保护制度和标准，并在生产中落实到班组，更清晰地提出风险管理的理念，初步形成了HSE系统管理的基本概念。

　　我在辽河石油勘探局工作八年，先后担任局长助理、副局长兼安全总监、局长等职务。这期间，中国石油为确保国家能源安全，利用国内外两种资源、两个市场，实施走出去战略，但队伍走出去的前提是各种专业队伍必须取得国际石油行业认可的HSE管理体系认证。因此，从1997年开始，中国石油颁布HSE管理体系文件，在所属企业中建设HSE管理体系。八年的时间，我组织领导了辽河石油勘探局的HSE管理体系建设工作，并在所属的各专业队伍中全面推行，覆盖职工超过10万人，取得了良好的效果。

　　我在2008年受托负责组织成立中国石油长城钻探公司，并担任总经理。任职的四年里，正是中国石油HSE管理体系加速国际化的时期，而新组建的长城钻探公司是一个高度国际化的石油工程技术公司，业务遍布全球31个国家，员工近万人。四年的时间内，长城钻探公司在国内外开展了与其他石油公司和工程技术公司的国际合作，完善发布了不同语种且适合当地法律法规的体系文件，特别是同壳牌石油公司的合作良好。长城钻探公司所属多支钻井队伍获得壳牌全球HSE优秀承包商称号，为企业带来了良好的信誉。

　　2012—2021年，我先后任中国石油集团公司质量健康安全环保部总经理、安全环保监督中心主任、集团公司安全副总监、股份公司安全总监，专业从事HSE管理体系的完善和推广工作。十年来，我和全体同事以防范大风险、消除大隐患、确保不发生重大事故为目标，坚持HSE管理体系建设一条主线不动摇，一步一个脚印推动中国石油HSE业绩持续好转。在四届党组的领导下，中国石油的HSE工作上了一个大台阶。

我于2021年到中国职业安全健康协会工作，开始人生的新征程。在协会党委和协会领导的支持下，成立了HSE管理体系推广工作委员会，组建了由院士、专家、企业高级管理人员、科技工作者参加的团队，致力于创建符合中国国情、符合中国企业实际的中国特色HSE管理体系，并充分利用中国职业安全健康协会的平台，会同关心这项事业的企业同仁，共同促进HSE管理体系成为企业现代化治理的有效手段。

张凤山

2022年8月23日

于广州至北京的飞机上

参考文献

［1］刘宏，肖思思.环境管理（第二版）［M］.北京：中国石化出版社，2021.

［2］杨磊，李卫东.职业健康服务与管理［M］.北京：人民卫生出版社，2020.

［3］郑社教.石油HSE管理教程（第二版）［M］.北京：石油工业出版社，2018.

［4］郑社教.HSE管理理念方法与技术［M］.北京：石油工业出版社，2016.

［5］罗远儒，张晓何，侯静.实用HSE管理［M］.北京：石油工业出版社，2013.

［6］中国石油天然气集团公司安全环保部.HSE风险管理与实践［M］.北京：石油工业出版社，2013.